はたはたずしをとり出す　男鹿市（撮影　千葉寛『聞き書　秋田の食事』）

秋田―発酵文化の息づく国

飯ずしの原型は、今から千三百年も昔に、藤原豊成（横ばきの右大臣）の娘、中将姫が継母に迫害され、山中深くかくまわれたとき、村人たちが川のほとりに自生するよしの葉に栗飯を包み、杣人に託して食べてもらったのがはじまりで、その古事にならい、よしの葉に米飯と新鮮な魚を置いて、十五、六日間漬けこんだのがはじまりという説が伝えられている。

また、延喜式に記されているところでは、魚に塩をして押し、自然の発酵によって酸味を帯びさせると、魚の味がよくなり保存もできる、とある。この方法は中国から伝来したとも伝えられている。

（撮影　千葉寛『聞き書　秋田の食事』）

なすずし　仙北郡中仙町

あけびずし　鹿角市

こはぜずし　大館市

けいとまま　大館市

大根の漬物3種　仙北郡田沢湖町

漬物小屋の内部　仙北郡中仙町

炒り大豆入りかぶ漬　鹿角市

山菜ときのこの塩蔵もの　鹿角市

なめ味噌のいろいろ　仙北郡中仙町

えびの塩辛　南秋田郡八郎潟町

畑の一角で柿酢を仕込む河部さん。

果実酢で健康

河部義通さんは愛知県新城市で、柿やりんごを栽培している。十数年前から、毎年柿酢を仕込んで、毎日おちょこ一杯ずつ柿酢を飲む生活を続けてきた。蜂蜜を入れて薄めて飲むこともある。冷蔵庫で冷やしておけば、夏の疲れを癒す爽やかなサワードリンクの出来上がり。米酢の代りに料理酢にも柿酢を使っている。

　また、柿酢を水で一五〇〜二〇〇倍に薄めて、果樹や家庭菜園の野菜など、あらゆる作物に散布している。柿酢をかけるようになってから、葉の色艶がよくなったという。

左端が飲んでいる5年ものの柿酢。右の2つは防除用で皮やヘタも一緒に漬け込んだ。右端は5年ものでだんだん濃くなる。

柿酢を水で150〜200倍に薄めてかける。

柿酢の散布で、大きくツヤの葉に変わった。

酢酸菌 *Gluconacetobacter xylinus*（グルコンアセトバクター・キシリナス）の菌膜は、バクテリアセルロースでできている。ナタデココをつくる酢酸菌だが、一般の食酢の製造では雑菌の「コンニャク菌」。

撮影・赤松富仁

果実酢のつくり方

①原料のぶどう約1kgを、軽く洗い、軸をはずして潰す。

②砂糖をぶどうの20%加える。加えなくても発酵するが、砂糖を入れると、アルコール濃度が高まる。潰したときの果汁も加える。

③酵母菌（市販のイーストでよい）か、前年につくったぶどう酒の中のぶどうを少々投入。

④ぶくぶくと泡が立ち、三〜五日でぶどう酒になる（写真は昨年仕込んだもの）。

⑤蓋をゆるめて、ハエが入らないように載せておく。アルコール発酵が終了すると、自然に酢酸発酵が始まる。酢酸菌の菌膜がうまくできないときは、種として火入れしていない天然醸造酢を入れる。前年につくった酢があるときは、酢酸菌の薄い菌膜を金網ですくってそっと浮かべる。

⑥1か月ほどすると、pH3くらいに下がり、酢ができる。

⑦りんご酢も美味。りんごの場合は、ジューサーにかけてから、同様につくる。

たくあんの漬けこみ　加賀市（撮影　千葉寛『聞き書　石川の食事』）

すぐき漬

（京都市　撮影　千葉寛　『聞き書　京都の食事』）

すぐき漬　発酵して、黄色みがかった乳白色になる。

すぐき漬はほかの土地では決してまねのできない、このあたり独特の漬物である。古くからの伝説で、賀茂の川原に生えていた菜を漬けたとする説、賀茂の神主の家の庭に生えていた菜を漬けたとする説、京都御所の庭に生えていた菜を漬けたことにはじまるとする説などがいい伝えられている。いずれにしても、ほかならぬこの地で、すぐき漬がはじめて漬けられたことを物語っている。

明治大正時代は今と違い、小正月がすんでから漬けはじめた。室（すぐきの漬けたものを発酵させ、独特の味を出すために温度をかける部屋）もなく、時候漬にして、自然発酵による独特な味を期待したのである。すぐきも明治のころと異なり、畑から引いてきたものをまず川で洗い、面とりをして皮をむき、本漬にしてきたという。ころし桶でいためる（よく洗ったすぐきを大きな桶に入れ、荒塩で押す）ようになったのもこのころで、すぐき洗いも楽になり、漬けやすくもなった。昭和になって室が開発され、すぐき漬けは十二月十日ころから始まるようになった。

（本文七四頁からの記事もご覧ください。）

すぐき菜の本漬け（天びんかけ）

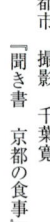

すぐき菜の荒漬け

鮒ずしをつくる

ふなずしは最上のごちそうであり、大切なお客さまや、お正月、お盆などのときに出して食べる。ふなずしの歴史は古く、その昔、近江は安土に織田信長が居城を構えたころ、徳川家康を安土の城に招いたさいの食膳に出されたといわれる。

（『聞き書　滋賀の食事』）

（本文七二頁からの記事もご覧ください。）

①3〜4月、いお（にごろぶな）が腹いっぱいに子を持ったときが漬けこみの適期。「うろこひき」でうろこをひく。先の曲がった太い針金などの道具を使ってはらわたをとり出す。にが玉（胆のう）をつぶさないように注意する。（撮影　岩下守　近江八幡市）

②えらから塩をたっぷり入れ、魚のまわりにも塩をつける。（撮影　岩下守　近江八幡市）

③腹を少し上向けにして桶の中に並べていく。土用のころに本漬けをする。（撮影　岩下守　近江八幡市）

④1か月に1回の割で漬けこみの塩水をとりかえ、12月ごろに漬けあがる。（撮影　小倉隆人　姉川流域）

⑤きれいに盛ったふなずし（撮影　岩下守　近江八幡市）

あゆのくされずし

①塩漬にしておいたあゆを水洗いする。

②水洗いして糊気をとったごはんに、塩で味つけしたせん切り大根を混ぜる。

④重石をのせ、風通しのよいところに5、6日置く。

⑤できあがったあゆのくされずし

十月七日、八日は、羽黒山の梵天祭りが行なわれる。この例祭にはくされずしがつきものである。最初は鬼怒川からとれる魚の保存方法としてつくられていたものが、つくる時期が羽黒山の祭りと同じころであったため、いつしか祭りのごちそうとしてつくられるようになった。

（上河内村　撮影　千葉寛『聞き書　栃木の食事』）

（本文六七頁からの記事もご覧ください。）

③ごはんとあゆを交互に、すし桶に3、4層漬けこむ。

麹菌

文・写真　山下秀行（株式会社樋口松之助商店）

黄麹菌の胞子着生

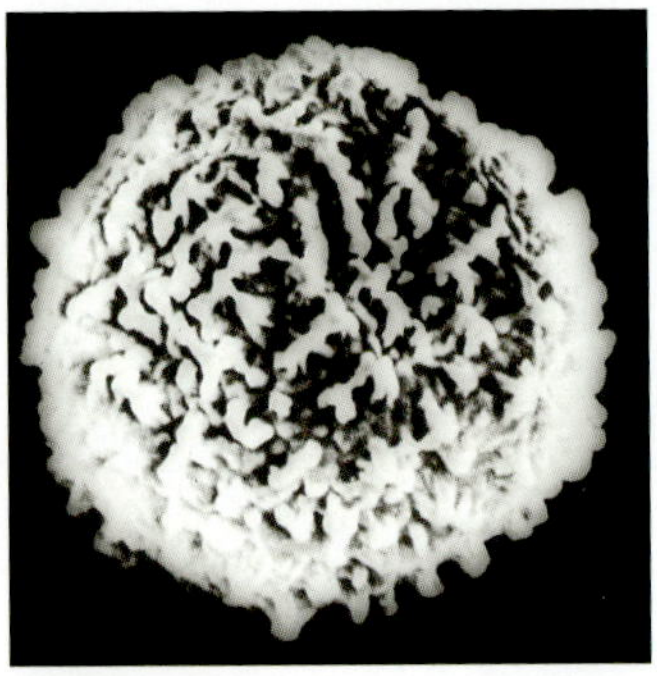

黄麹菌の分生子
（*Aspergillus oryzae*）

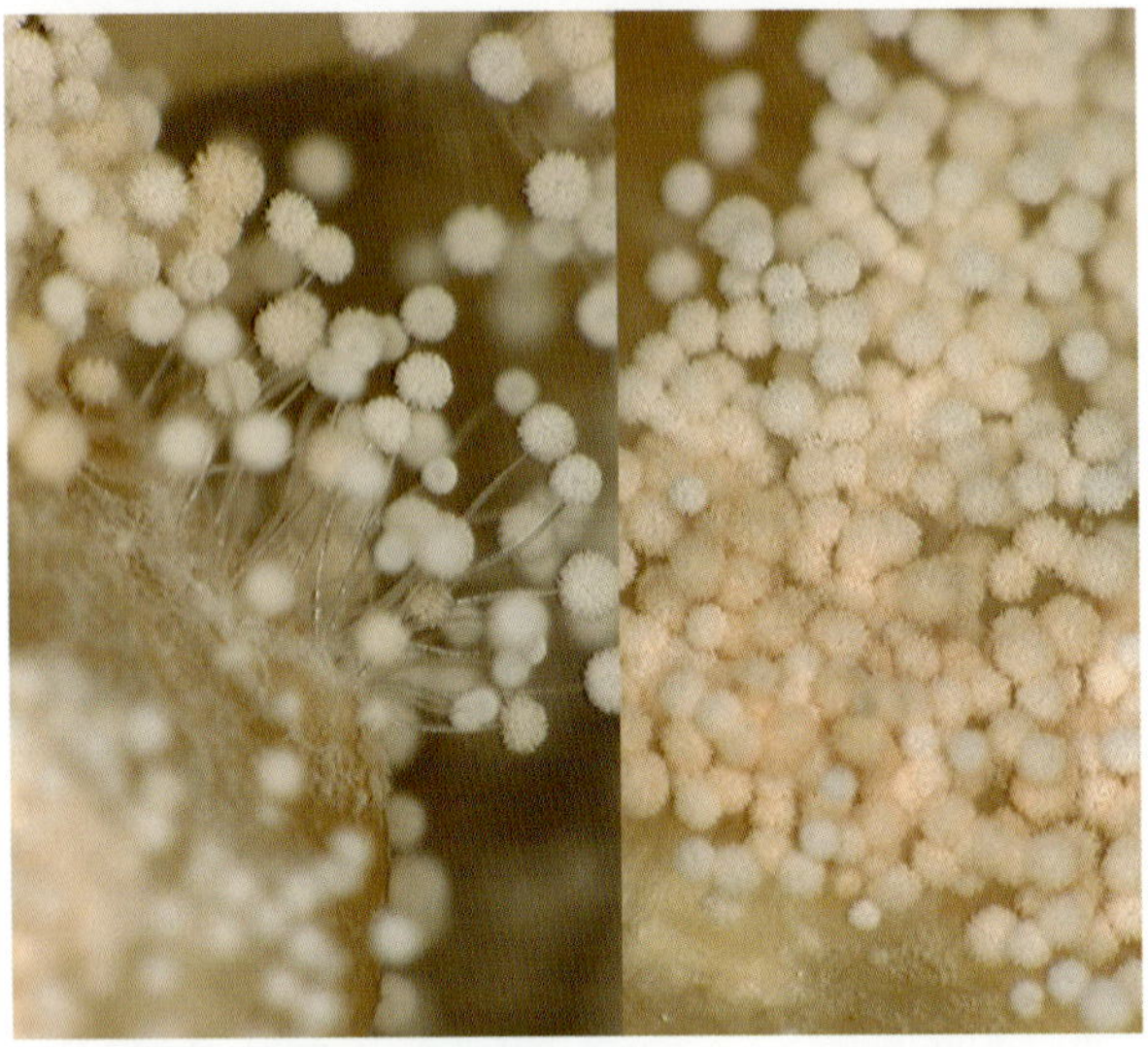

本格焼酎用白麹菌の胞子着生

製麹時間によって、胞子の色は白→黄色→黄緑→緑→褐色と変化する。下の写真はいずれも42時間製麹の状貌。状貌では菌糸の長さには差が見られるが、酵素の生産量との間には相関はない。菌株によって麹の香りや味が異なる。同じ菌株でも大豆では菌糸が長いが米や麦では短い、あるいは米麦では酵素生産が多いが大豆では少ないなど、その麹菌の増殖や酵素生産には適した原料がある。

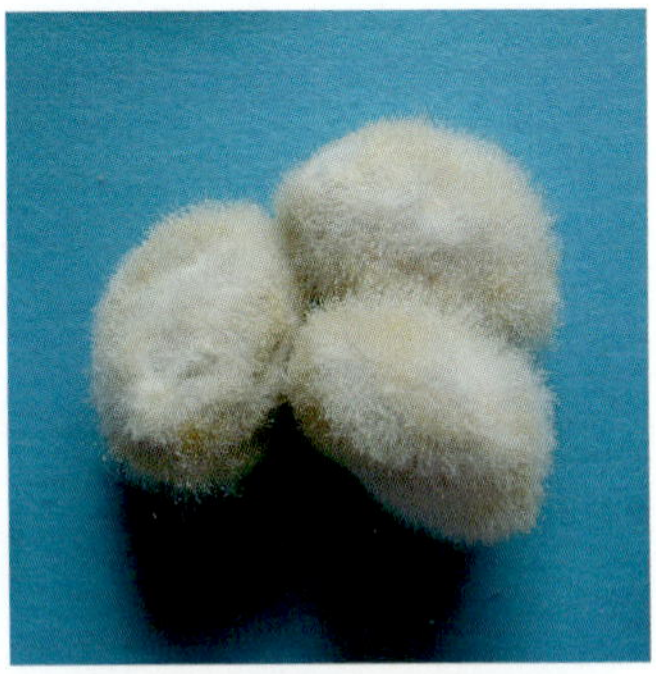

大豆麹

大麦麹

菌株によって菌糸の長さや色が異なる。

小麦麹

米麹

破《は》精《ぜ》落ち

吸水過多のために団子状になった麹

種麹の接種が不均一な破精落ち麹

ぬり破精

米麹のぬり破精

左：正常。右：表面に薄い菌糸しか伸びず、白く破精込んでいない。

麦麹のぬり破精の拡大写真

麦麹のぬり破精

菌糸が白くみえない麦粒は、浸漬時に吸水過多となり、水分が多すぎ、ぬり破精ぎみとなっている。

台所でチーズづくり

北海道別海町　高橋昭夫さん

（本文一七四頁からの記事もご覧ください。）

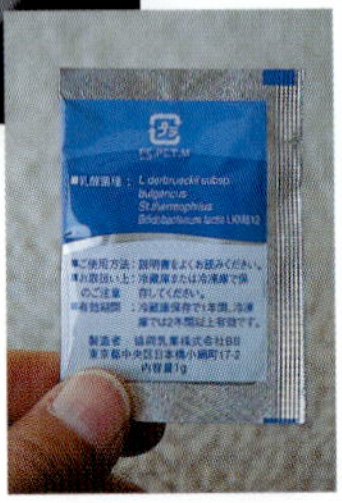

①乳酸菌スターター（右）を加えて、牛乳を乳酸発酵させる。

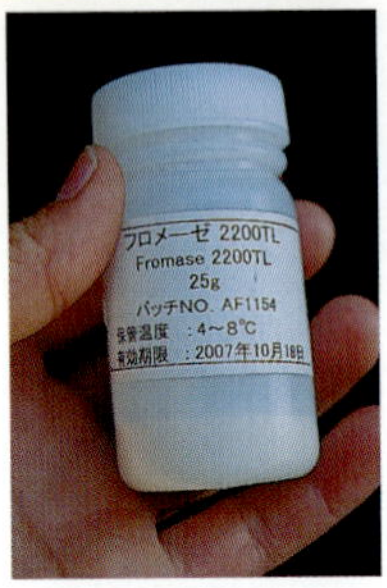

②レンネット（右）を加えて、乳を凝固させる。レンネットは、牛や山羊などの第四胃袋にある消化酵素・キモシンの抽出物。

③ザルにとって塩を振る。

④白神こだま酵母やカビスターターを繁殖させると、酸味が消えてうま味が増す。

⑤完成、美味。

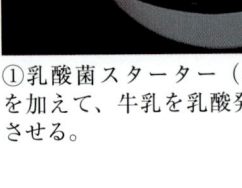

発酵食品は、食料を長期に保存するためにつくりだされた、先人たちの生きるための知恵の結晶である。漬け物、味噌、醤油、納豆、鮨、酒、ワイン、焼酎、酢、ヨーグルト、チーズなど、その幅の広さははかりしれない。その技は保存のためだけでなく、乳酸菌や酵母など微生物の働きを利用して酸味やアルコール、うま味などを醸成し、食べ物を美味しくもした。

発酵食品の製造には、きわめて高度の知識と経験を要する。そのため、製造方法は、世代から世代へと長い時をかけて伝承されてきた。かつては多くの発酵食品が家庭でつくられていたが、現在は一般の家庭でつくられることはまれで、ほとんどが、食品企業の工場で製造されている。しかし、続発する食品企業の事故や偽装をみると、激しい価格競争、利潤競争に邁進するあまり、食べ物の生産者としての倫理が後回しになっているようだ。食品企業への信頼が大きく揺らいでしまった現代では、自分や家族が食べる食品を自分でつくりたいと思うのはごく自然なことであろう。

「食べるための知恵と技術」を多くの人々が見直し、実践することで、少しでも製造者の信義と消費者の信頼が回復し、良質で安全な食品が適正な価格で提供されることにつながっていくのではないか。そのような願いを込めて、本書を発行します。

本書は月刊『現代農業』に掲載された農家の知恵をベースに、『日本の食生活全集』『食品加工総覧』などの記事、さらに新しい知見も加えて再構成したものです。

たくあんを漬ける　大森海岸
（撮影　小倉隆人『聞き書　東京の食事』）

農家が教える 発酵食の知恵 目次

Part 3 酢酸発酵 柿酢・穀物酢など……109

レイアウト・組版 ニシ工芸株式会社

Part 1 酵母発酵

たくあん・味噌かす漬・ぬか漬など

ぶどうには、多くの野生酵母が生息している。つぶしておくだけで自然に酵母発酵が始まる。積丹郡積丹町（撮影　中川潤『聞き書　アイヌの食事』）

酵母発酵というと、どぶろくやワイン、パンつくりを思い浮かべる方がたくさんおられることでしょう。しかし、酵母はたくあんや古漬けなどの漬け物でも、味噌や醤油つくりでも重要な働きをしています。発酵の世界は、酵母や乳酸菌、酢酸菌、さらには麹などたくさんの微生物たちが、素材を複合的に、しかも連続的に分解していく過程そのもの。本書では、そんな世界を食べる側から大くくりに分けてみました。PART1では、酵母が一番活躍している時期および酵母がつくりだした中間生成物をたくさん含むと思われる発酵食品を取り上げました。

の粕漬け

宮崎県 門川町
川崎ユリ子

本漬け

〈粕床の材料〉	
酒粕	10kg
中双《ザラ》糖	2kg
みりん	400cc
焼酎	400cc

粕床の材料を混ぜ合わせる。

本漬けの1カ月くらい前に混ぜあわせておいた方が味が良い

三等分にしておく

冷暗所にとっておく

塩抜きしたツワブキ

ツワブキと粕床を交互に重ねて本漬け

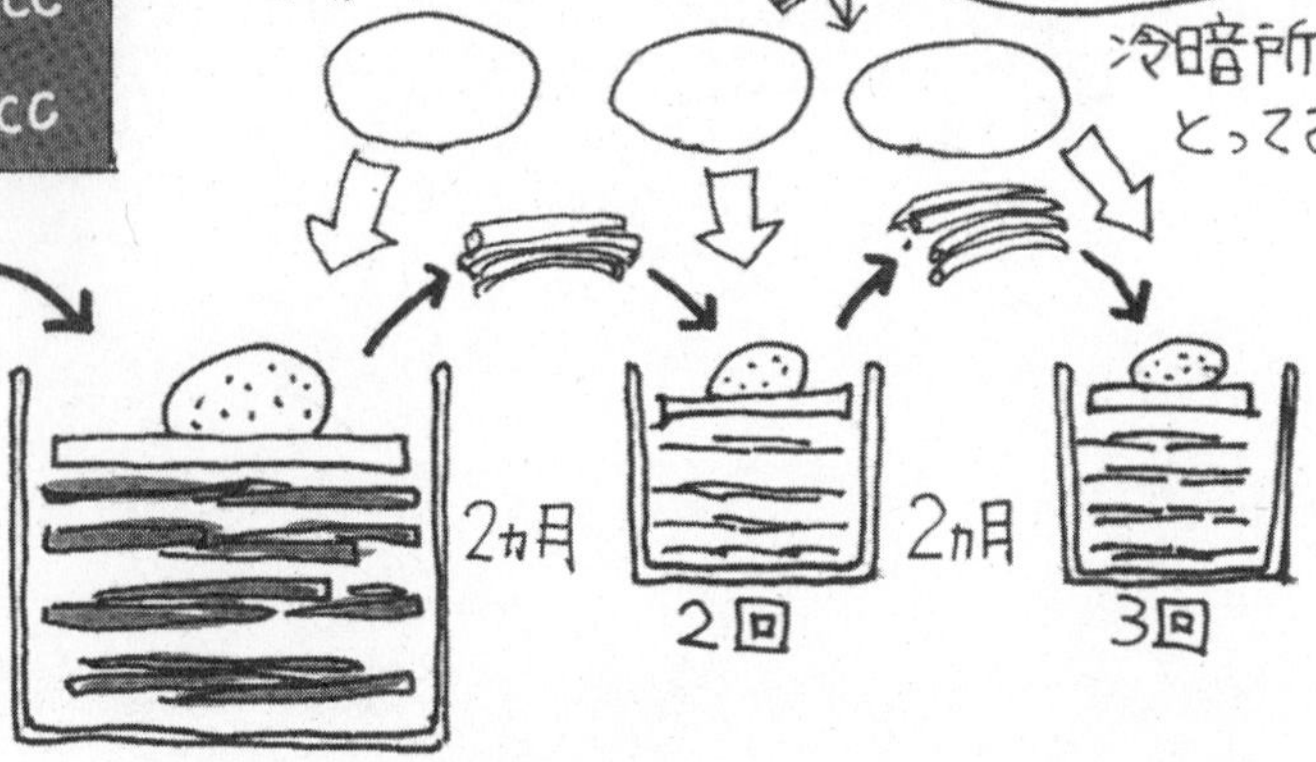

・使い終わった粕床は、捨てずにキュウリなどを漬けるとおいしい漬け物ができる。

2カ月ごとに3回漬けかえる。2回でも食べられるが、3回漬けかえた方が、味にコクが出る。

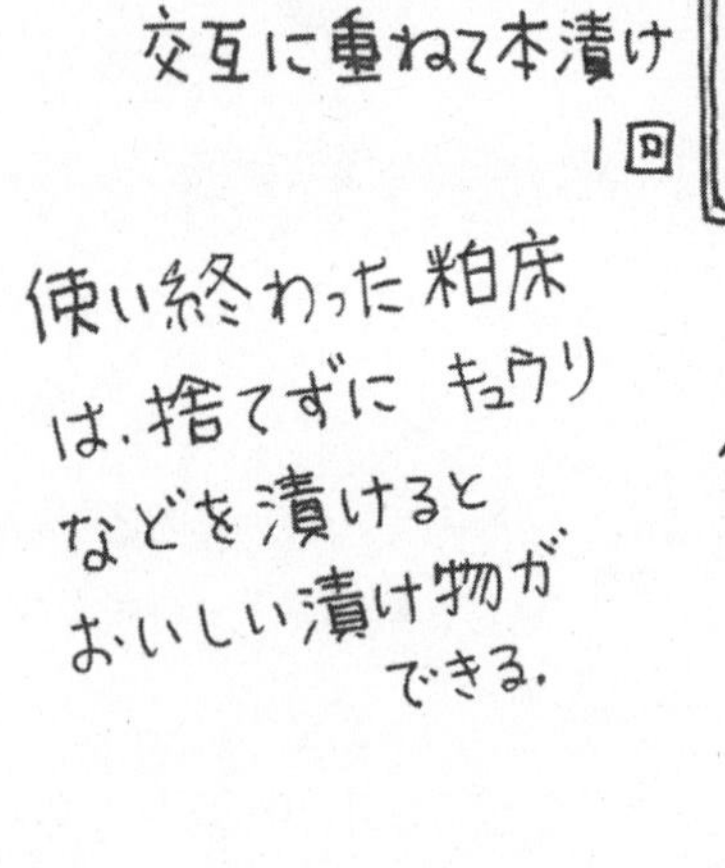

そのまま食べてもおいしいですが、チクワの穴にキュウリと一緒に詰め、斜めに切ると、見栄えもきれいでおいしいですよ。
お酒の肴にピッタリです

え・近藤泉

ツワブキ

ツワブキは そこらじゅうに生えていますが、私たち門川町農産加工グループでは、販売用に栽培しています。畑は海岸べり。塩風が吹くところでないと いいツワブキは採れないからです。収穫するタイミングは 女性にたとえると 20～30才くらいのとき。あまり若すぎると やわらかすぎ、大きすぎると固くて おいしくなくなってしまいます。葉がコウモリ傘をちょっとすぼめたような形のときが いいでしょう。

塩漬け

〈材料〉
ツワブキ　5kg
塩　250～500g

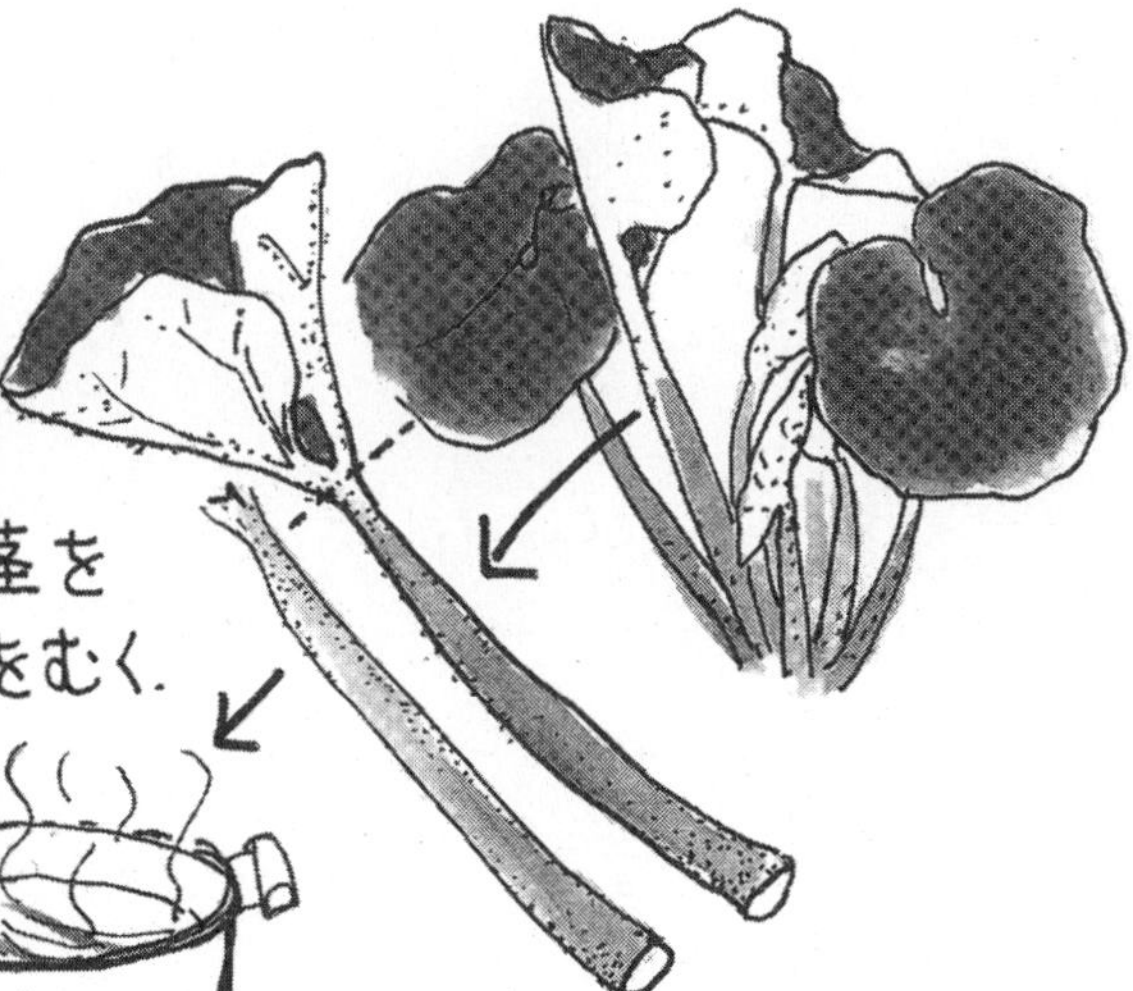

ツワブキの葉を取り除き、茎をサッと熱湯にくぐらせてから 皮をむく。

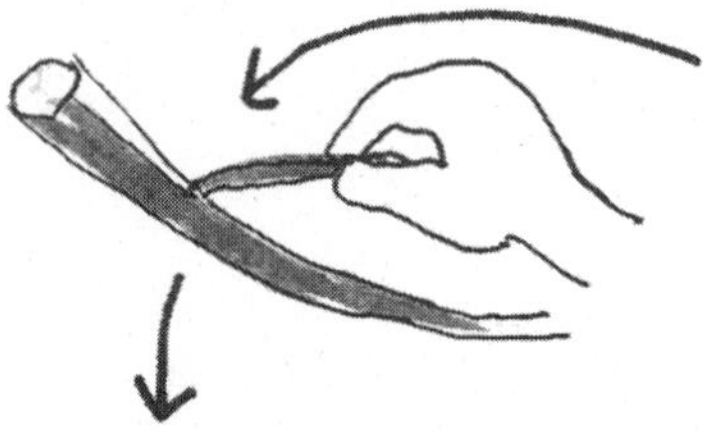

1晩水につけて
アクを抜く

皮をむいてから光にあてると色が黒くなってしまうので、光をあてないようにするのがコツ

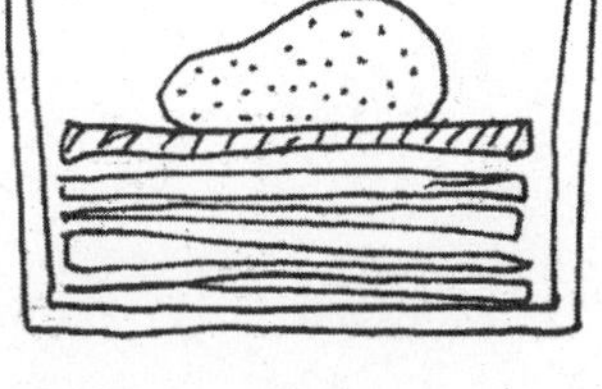

1週間くらい塩漬けする。

の味噌漬け

大分県竹田市
阿南 具子

だし昆布
タカノツメ
タネをとる
味噌
焼酎
5mmくらいに切る
砂糖

② 材料をよく混ぜて漬け床をつくります。

重石をすると早く漬かりますがしなくても大丈夫
フタをしっかりしないと虫が入ります。

③ 干したゴーヤーと漬け床を交互に重ねて漬けます。

20日間ほどで ゴーヤーの中まで 味噌の色が浸み込んだら できあがり。

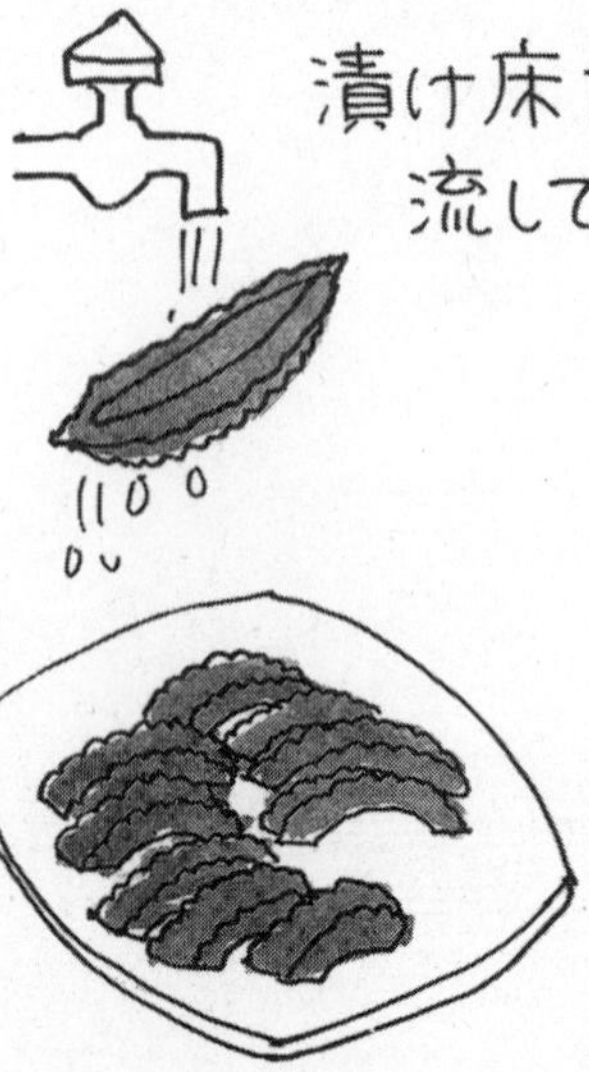

漬け床を水で洗い流して、切り、盛りつけます。

ごはんのおかずにもお茶うけにもよく、家族がよろこんでくれます。

え・近藤泉

漬け物お国めぐり　ゴーヤー（ニガウリ）

甘辛くて ほんのり苦く、食欲が わいてくるので、夏バテの食にはうってつけです。息子が 宴会のつまみに持っていったところニガウリを嫌いな人がパクパク食べて、後で「これ、ニガウリだったんですか？」と驚いていたそうです。

〈材　料〉

	ゴーヤー	5 kg
漬け床	だし昆布	200 g
	タカノツメ	少々
	味噌	2 kg
	砂糖	1 kg
	焼酎	1カップ

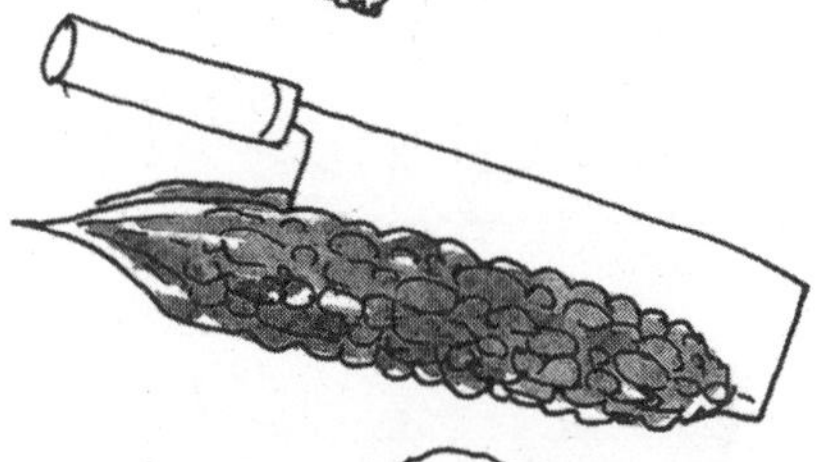

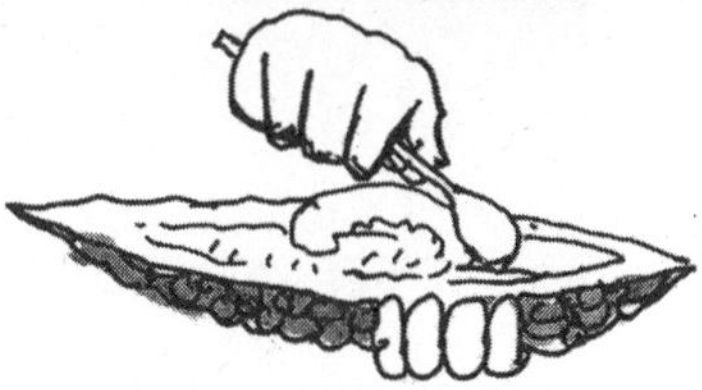

❶ ゴーヤーは 縦半分 に切って スプーンで タネをとり、朝から 午後3時ころまで 干します。

熟し柿漬け

千葉県 岬町
露崎 春枝

下漬け

〈下漬け材料〉

ダイコン	10kg
塩	500g

ダイコンは皮をむき、縦半分に切る
大きいものは横にも切って4等分に。

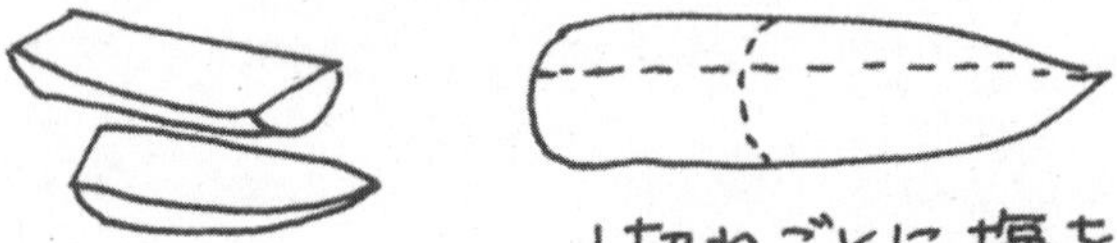

1切れごとに塩をこすりつけ、樽に入れる。

30Kgくらい
重石

2~3日したら、1回上下を入れかえ、さらに2~3日漬ける。ダイコンがやわらかくなったら下漬けは十分。

本漬け

〈本漬け材料〉

下漬けしたダイコン
漬け床
米ヌカ } 少々
塩 } 少々

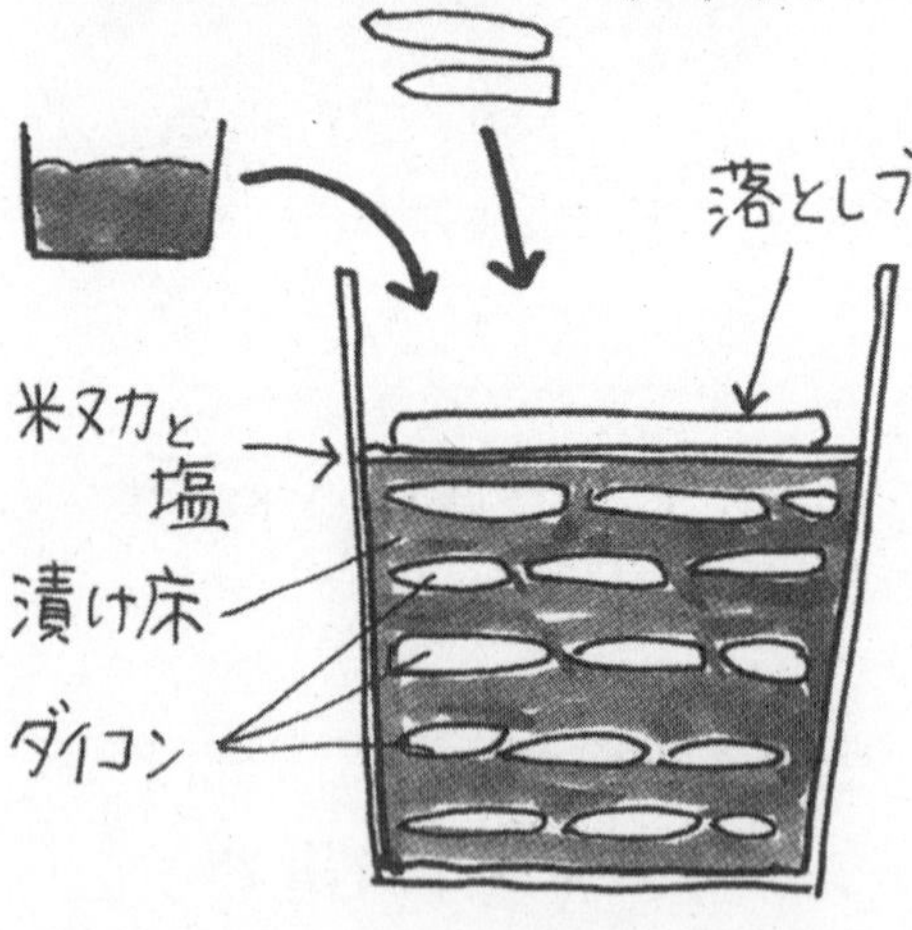
落としブタ
米ヌカと塩
漬け床
ダイコン

下漬けしたダイコン、つくっておいた漬け床を交互に重ねて本漬け。最後に表面を1~2cm覆うくらいの厚さで米ヌカ、塩を少しふり、落としブタをする。10日くらいで完成。1ヵ月くらいはおいしく食べられる。

屋外の、なるべく寒い場所で漬けた方が長持ちし、味もよい。

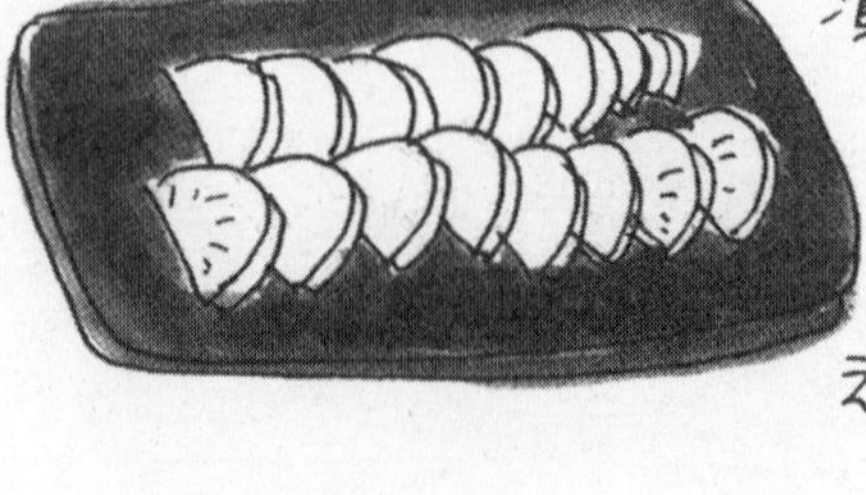

漬け床は赤いが漬けあがったダイコンは白いままです。

え・近藤泉

漬け物
お国めぐり

ダイコンの

どんどん熟しすぎてしまう柿を、樽の中に放り込んでおき、漬け床にします。柿の甘さがダイコンに染み込んで、とってもおいしい漬け物ができます。正月の漬け物として家族や親類に喜ばれています。食感はシャキシャキ。タクアンほど固くないので、歯の悪い人でも食べられます。

漬け床つくり

材料をよく混ぜる。

〈漬け床材料〉

熟し柿	3〜6 kg
砂糖	500 g
焼酎	1カップ(200cc)
月桂樹の葉	10枚
タカノツメ	少々

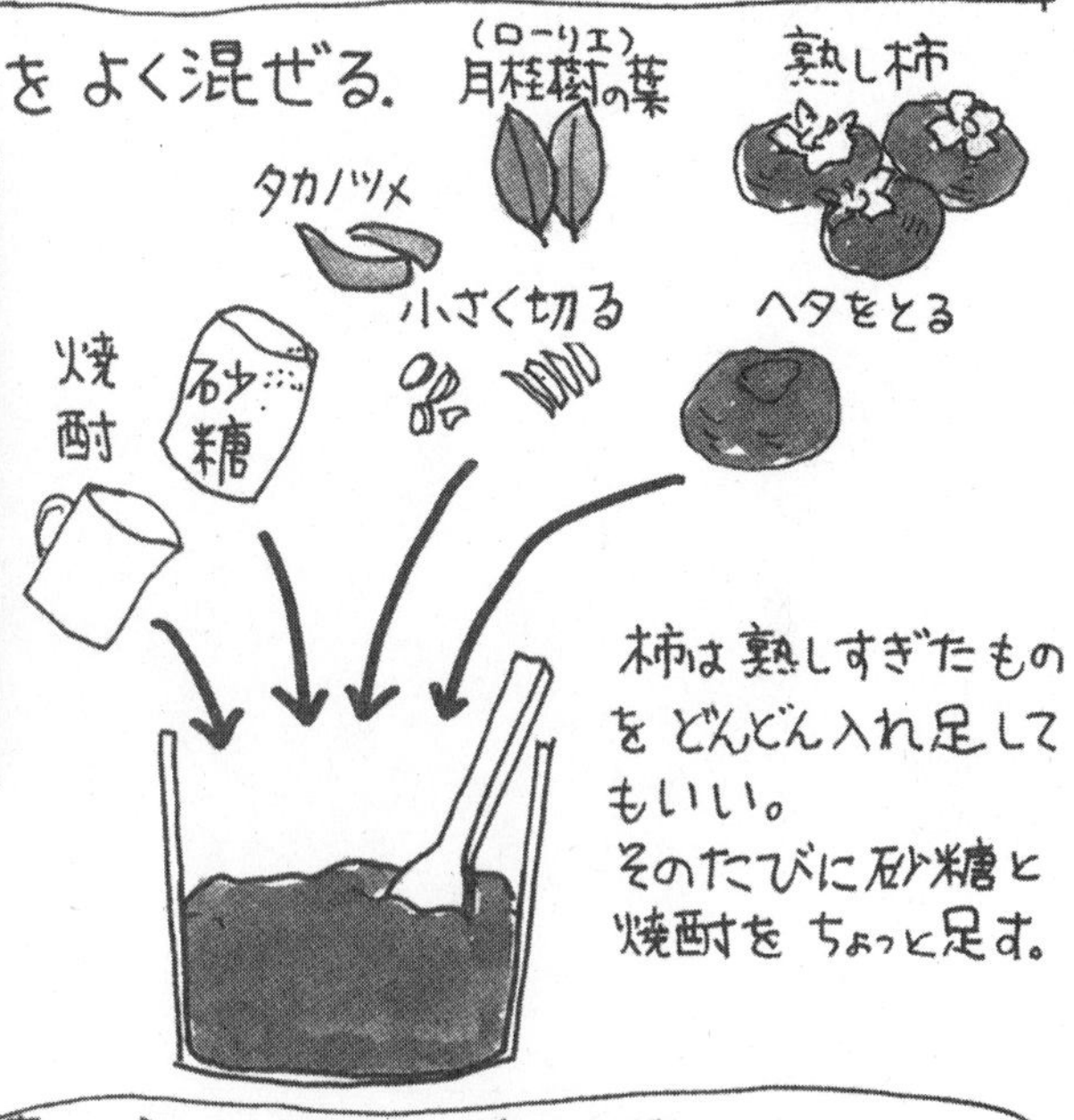
月桂樹《ローリエ》の葉
熟し柿
タカノツメ
小さく切る
ヘタをとる
焼酎
砂糖

柿は熟しすぎたものをどんどん入れ足してもいい。
そのたびに砂糖と焼酎をちょっと足す。

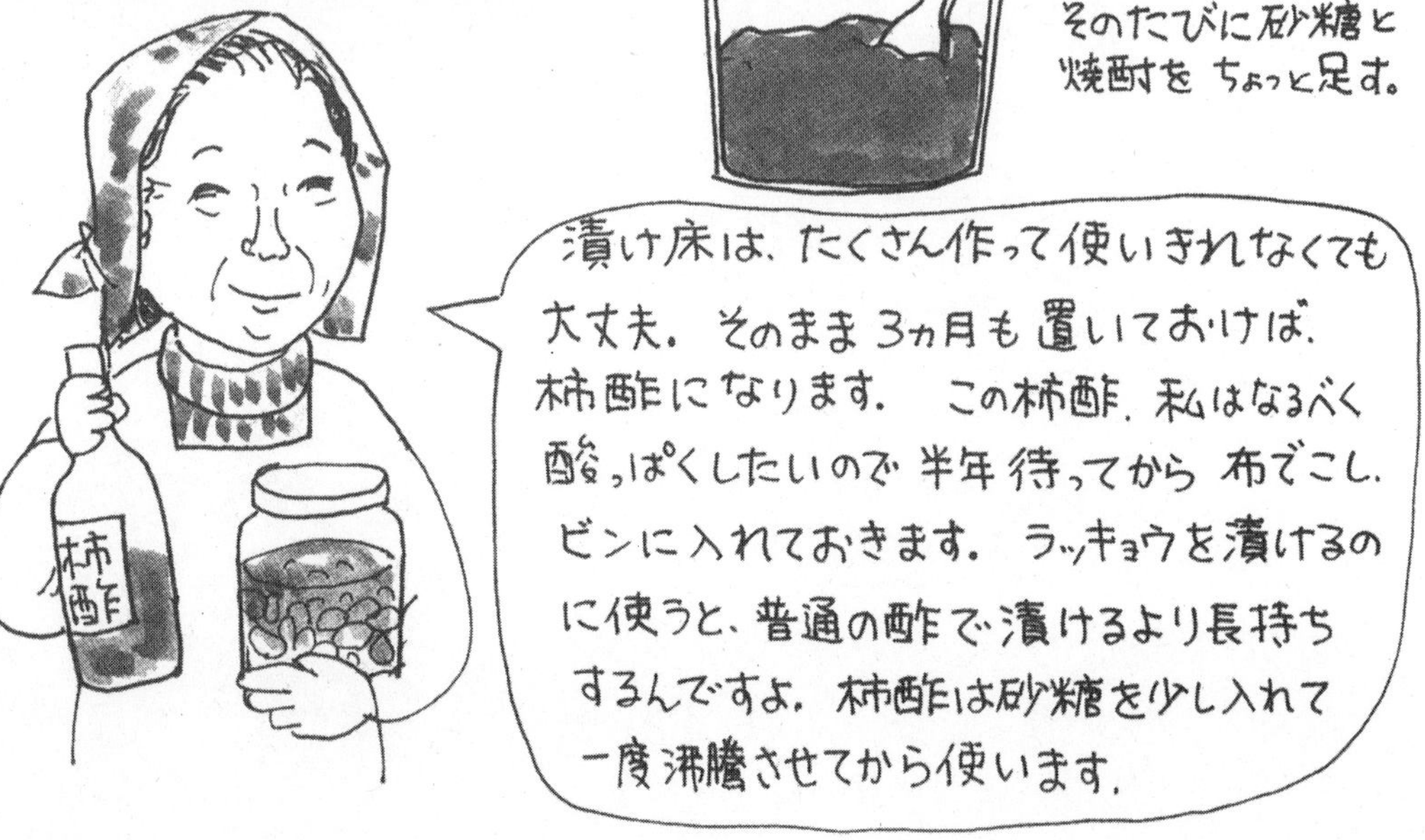
柿酢
漬け床は、たくさん作って使いきれなくても大丈夫。そのまま3ヵ月も置いておけば、柿酢になります。この柿酢、私はなるべく酸っぱくしたいので半年待ってから布でこし、ビンに入れておきます。ラッキョウを漬けるのに使うと、普通の酢で漬けるより長持ちするんですよ。柿酢は砂糖を少し入れて一度沸騰させてから使います。

たくあん漬

青森県八戸市
山田フジエさん
(紹介者)
上田節子

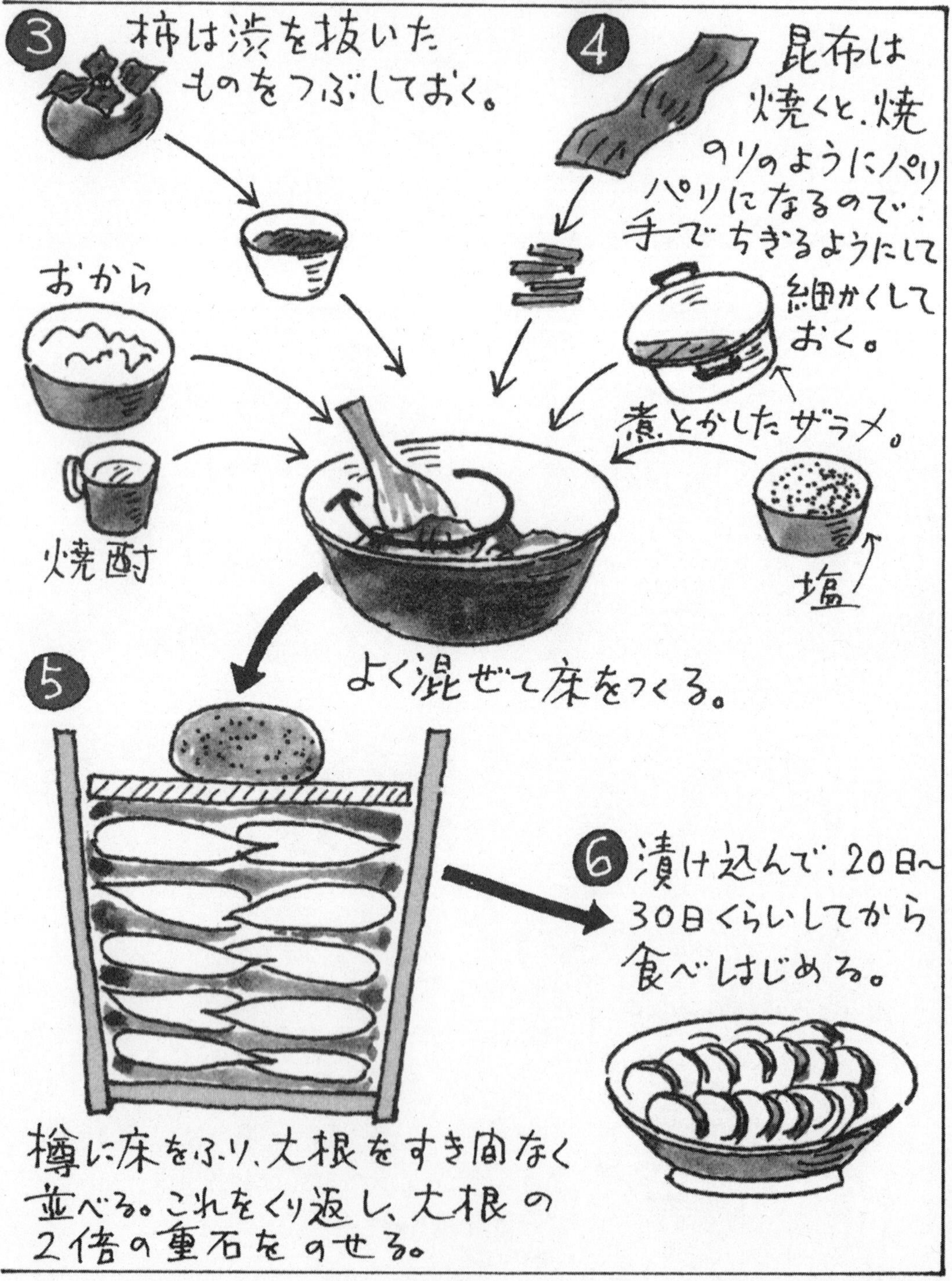

え・竹田京一

漬け物お国めぐり

おからの

大根の収穫時期に漬け方を変えると 食べる時期が重ならなくて、おいしく食べられる。

おからのたくあん漬は、八戸では以前からつくられているが、おからの味がしみ込んで、ふつうのたくあん漬とは またちがった味わいがあり おいしい。焼酎を入れることで、大根が悪くなりずらく、また歯ざわりもよくなる。

材料（18ℓ用樽）

干大根	18kg
塩	700g
おから	4kg
柿（渋抜きしたもの）	10個
ザラメ	800g
焼酎	1カップ
出し昆布	50g

1 大根は輪にして 頭と尻がつくくらいまで干す。

2 ザラメに ひたひたの水を入れて、煮とかしておく。

みそ漬け

長崎県 佐世保市
宮崎 トミ

〈材料〉

下漬けしたタカナ	5kg
みそ	5kg
砂糖（キザラ）	1～1.5kg

❸ 1回で食べるのにちょうどいい量にタカナを割り、葉を1枚むしる。
タカナを3ッ折りにして、むしった葉で束ねる。

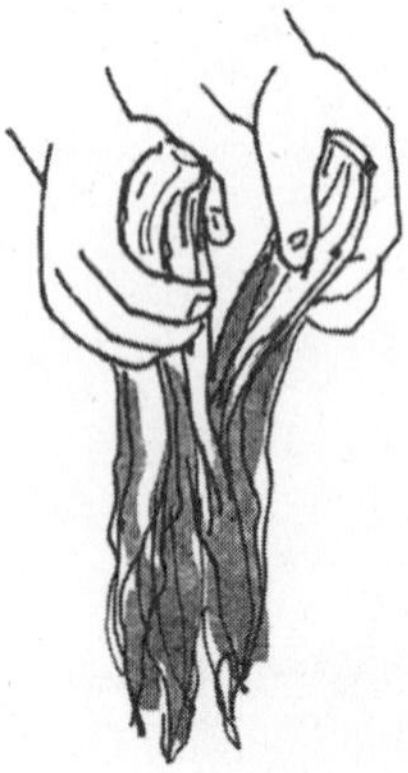

❹ 薄く広げたみそ、砂糖、タカナ、砂糖、みその順に、繰り返して漬ける。

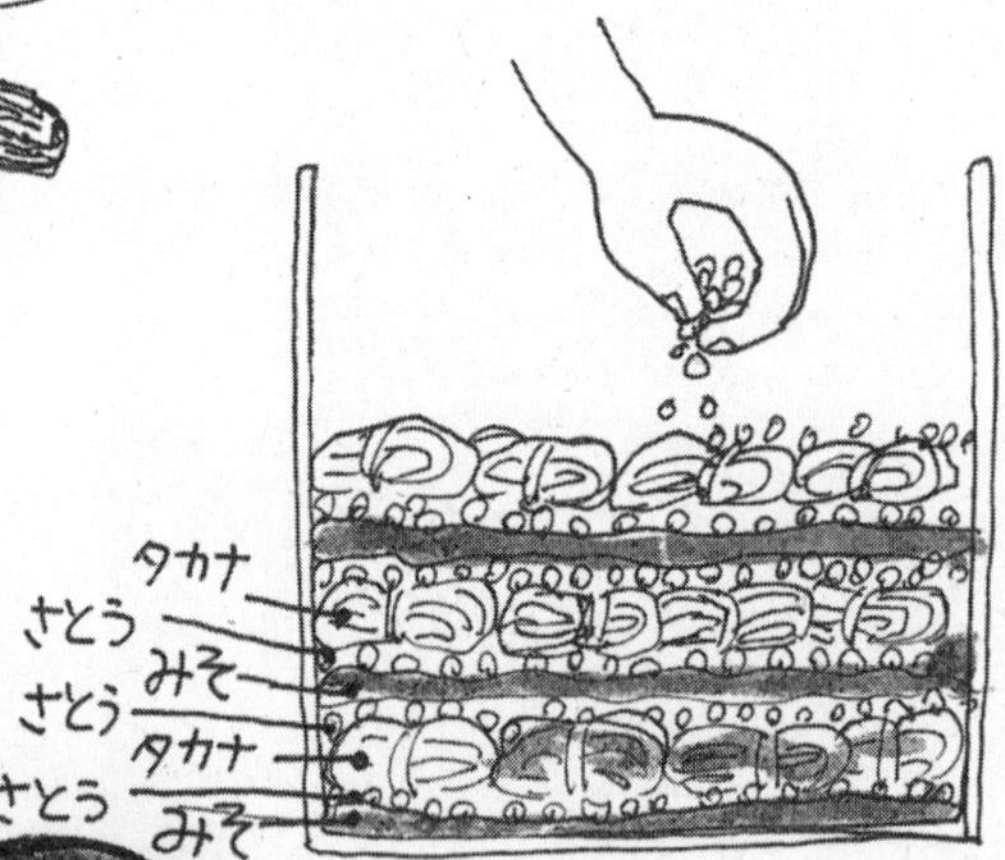
タカナ
さとう
みそ
さとう
タカナ
さとう
みそ

こりゃうまか
ご飯泥棒ばい

新しいみそなら3ヵ月、古いみそなら1ヵ月半くらいで食べられます。

食べるときは、とり出してから洗って小さく刻み、軽くしぼって食卓に出します。

え・近藤 泉

タカナの

タカナは九州ではよくつくられています。9～10月にタネをまき、苗をつくって移植します。それを3～4月にとり、漬け物にします。みそ漬けは姑さんから習いました。家では主人が「こりゃうまか」と言ったら、孫娘が「うん、こりゃうまか。ご飯泥棒（ご飯がよくすすむこと）ばい」と言って食べています。近所の方に差し上げたら、うまかった、珍しかったと言われました。おにぎりの具として、少し入れてもおいしいです。

下漬け

① 収穫したタカナを、半日くらい干してしんなりさせてから、1～1.5割の塩で漬ける。

重石はたくさん・

3、4日で水が上がるくらいの重さが目安

② 4、5日したら上下を返し、そのまましばらくおく。（重石は同じか少しへらしてもいい）

ここまでで、ふつうのタカナ漬けとして食べられます。

本漬け

……梅雨があけたら……

① 下漬けしたタカナを半日水にさらす。

② よく洗い、半日くらい干して水気を切る。

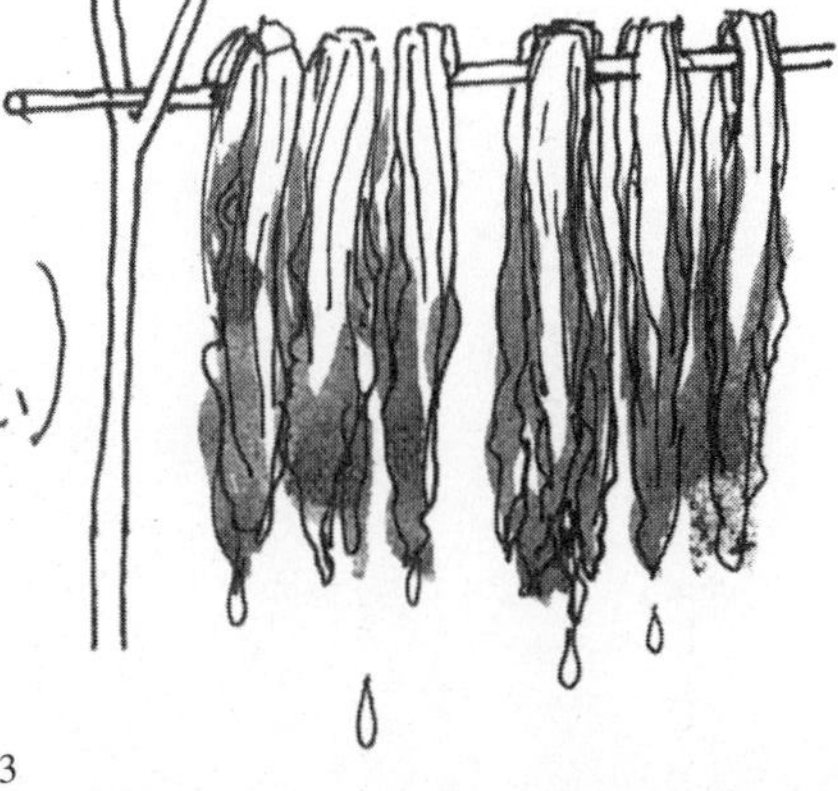

ドブロクもろみ漬け

山形県鶴岡市
藤原静代

漬け物の作り方

〈材 料〉
ワラビ、フキ、キノコ、ウド
イタドリ、アイコ（ミヤマイラクサ）
青コゴミ などの塩漬け

できるだけ きつく 塩漬けしておく。

❶ ほどよい塩気が残るくらいに 塩抜きする。

使うのは1種類だけでもいいし、数種類混ぜてもいい。

フタはきっちりしめず
軽くのせるぐらい

七分目くらいまで入れる
わいてくるので 冷暗所におく

❷ 大きめのプラスチック容器に、ドブロクもろみと塩抜きした材料を混ぜて漬け込み、3日くらいたてば できあがり。

細く切って 塩もみした
ハクサイ、ダイコン、ニンジンなどを
ドブロクもろみと 混ぜるだけ
でも、おいしいです。
残ったドブロクは みそ汁に
入れたりして 食べています。

え・近藤 泉

漬け物
お国めぐり

山菜の

半年間もの長い冬に入る頃になると、ドブロクもろみを毎年作ります。あるとき、それに塩漬けした山菜を入れて食べてみました。とてもおいしかったので、それからはいろいろなものを漬け込んで食べています。

ドブロクもろみの作り方

〈材料〉

ドブロク（もと）…どんぶり1杯
麹……………1kg
蒸し米………1升
水……………1升

「もと」になるドブロクは、イーストなどを使って自分で作れれば一番いいが、作れないときは、酒粕（練り粕）を使ってもいい。

❶ 材料を大きめの樽に入れて混ぜ、毛布にくるんで居間に置く。

包装紙などでフタをして、
エンピツなどで軽く穴を開ける
毛布
3日くらいで
ポコポコ
わいてくる

❷ 3日くらいたつと、酒のいいにおいがしてくる。

この頃のドブロクもろみはそのまま食べても甘くて最高においしい。

よく混ぜて冷暗所に移す。その後は1日おきくらいに軽く混ぜる。この頃から酸っぱくなる前まで使える。

減塩・おいしい・長持ちの
味噌粕漬け・たくあん漬け

宮崎県延岡市　高森　勍

トウガンとショウガの味噌粕漬けとたくあん（写真はすべて赤松富仁撮影）

味噌粕漬け

米食と漬物は昔から切り離すことができないものとして日本人には親しまれてきました。しかし、家庭で伝統的手法で作られてきた漬物や味噌は塩分が多く、最近では血圧などの健康面で敬遠される向きもあります。また市販の漬物にはほとんど化学調味料・酸味料・合成保存料・合成着色料など、食品添加物が使用されるようになりました。

私は家庭の味の漬物に長い間取り組んできましたが、若い頃から母に教わった漬物もやはり塩分が高めでした。そこで、健康面を考えて、塩分控えめで添加物も使わずにうまい漬物ができないものかと試作してまいりました。外観は美しくなくても、健康的で味のよい漬物に浅才ではありますが勉強してきたのです。

特に重点的な事項を記しますと、

①減塩でもできるだけ長くおけるもの
②栄養医学的に考え、味をよくすることと防腐を心がける
③酸っぱくならないために工夫する（松葉・にんにく・山椒の実の利用）
④重石を最後まで軽くしない
⑤低農薬または無農薬栽培の野菜を使う
⑥着色剤・防腐剤を使用しない

以上のことを頭に入れながらいろいろ試作してみました。

辛くなく、酒臭くもない「味噌粕漬け」

漬物好きでも味噌漬けは塩辛いとか、粕漬けは酒の香りが強く、甘ったるいから嫌いと

混合粕。割合は酒粕30kg、味噌30kg、本みりん1000ml、焼酎（20度）500ml、白砂糖3kg。塩は入れない。なお、手は必ず洗うこと（漬物をあげる場合も同様）

いう人も多いので、辛くなく、少しでも酒の香りを少なくするために、味噌と粕を混合してみました。

　すると、粕のみで漬けたものは食べなかった人が「これならうまい」というし、味噌だけのものを辛いといっていた人が「おいしい」といってくれたので、私は減塩を兼ねて、辛くない味噌粕漬けを考え出しました。これなら従来の味噌漬けの半分の塩分でできますし、粕の香りもあまりしません。

高森勍さん。漬物を作り続けて50年、そのために自家栽培する野菜は50種以上。これまで漬物の指導員として活躍してきた

味噌は麦ではなく、塩分八％程度の米味噌を加工センターで作ってもらっています（大豆は自家作）。酒粕は二～三月に酒造会社より板粕を購入し、五kgずつビニール袋に入れて、六月頃まで桶に入れておきます。板粕でなくなった頃（軟らかくなってちょっと液が出る頃）、味噌と他の調味料を入れて混合粕を作っておきます。混合粕はすぐに使用しても可ですが、貯蔵する場合、必ず桶の中でビニール袋に入れておきます。

　一般的には味噌や粕の貯蔵は冷蔵庫でしているようですが、私は常温でしています。よほど大きな冷蔵庫でない限り多量の粕を貯蔵することは不可能ですし、また、混合する場合もかたまった酒粕を潰して味噌と混合するのは重労働となります。軟らかくなった粕は味噌の軟らかさと同じですから作業がラクになり、混合も良好。一番心配したのは粕の変質ですが、その気はなく、一五年以上もこの方法で行なっております。

　また、一度使用した粕を捨てる人もいますが、管理さえ十分にしておけば再度利用できます。これは二番粕といいますが、砂糖と焼酎などを少し補強します。二番粕に二か月漬けたら取り出して、さらに新しい粕に漬けて二～三か月すると、味が濃くなっておいしくなります。ただし、できあがりは少し黒くなります。

本漬け前の下準備のコツ

①野菜は若いうちに収穫

　原料の野菜は若いうちに収穫するに限ります。老熟すると、きゅうりは種が多くなり、下漬けすると皮だけになってしまいます。また、白瓜やかぼちゃは皮が硬くなりますし、ヘビウリは繊維が多くなってしまいます。

②塩ふりは「下を薄く、上を厚く」

　野菜は、まずなり口と尻を切りとります。さらに白

瓜は二つに割り、かぼちゃは適当な大きさに切り、種とワタを取り出します。ヘビウリは長いので、二〇cmに切ります。

その後、水で洗い、隙間なく塩と交互に漬け込みますが、塩をまくとき、下は薄く、上にいくほど厚くします。塩分は下に下がるので、等分にまくと、上が薄くなってしまいます。

③重石は原料の一・五倍以上の重さで

重石は原料の一・五倍以上の重さのものを載せます。重石が軽いと水の上がりが悪くなります。早くて一昼夜、遅くて二昼夜には上がるようにします。漬物を上手に漬けるコツはいかに早く水が上がるかで決まります。

④干して消毒

四～五日間塩漬けしたら、一晩ほど水で塩抜きし、風通しと日当たりのよい場所に半日ほど干します。普通の人は、ちょっと天日に当てて陰干しされているようですが、日光・紫外線に当てると、消毒の効果がありますので、私は直射日光に当てています（おかげで白カビが少ないようです）。

重石は材料の1.5倍以上の重さのものを載せて4～5日置く。いかに早く野菜の水分を出すかが成功のカギ

下漬けがちょっと特殊な野菜

普通の野菜は本漬け前、「材料に対して五％の塩で四～五日下漬け」「一晩水で塩抜きし、半日ほど天日干し」が基本ですが、野菜によっては例外もあります。

ナス…二〇％の塩で四～五日下漬け（組織が軟らかく、塩が弱いと仕上がりがドロドロになってしまうから）。

つわぶき・ヤーコン…二〇％の塩で一か月間下漬け（アクが強いので、塩分も高めに期間も長く）。

山くらげ…二〇％の塩で四～五日下漬け（塩が弱いと仕上がりのコリコリ感がなくなってしまうから）。塩抜きしたあと、午前九～午後三時まで長めに干す（軟らかくて水を含みやすいから）。

ヘビウリ…塩漬け後の水洗いのとき、中の種を一粒残らず取り出す（仕上がりの

流水で一晩塩抜き

半日ほど天日で干す。直射日光で消毒、水分も飛んでカビがはえない

ラップをかけて、その上から消毒のため焼酎を吹きかける

カビを侵入させないようにビニール（桶いっぱいに広がるように大きめがよい）を敷き、底に混合粕を薄く入れ、干した野菜を並べる。野菜と混合粕を交互に入れ、最後は少し多めの混合粕

袋の口を結び、さらにその上から焼酎を吹きかける。中蓋をすれば漬け込み完了、3～4か月で食べられる。重石はしなくていい

口当たりが悪くなるから）。

熱処理は低めの温度で

干した野菜を本漬けしたら、殺菌のため一番上にかぶせたラップの上や、結んで密封したビニールの上から、入念に焼酎を吹きかけます。保管場所は、日光が当たると温度が上昇するので、日陰で風通しのいいところを選びましょう。

三～四か月したら食べられます。自家用の場合は、食べる分ずつ上げてもよいのですが、私は全部一緒に上げて水洗い後、袋に詰めて真空パックしています。そして熱処理するのですが、七〇℃以上だと味が変わってしまいますので、六〇～六五℃のお湯に一五分間つけ、すぐに二〇分間、冷水につけています。これは防腐剤を使用しない代わりで、白カビ防止や殺菌のためです。長期保存ができますし、冷蔵庫に入れておけばなおいっそう貯蔵できます。

たくあん

たくあんをうまくする隠し味

たくあんは、江戸品川の東海寺の開祖・沢庵和尚の考案したものです。和尚が三代将軍徳川家光に献上し、その風味を褒められ「たくあん」の名がついたといわれております。

最近の漬物は血圧と食塩との因果関係が引き金となって、低塩化の流れが定着しつつあ

材料の大根も自分で栽培する

ります。しかし、あまり塩を控えると、保存性が悪くなり漬物でなくなるので、そのかね合いが非常にむずかしいのです。

私の母もたくあん漬けがうまく、近所の評判になっていましたが、誰か後継者をということで私にお鉢がまわってきたのが二十歳のときであったと思います。しかし、母流のたくあんにはまだまだ改良すべき点が多くありました。第一に塩が多過ぎること。そして第二に桶の上のほうにあるたくあんは味が悪く捨ててしまう、また最後になると酸っぱくなり、やはり捨ててしまうので非常にもったいないということ。低塩化の時代です。いつまでもうまく、無駄が出ないたくあん漬けをといろいろ試作したものが、私のたくあん漬けです。特徴は、次の通りです。

①老人、子供に多量の塩分をとらせないために減塩
②栄養、医学的に考える（にんにく、唐辛子、山椒の実、ウコン、シソなどの利用）
③酸っぱくならないための工夫（松葉やにんにくの利用）
④重石は最後まで軽くしない
⑤低農薬、無農薬栽培の大根
⑥合成着色剤、防腐剤を使用しない
⑦塩漬けせずに、干した大根を一度漬け

このたくあん漬けを、普及所に勤めていた当時も一般女性に昼夜教えていたので、「たくあん和尚」などとあだ名されたものでした。

①大根の選び方　太すぎる大根はダメ

原料の大根の品種は土質によっていろいろありますが、私は長春、聖護院、練馬系など、収穫しやすい品種を作っています。

また、当地（宮崎）は台風被害が多いので、播種時期は九月下旬～十月上旬。収穫した大根は曲がったもの、スの入ったものを除いて、片手で握った残りの隙間にもう片方の手の指三本入る太さのものまで使用します。指が四本以上入るものだと、太りすぎです。

②干し方　雨に当てない、凍らせない

大根は短日数で早く干し上げるのがコツです。たくあんを長く置くためには、一四～二〇日干したいものです。そのとき注意することは、まず雨に打たれないこと。それから、水洗いして付着した水が大根の表面に残っていると凍結してしまいますので、三時頃までには干す作業を終え、日中の陽で水滴を飛ばします。雨に当てたり凍らせてしまうとたくあんの味が落ちます。

干すときは、必ず芯（生長点）をとってから縛ります。芯をとらないと干している最中に生長が進み、スが入りやすくなります。

干しはもっとも重要な作業です。甘塩（四斗樽に対して塩一・五kg）の場合は大根がへの字に曲がる程度（約一週間）、辛塩（塩二・五kg）は一〇～一五日以上干します。暖冬になった関係で、あまり早く播種すると太り過ぎて早掘りするため、干す時期が早くなります。それだと乾燥しにくく、干しているときに茎葉が暑さで腐って大根がボトリと落ちてしまいますので、暖かい地方での早まきはだめです。

たくあんの漬け床調味料

材料	どうやって使うか	分量（4斗樽に対して）	効果
 ナスの葉	春ナスの終わり頃、美しい葉をとり、水洗いして干す。ビニール袋に入れて保管しておき、もんでから使用	200〜250g	うま味として入れる。肉質や風味、香味がよくなる
 サンショウの実（または粉）	夏から秋にかけて実をとり、干しておく	20g	独特の色と香りが添えられる。防腐にもなる。臭い消しにもなるが入れ過ぎないこと
 カキの皮	吊るし柿をするときよく洗って干しておく。小さく切って干しておくとよい	200〜250g	甘味がつくが、糖が発酵を促進し、酸味が出るので多く入れないこと
 シソ	赤シソと青シソがあるがどちらでもよい。7〜9月頃にとり、水洗いして干す。もんでから使用。実も使えるが収穫が遅れると蛾などがつき、きたなくなるので注意	200〜250g	色、香味がよくなる
 ニンニク	小さく刻む	100g	強い殺菌作用があり、風味が高く薬味として効果がある
 トウガラシ	赤くなったら収穫し洗って干しておく	150g	辛味成分があり、色づけにも効果あり。うま味も出る
 コンブ	小さく切って使用。真コンブ、利尻コンブが最上	260g	うま味として入れるが、入れるか否かで味が違ってくる
 クチナシの実	海岸近くの山野に自生し、秋冬に黄色く熟れた実を採集して水洗い。小さく刻んで使用	5〜8個	ウコン粉と共に色づきをよくするため入れる。ただし多く入れすぎると色がどぎつくなる。ウコンは薬用になり、熱冷まし、消炎作用があり、不眠症にもよい
 ウコンの粉（タクアンの素内）	作っていないので、タクアンの素（マルマス）を使用	1箱（150g）	ショウガ科だが辛味なし。食用黄色素を入れないため、クチナシと共に色づけに用いる。特有な香気を持っているので、香りづけにもなる
 甘草（タクアンの素内）	これもタクアンの素に含まれている。また、この素にはサッカリンが入っているので砂糖は500gしか使用していない。種々のタクアンの素を使用してみたが、この素を使ったときが一番味がよかった。別袋で食用色素が同封してあるが、クチナシ、ウコン粉で色つけは十分なので化学色素は使用しない	1箱（150g）	甘味成分があるので、砂糖の代わりに入れる
 生松葉	枯れた葉はダメで、青葉を使用。2本で1対になっているので、とりはずす。よく洗ってから使う	200〜250本	酸っぱくなるのを防止するが、あまり多く入れると苦みが出るので基準を守ること
米ヌカ		5kg	デンプン、糖分、タンパク質に富み、各種酵素を含むからうま味が出る
砂糖		500g	風味や防腐性を増すために必要で、老化防止にもなる
塩		2〜2.5kg	腐敗防止に絶対必要

③切り方　葉のつけ根から干しがすんだら茎葉を切り落とします。切る位置は葉のつけ根が一番適しています。

切り終わったら計量をします。大根の目方によって各々の調味料の量を決め、むらのないようによく混ぜ合わせます。

次に桶をよく洗い、拭き、桶より大きめのビニール袋を敷きます。

④漬け込み方　調味料は下を薄く、上を厚く

大根を隙間なく並べ、その上に混合した調味料を入れます。次にあらかじめ用意した青松葉をパラパラと入れ、再び大根を並べます。これを繰り返し行ない、最後に調味料を入れた上に切り取った茎葉（美しい大根葉のみ）を敷き、再び調味料を入れ、松葉をふりかけ中蓋をして終わり。

この作業のうち重要なのは、調味料の入れ方です。最初（下の方）は薄く、上段になるほど厚くします。水が上が

中蓋をし、重石をし、雨やゴミが入らぬようビニール袋をかぶせておく

たくあん完成

るようになると、塩分は下のほうに下がっていき、上のほうの塩分が不足するからです。

中蓋をしたら、重石をし、雨水やゴミが入らぬよう一枚ビニール袋をかぶせて作業を終えます。二～五日で水が上がりますが（大根の乾き具合で変わる）、日数がきても水が上がらないときは、塩水（一〇％程度）の差し水をするとよいです。

置き場所は、なるべく涼しいところがいいでしょう。時々、樽を覗いてみて、水が上がりすぎているようだったら除去し、ひたひたを保つようにします。

⑤保存　重石は最後まで軽くしない

たくあんの保存性をよくするには次のことが挙げられます。

①食塩を多く入れる（これは血圧などの問題があり、おすすめできない）
②アルコールを加える
③食酢、乳酸、クエン酸などを加える
④低温で保存する
⑤桶、重石、大根はきれいに洗う
⑥ゴミや雨水が入らぬようビニールまたは布をかぶせる
⑦漬物を上げるとき、汚れた手を入れない
⑧重石は最後まで軽くしない

⑥仕上げ　真空パックして六〇～六五℃の温度で処理

普通、自家用たくあんは食べるたびに桶から上げる人が多いですが、私は最初のもっとも味のよいときに全部上げてしまいます。それを水洗いし、よく拭き、真空パック。六〇～六五℃の温湯でパックのまま一五分間処理し、二〇分程度冷却して冷蔵庫に保管します。

真空パックしない場合は、塩分が少ないので後になると多少酸っぱくなります。しかし、私が勤めていた時分にアンケートをとってみたら、六割の人が少し酸っぱいのが好きという結果が出ました。

また、たくあんの色素を入れたほうが好まれるか否か、客の大勢入る食堂で調べてみたことがあります。食事についてくる黄色の素を入れたたくあんはほとんどの客が残していたのに、自由にとれるようにしておいたぜんぜん色素を使ってない自家製のたくあんは売れ行き上々でした。

二〇〇七年七月号「減塩なのに、おいしく・長持ち」の味噌粕漬け／二〇〇七年十二月号　たくあん和尚、漬け床の中身を開陳

プロの手ほどき ぬか漬

針塚藤重

用意するもの。上段が炒りぬか。中段左から、ミネラルウォーター、本みりん、新ビオフェルミンS細粒、生ビール、酒粕。下段左から海水塩、唐辛子、昆布、米麹

ふつう、ぬか床をつくるには、あらかじめくず野菜などを一週間ほど捨て漬けして、床を熟成させる。ところが、ぬか床をつくったその日においしいぬか漬けを食べられる方法があった。麹菌や乳酸菌、酵母菌など、人体に有益な微生物をスターターとして供給してあげるのだ。どんな材料を使うのか？

女性は乳酸菌の宝庫だという。頭のてっぺんからつま先まで、元気な乳酸菌でコーティングされている。とくに授乳中のお母さんには、フェーカリス菌と呼ばれる乳酸菌がたくさんついていて、赤ちゃんを雑菌から守っている。最高のぬか漬けとは、元気なお母さんが素手で毎日かき混ぜたものなのだ。

石けんで乳酸菌は死なない。手袋などせず、よく洗った手で毎日一回新鮮な野菜を出し入れし、ぬか床をかき混ぜよう。フェーカリス菌をはじめ、人それぞれについたさまざまな乳酸菌が手から補給され、文字どおり「お袋の味」を醸しだす。そしてなにを隠そう、新ビオフェルミンSに含まれる乳酸菌の一つが、このフェーカリス菌なのだ。

食農教育　二〇〇七年三月号　ぬか漬け

針塚藤重さん。1935年、群馬県生まれ。東京農業大学で育種を専攻。卒業後、農業、麹、漬け物などの農産加工業に従事する。

針塚農産　群馬県渋川市中村66
TEL. 0279―22―0381
FAX. 0279―24―5424

ぬか床のつくり方

●材料（米ぬか3kg分）

炒りぬか	3kg
海水塩	450g
唐辛子	50g（一つかみ）
昆布	50g（一つかみ）
米麹	300g
酒粕	50g
生ビール（キリン「まろやか酵母」1本）	250cc
新ビオフェルミンS細粒	23g（1/2本）
純米本みりん	100cc
水（ミネラルウォーター）	1650cc

①みりん、水、塩半量（約225g）を容器に入れ、菜箸でかき混ぜる

②別容器に炒りぬか全量を入れ、残りの塩を混ぜる。「生ぬかのばあい、必ず新しいものを使い、75℃で3分炒る。でんぷんをα化して菌が召し上がりやすい形に熱変性させるんです」

③ぬかと塩をよく混ぜ合わせたら、真ん中にくぼみをつくる

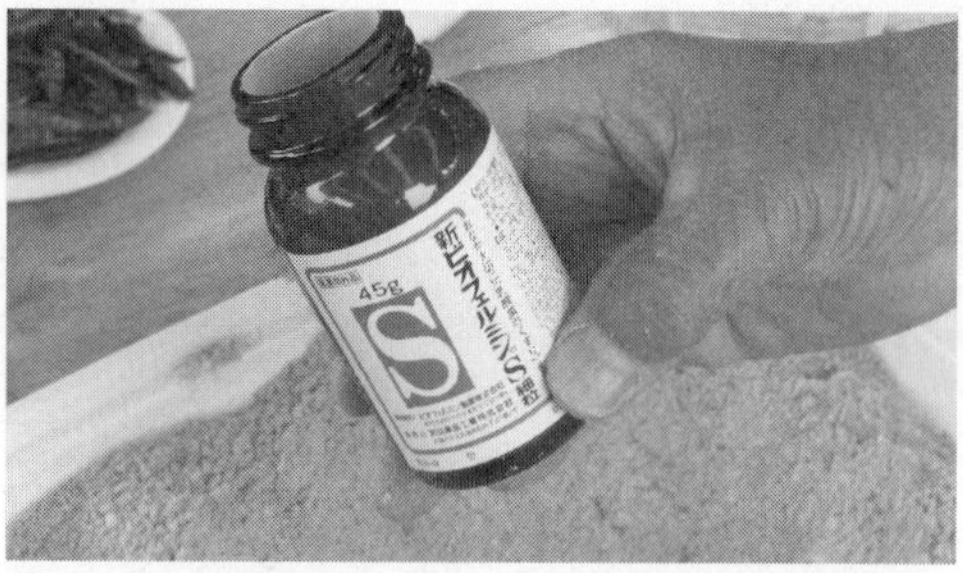

④まずは、乳酸菌。新ビオフェルミンS細粒を1/2本入れる

⑤次に酵母菌。一般の生ビールでは、酵素は活性しているが、発酵がすすまないように、酵母はろ過してとりのぞかれている。酵母も生きた生ビール（商品名：キリン「まろやか酵母」）や地ビールを使うとよい

⑥菜箸でよくかき混ぜる

⑦唐辛子と昆布を一つかみずつ入れ、風味づけする

⑧酒粕と麹を入れ、麹菌や酵母菌をたっぷり投入

⑨菜箸でよく混ぜ合わせる

⑩①でつくった液体をすべて入れて、しっかりかき混ぜる。これで、およそ耳たぶくらいの固さ（水分約70%）になる

⑪水洗いした野菜をそのまま漬けてもよいが、塩もみするとさらにうまくなる。流水で洗い、雑菌のつきやすい先端部を切り取り、塩もみし、もう一度水洗い、が基本

⑫きゅうりのばあいは、塩をふって、まな板の上で両手で転がして板ずりするか、袋に入れて塩もみする。もみ加減は野菜の汁がでてくるくらい

⑬毎日1回隅っこまでよくかき混ぜ、新鮮な野菜を1本入れるのがおいしいぬか床を保つ秘訣。野菜には乳酸菌がついていて、酵素も含まれる。これがぬかの脂肪分を分解し、風味を高める

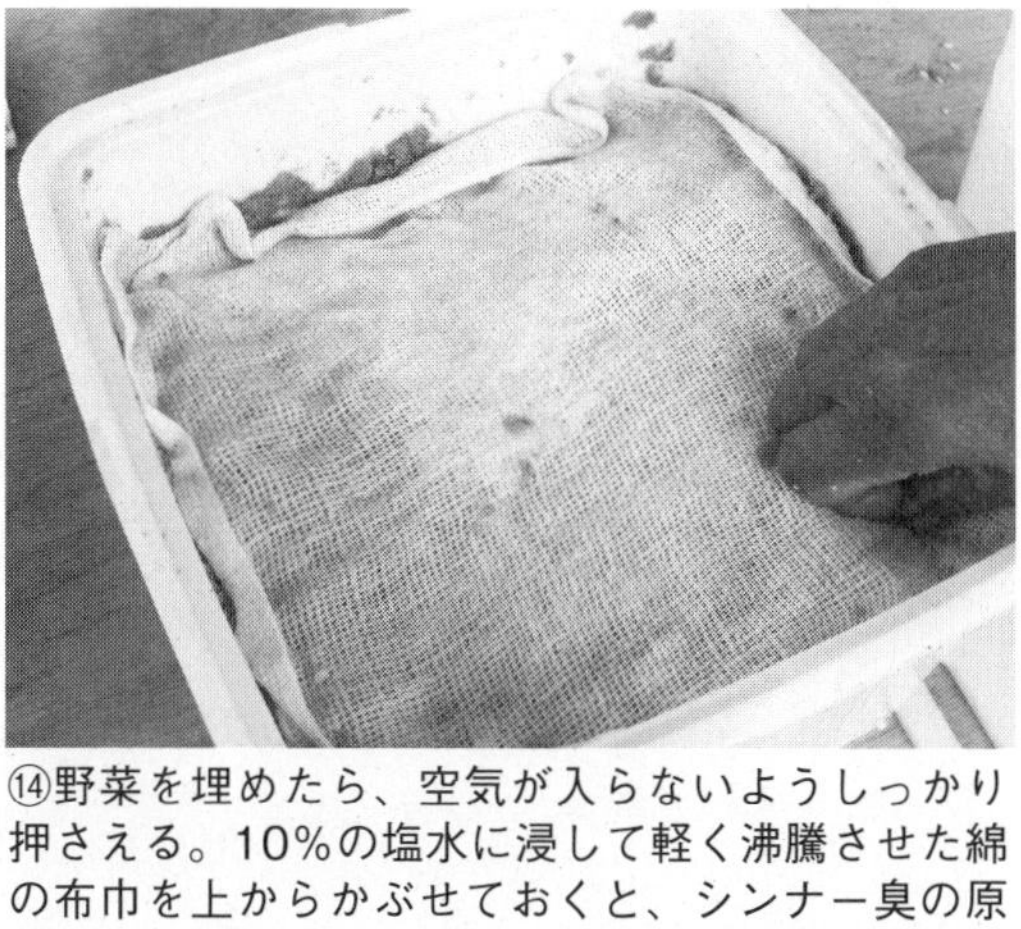

⑭野菜を埋めたら、空気が入らないようしっかり押さえる。10%の塩水に浸して軽く沸騰させた綿の布巾を上からかぶせておくと、シンナー臭の原因となる酸膜酵母（悪玉の酵母）の繁殖を抑えられる（夏は週1回、冬は2週に1回、布巾を殺菌）

わが家の
特製 たくあん漬け床

ナスの根っこ

山口市・山本スミエさん

①収穫の終わったナスを引き抜き、ひげ根を除いてよく洗う。主根を1.5cmくらいに切る

②陰干しする

③漬けるときまで袋で保存。30kgの大根を漬けるとき、二握り強を3kgの米ぬかとよく混ぜて使う

ナスの根や葉っぱは、たくわんの風味を増す。ただし、葉っぱを入れると、たくわんの色が少し黒ずんでしまう場合があるとのこと

大豆の粉

山口県下松市・山井英世さん

米ぬか＋大豆粉（大豆粉は米ぬかの半分ぐらいの量）

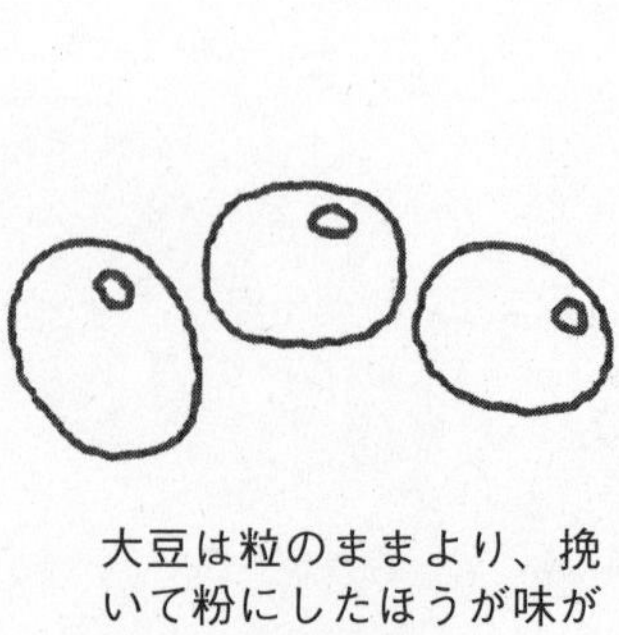

大豆は粒のままより、挽いて粉にしたほうが味がでる。甘味も増す

梅干し

石川県珠洲市・宮下毬子さん

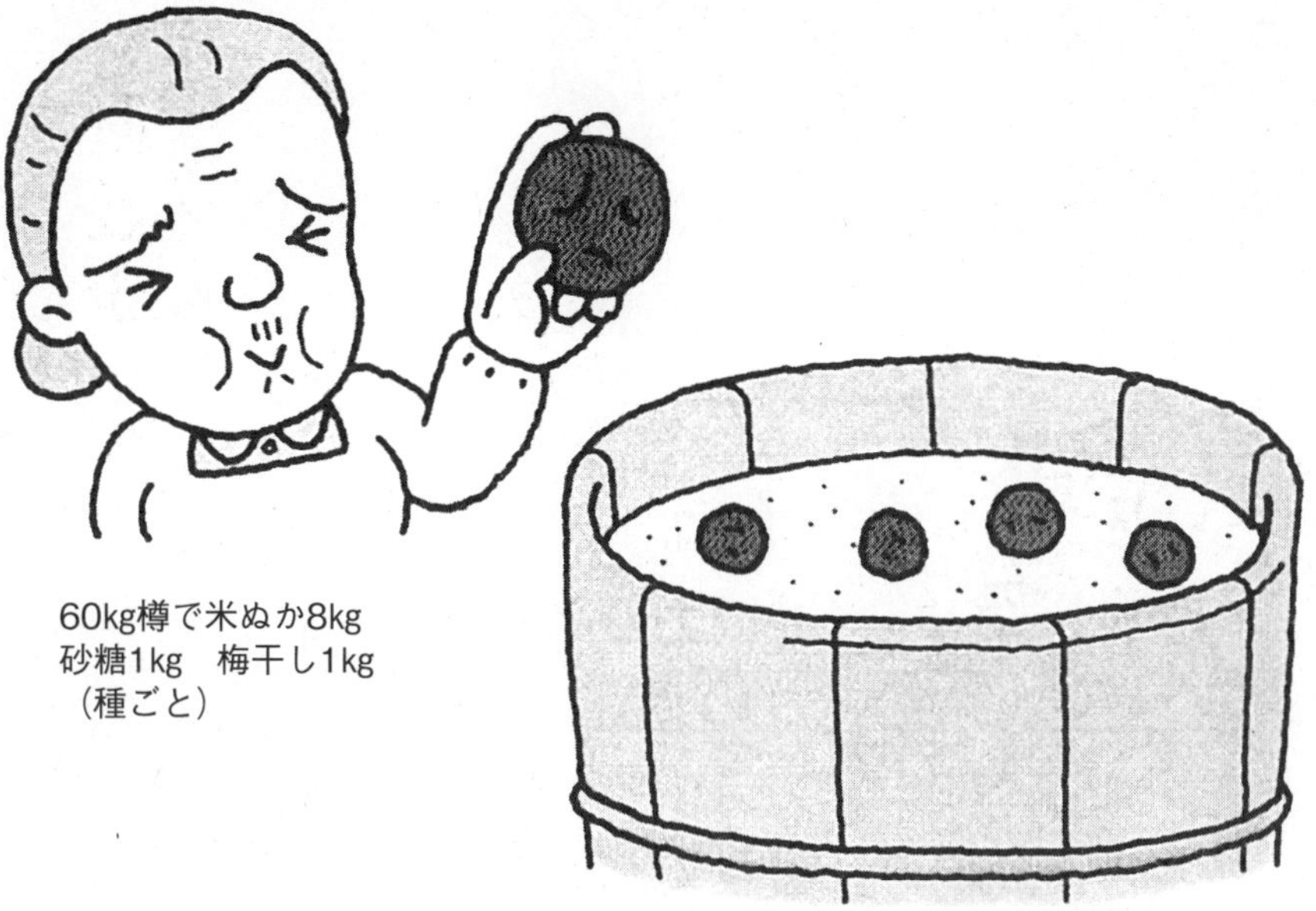

60kg樽で米ぬか8kg
砂糖1kg　梅干し1kg
（種ごと）

梅干しをたくさん作って出荷しているのだが、黒い点のついたものなど規格外品がもったいないので、漬け床に入れてみた。梅干しの塩分のおかげで塩いらず。梅の風味もしみ込み、オリジナルのたくあん漬けに

ステビア

大分県中津市・梶原マツ子さん

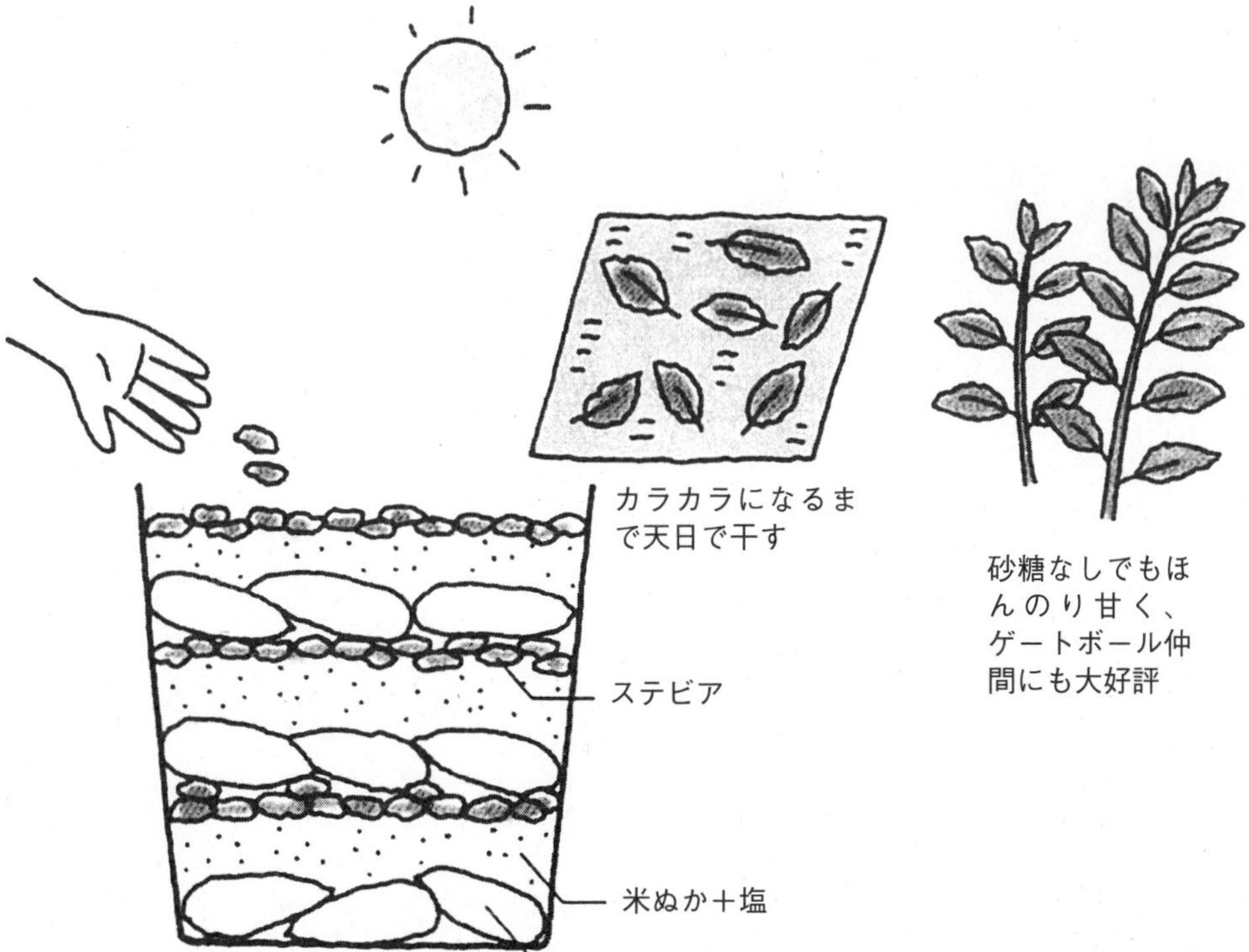
カラカラになるまで天日で干す
ステビア
米ぬか＋塩
大根

砂糖なしでもほんのり甘く、ゲートボール仲間にも大好評

みかん・りんご・柿の皮

山口県周南市・重永砂子さん

果実の皮を天日で干して保存しておく

たくあんを漬けるためにに、みかんを早いうちから食べる

この他、にんにく、唐辛子、生姜の葉、ナスの葉、ナスの根なども乾燥させて漬け床に混ぜる。全部が合わさって絶妙な味に

渋抜きした柿

新潟県長岡市・関ナカさん

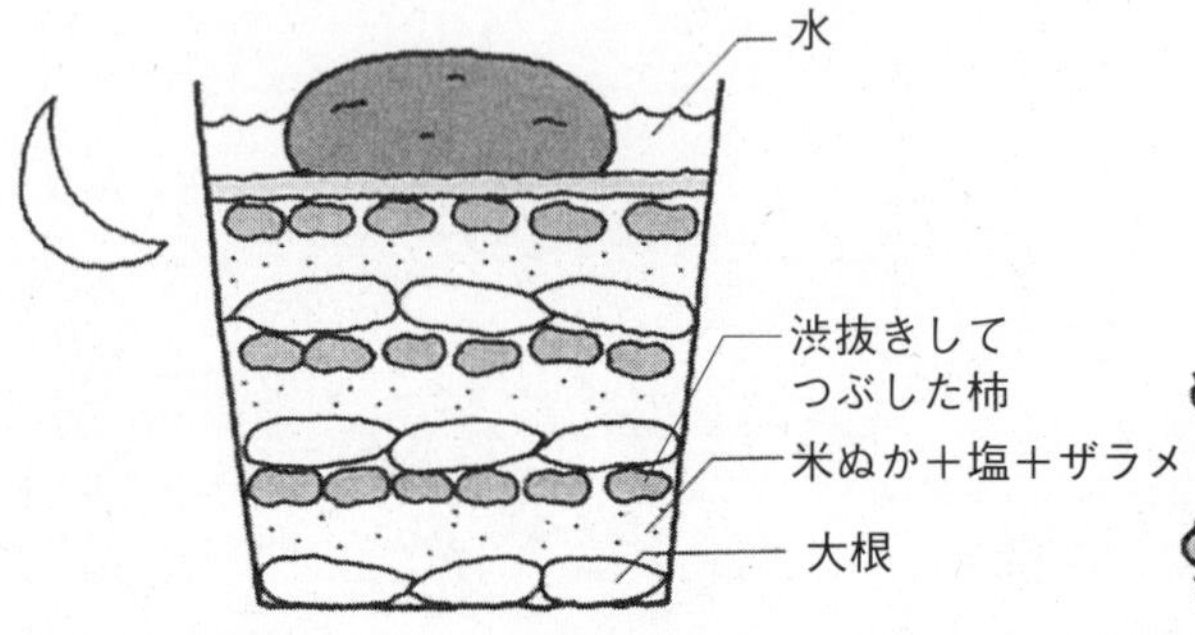
水
渋抜きして
つぶした柿
米ぬか＋塩＋ザラメ
大根

１週間ほどしたら、水があがってくるので、いったん重石をとる

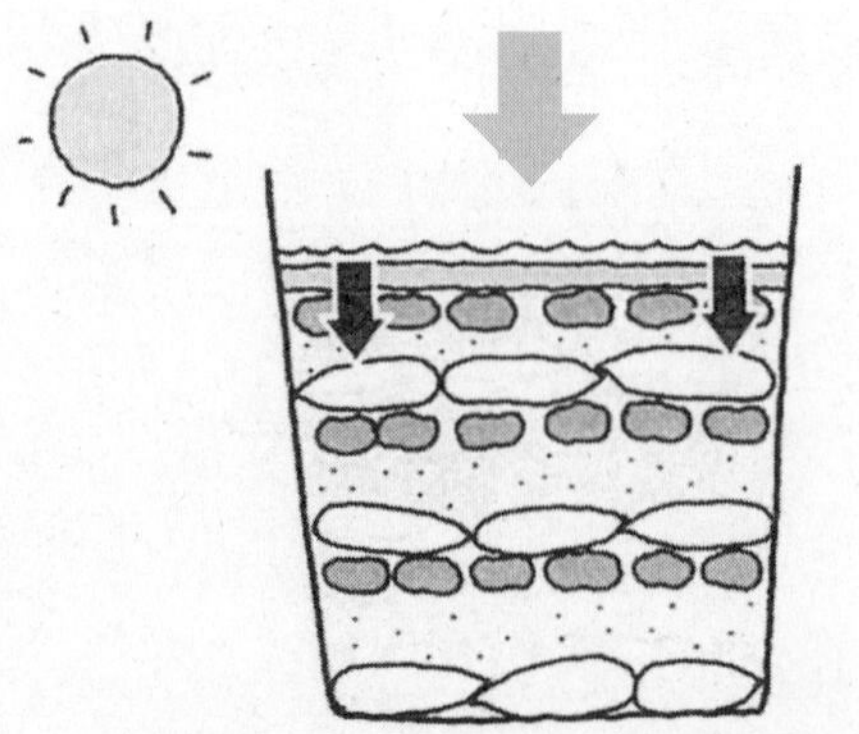

水が下にいくので、柿のエキスが大根によくしみ込む。夜は重石、昼間は重石なしを3日ほどくり返す

こんないっぱいの渋柿
食べきれない

7人家族の関さんちの面々も「甘みがぜんぜん違う！」と

卵の殻

酸っぱくならない

徳島市・浜本通恵さん

炭酸カルシウムが乳酸カルシウムと炭素ガスになり酸味が和らぐ

乳酸発酵が進むと乳酸が増えて酸っぱくなる

卵の殻には雑菌がつきやすいので、うす皮をとり除いてよく洗う。あるいは、ゆで卵の殻を使う

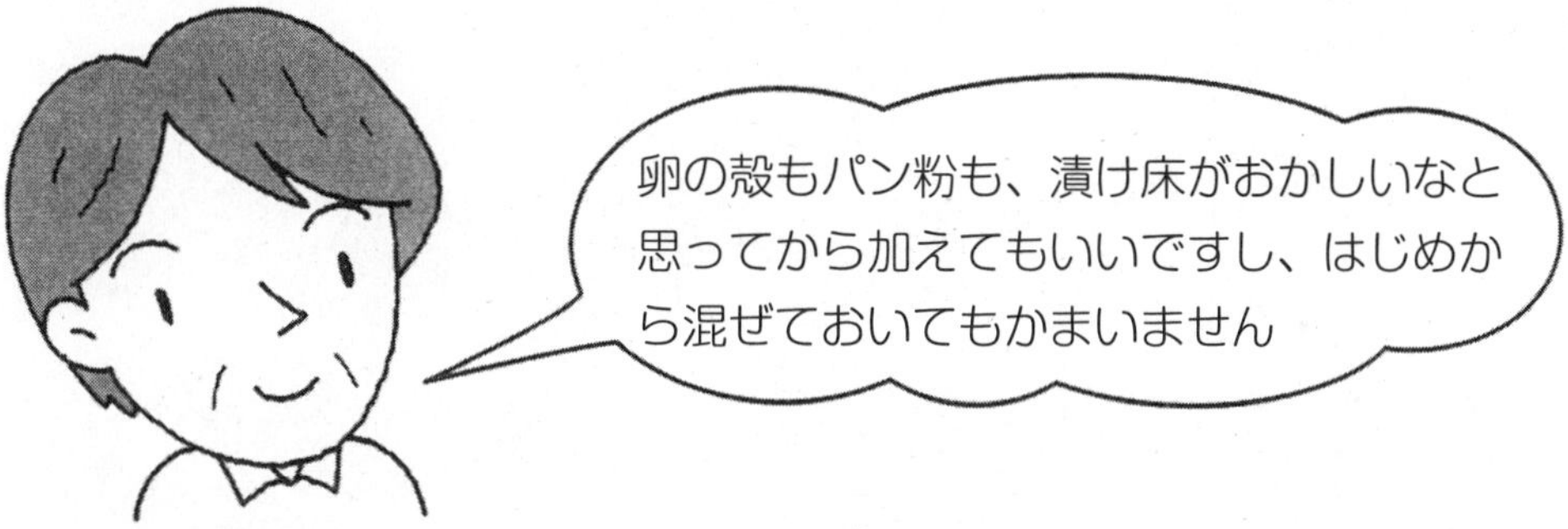
卵の殻もパン粉も、漬け床がおかしいなと思ってから加えてもいいですし、はじめから混ぜておいてもかまいません

郷土料理研究家の浜本さん

パン粉

漬け床の水分調節

同じく浜本通恵さん

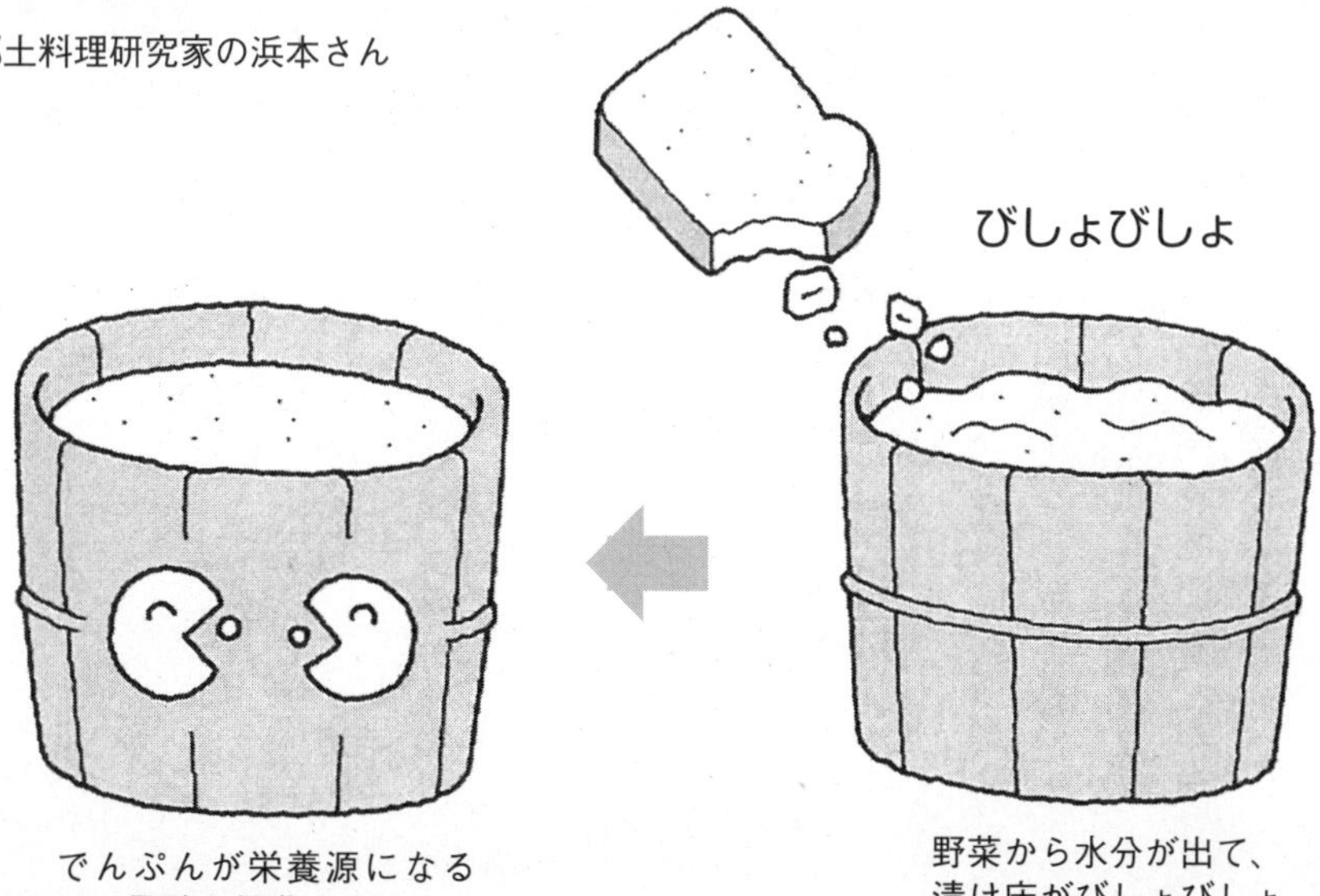
びしょびしょ

野菜から水分が出て、漬け床がびしょびしょ

でんぷんが栄養源になるので発酵も促進される

自分の酒をつくろう
どぶろく宝典
えと文 貝原浩
新潟
片桐武夫さん
飲みたいときに
飲みたいだけつくる
速醸づくりを楽しむ
注文家具から、古い家具の修理、再生と、自ら「木の何でも屋」と称する程、木を愛してやまぬ木工の片桐さんを訪ねました。七年前に手に入れた作業場を併設した家は、コツコツと内装を施し、天井、壁、子ども部屋、台所、窓……と、段々に形を成してきた。自分のペースで、アイデアを形にしてゆく楽しみは、急いだらもったいないでしょう」と未だ、発展途上のお宅です。
シンプルだが機能的な、杢を生かした美しい机

炊いた米5合
こうじ
市販のこうじ
5合
酒蔵から手に入れた、にごり酒
2合
山の湧水2升
全部入れ、よく、かきまぜ、温いところにおいておく。翌日からわき出し、3、4日で飲める
温度の低いときは1週間ほどおいて飲む。
ザルの上に手拭いをおき、こして飲む
(そのまま飲むときもある)

酒づくりの方はと向えば、ミリ単位でする仕事の細かさとは大違いで、実に大ざっぱにつくる。使う米も蒸すときもあれば、残り飯を使ったり。味も、時々、各々に楽しんでいるといいます。酛も自分の酒を取りおくこともあるし、今回のように、酒蔵から手に入れたものを使ったりと色々。つくってみたいという気持ちになった時につくるから、速醸でつくることが多いのだという。『だって早く飲みたいでしょう』。同感く。

こうじの多いせいか甘みの強い酒に仕上りました

自分の酒をつくろう

どぶろく宝典

えと文 貝原浩

奈良
本山敏さん

往来の激しい国道沿いにある住居を兼ねた店に入る。いきなり目に飛び込む太い丸太が店の真ん中にドーンと貫いて立つ。三年前に家の建て替えを機に、自然の恵みを享受する家にしたいと、雨水利用、太陽光発電、温水器と設置した。「もとがとれる、とれないじゃなくて、資源の問題でしょう」と明快です。

「食の安全」がおびやかされる中、生産者と消費者をつなぐ者として、米づくりのことをしっかり知りたいと思った頃、出会ったのが不耕起栽培だった。やってみると、自然の営みの中、ほんの少し、手助けするだけで、成長する稲を目にしてきた。反収

店に来る子どもたちにこの丸太に抱きついてもらいたいんですよ
米には全国各地の生産者の名前が記されている
合鴨 ササニシキ
秋田 山本さんのコシヒカリ 579円
あきたこまち 5k 3100

自然の恵みを寿ぐ米屋さんの濁酒
よりも、米自体の力があると感じ、納得できるといいます。以来十数年、今では二反の田
に陸稲を育て、収穫の秋には新米で酒を仕込み、新年には、仲間と飲み交すのだという。
1升5合の胚芽米もしくは玄米を水4ℓにつける。
炊いたご飯1杯を布でくるみ、3日かけて、中身がなくなるまでもみ出す。
米をとり出す
水はとりおく
玄米1kgでつくったこうじ
米は約40分かためにむす(人肌にさまして仕込む)
びんに移し3カ月程経ったら飲む
1カ月程経ったらミキサーにかけてつぶをつぶす
冬場だと、配達がてら車にのせ、ゆらして発酵を助けてやる

自分の酒をつくろう
どぶろく宝典
えと文・貝原浩
宮城県
亀尾俊晴さん
こだわり続けようドブロク発酵は農の最前線だ
コンポストの容器を利用して自然流下の澄み酒をとっている
自然流下が止まったら重しをかけ再度しぼる

「日本農業は発酵技術を百姓が持ってたから生きてこれた。菌の利用で土をつくり、食べものを加工してきた。ドブロクづくりを経験する中で、その思いは増々、強くなってきた。農業とドブロクは切っても切れない関係だ」と話は更に続きます。亀ノ尾に出会い米づくりの面白さに触れ、ササシグレの直播きに挑戦し、鳥害対策にモミを墨汁に浸して播いたら被害ゼロ、おまけに発芽効果も見られるという。これこそ「お墨付」さらに、先人の知恵ともいうべき「寒〻だめし」を知り、天候不順に対処しようと話す。（これは「寒〻の内」といわれる小寒〜立春の30日間の天候を計測し、その後の1年間の天候を予測するものです）

今年の「寒〻だめし」予想だと9月中旬頃、台風が来るかもな

モトづくり
よくといだ米1升に焼きおにぎり1個を4〜5個にちぎり分け、米の中に埋め、水1升2合入れ、布をかけ暖い所(26°)に2〜3日おいておくとわいてくる。全体をよくかきまぜザルで水と米をとり分ける
米をふかし、人肌にさまし、こうじ3合を加えよくかきまぜ、先ほどの水を入れる
1日1回かきまぜ暖い所(26℃、こたつの中など)に1週間おいておくとできあがる。1升4合のモト
三段仕込みのドブロク
自家製のこうじ4合
よくといでふかした米1升。(一晩水につけておく)
モト4合
水 1升
水は山の湧水を使用している
1段目(初添え)では中の温度が13℃になるようにしてやる。仕込んで15時間目からは2時間おきに、まぜてやる。次の日は何もしないでおいておく
2段目(仲添え)3日目
水、こうじ、むし米の順で仕込み、10時間ほどしてまぜてやる。雑菌を、抑えるため温度を10℃まで下げる
3段目(留添え)4日目
水、こうじ、むし米の順に仕込む。温度は9℃。低温発酵で吟醸香が期待できる。1日1回かきまぜ、3〜4週間で出来上り。しぼってよし、そのままで尚よしの酒だ
単位は升

	米	こうじ	水
3	5	0.9	5
2	2	0.6	2.6
1	1	0.4	1
	モト0.4		

さて話をドブロクに戻すと、いくつか大事なことがあるといいます。洗米は、低温水(5℃)で手際よく短時間でヌカを洗い流すこと。米を水につける時間は短くていい(1〜1.5時間)そのかわりザルで水切りした後12〜24時間かけてゆっくり水を吸わせる。使う容器、ゴザ等はアルコール(65%)又は、熱湯等で消毒を徹底してやること。これらは杜氏として酒蔵に住み込み、会得してきたもので、仕込み時の温度管理をきっちり守れば、清酒に劣らぬドブロクがつくれると言う亀尾さんでした。ササシグレのドブロクは香り、味よしの見事な澄み酒でした。
魚のカス漬け
みそとカスを合わせた田舎汁
どちらもおいしかった。

すやし（そやし）酛のつくり方

地元・高知に伝わる文化の香り すやし酛ドブロク

高知二郎

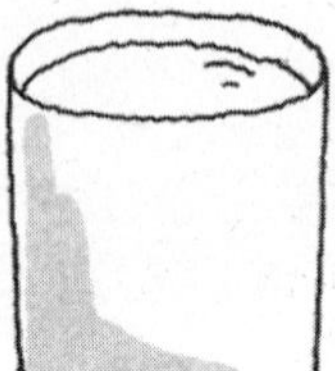

①谷川の水をくむ。地下水やわき水を使うときは（1～5日置いてから使う）

②米2升とガーゼに包んだ米こうじを一つかみ、水2升を、下のようにしたポリ袋に入れる。バケツの上には空気の出入りできる布を被せておく。気温15℃くらいのときがよい

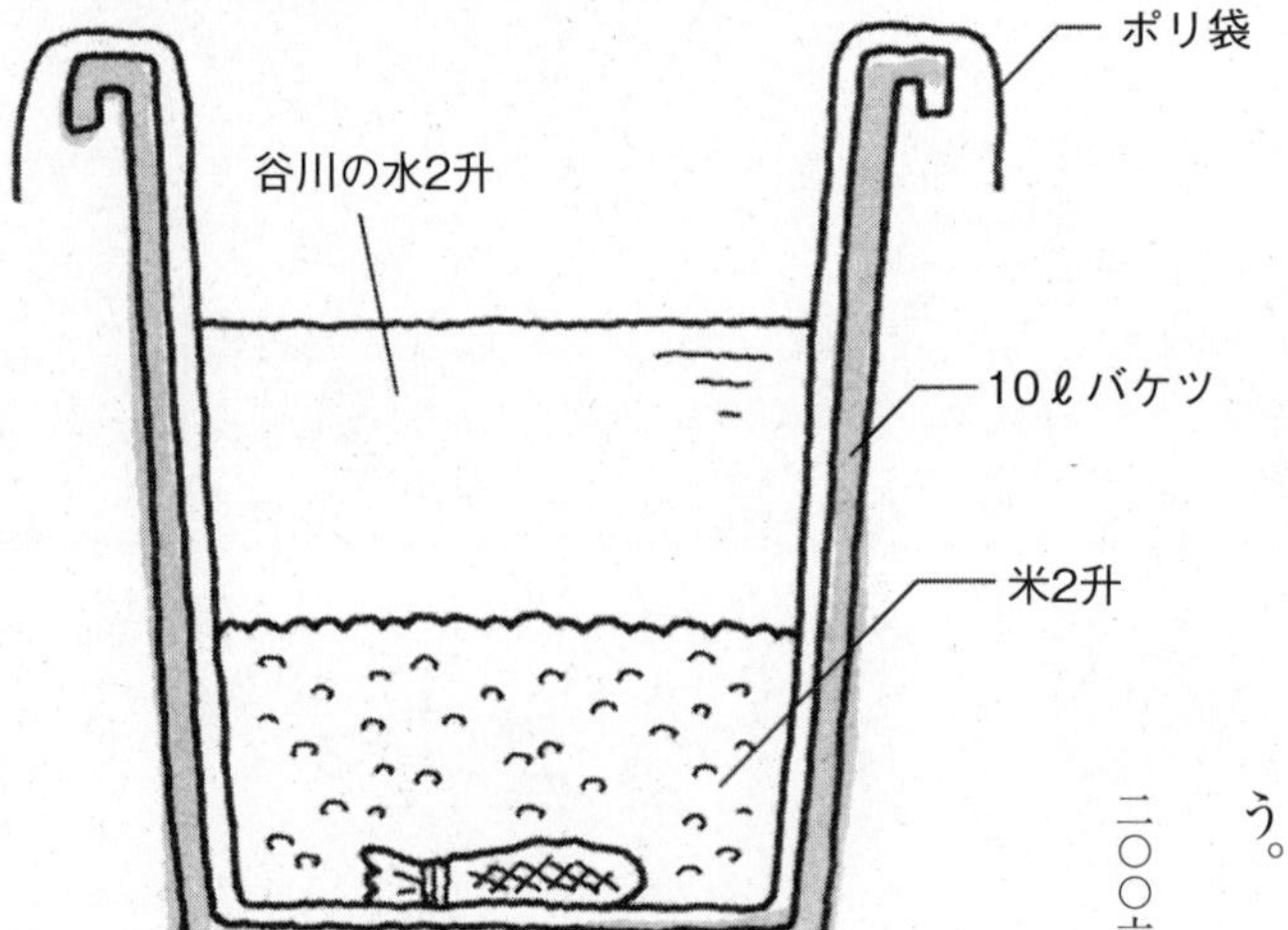
ポリ袋
谷川の水2升
10ℓバケツ
米2升
ガーゼに包んだ米こうじ一つかみ

さて、今年も心躍るどぶろくづくりの季節がやってきました。最近の若い者はあまり興味がないようで残念ですが、「すやし酛（もと）」でつくるどぶろくはこの地方（高知県）の文化です。

同じ米、同じ米こうじ、同じ水、それぞれの材料の分量も同じようにして仕込んでも、つくり手により味が違うのもどぶろくの不思議なところです。私のどぶろくづくりの先生である八十三歳のオジイは、これがまた辛い酒をつくる。甘味のないきつい酒です。一方、相方がつくるどぶろくなどは甘くていかにも女用。出来具合も、先生のはすんだ酒に仕上がって米粒がポツポツと浮くような酒になるのにたいして、自分のは白く濁っています。

では、そのすやし酛のつくり方を中心に、私のどぶろくづくりを絵で解説してみましょう。

二〇〇六年十二月号　すやしモトドブロク

酵母で身体にごほうび

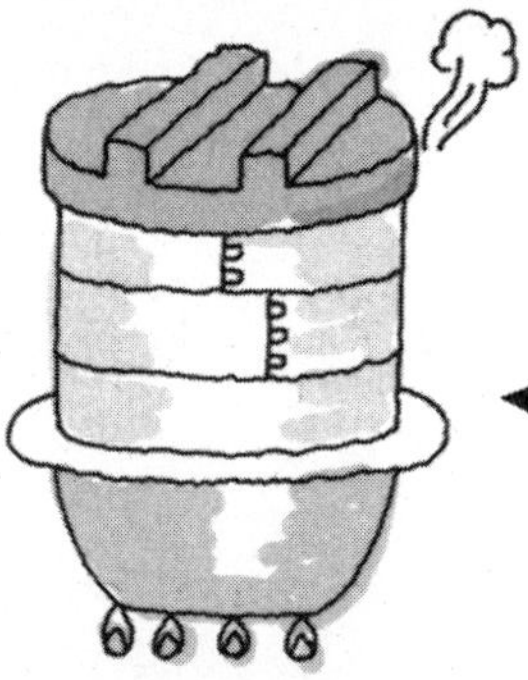

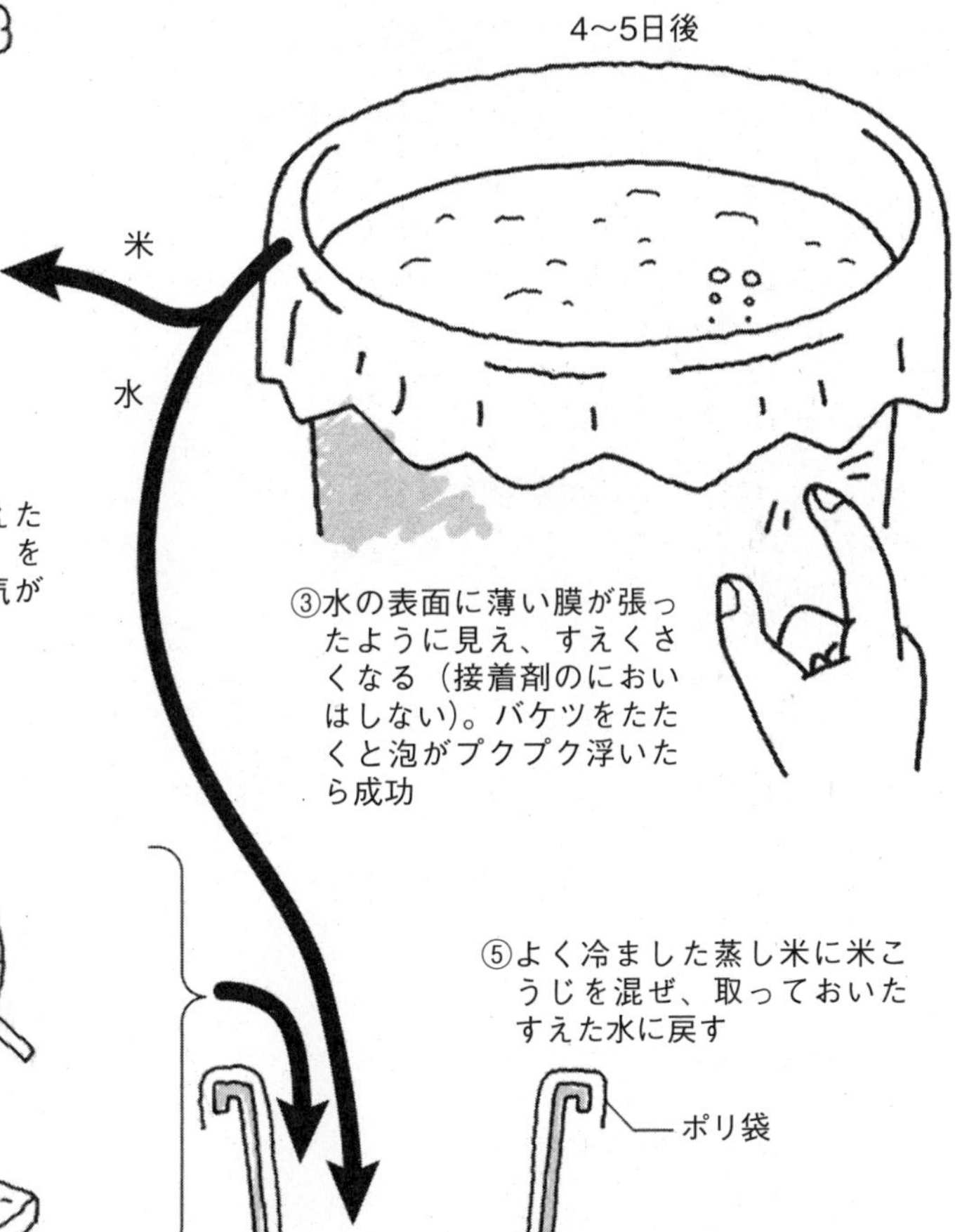

③水の表面に薄い膜が張ったように見え、すえくさくなる（接着剤のにおいはしない）。バケツをたたくと泡がプクプク浮いたら成功

④すえた水を切った米（すえた水も捨てずに取っておく）をガーゼを除いて蒸す。湯気が出てから40分くらい

よく冷ます

蒸し米（2升分）

米こうじ1升4合（約2kg）

⑤よく冷ました蒸し米に米こうじを混ぜ、取っておいたすえた水に戻す

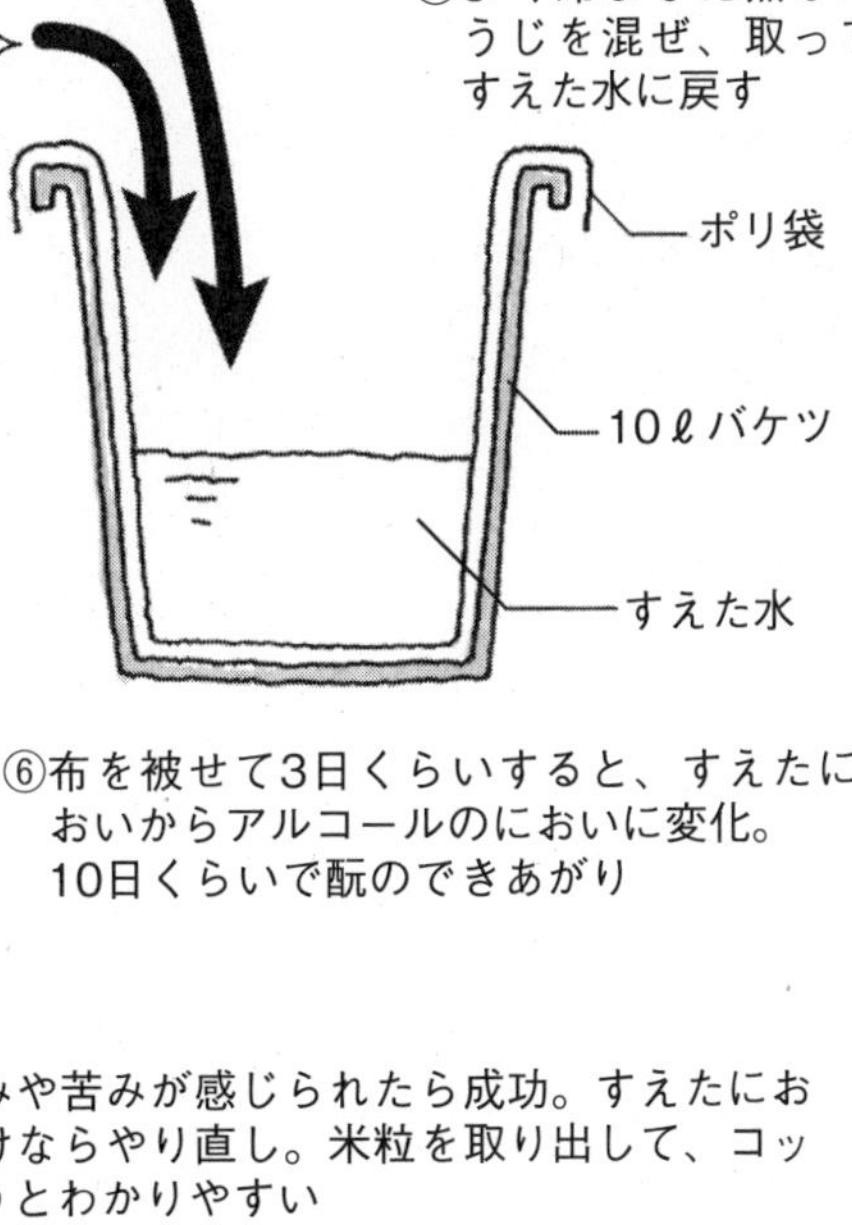

⑥布を被せて3日くらいすると、すえたにおいからアルコールのにおいに変化。10日くらいで酛のできあがり

⑦口に入れてみて、甘みや苦みが感じられたら成功。すえたにおいがして酸っぱいだけならやり直し。米粒を取り出して、コップの水に入れて味わうとわかりやすい

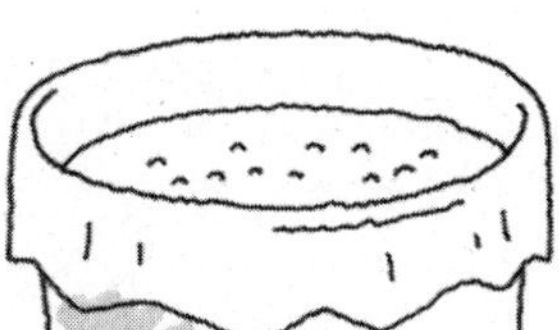

（酛ができたら仕込み。次ページへ）

すやし酛を使った三段仕込み

※要は酛の米の量に対し、一段目で二倍、二段目で四倍、三段目で八倍の米を加えていく。こうじは米の約三分の一。

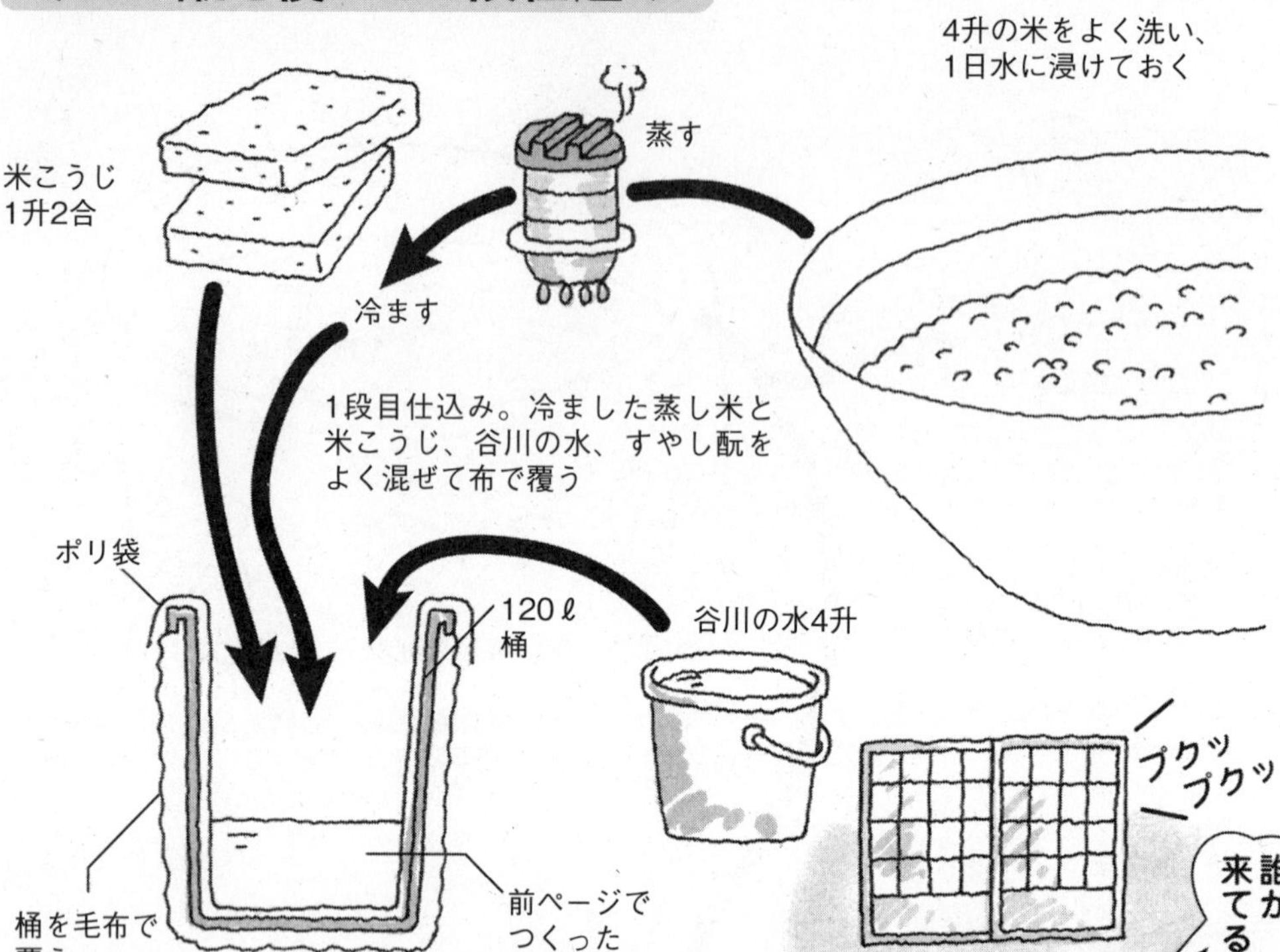
4升の米をよく洗い、
1日水に浸けておく
蒸す
米こうじ
1升2合
冷ます
1段目仕込み。冷ました蒸し米と
米こうじ、谷川の水、すやし酛を
よく混ぜて布で覆う
ポリ袋
120ℓ
桶
谷川の水4升
桶を毛布で
覆う
前ページで
つくった
すやし酛

4日後…2段目仕込み
- 蒸し米8升
- 米こうじ2升4合
- 水8升

さらに4日後…3段目仕込み
- 蒸し米1斗6升
- 米こうじ4升8合
- 水1斗6升

ときどき撹拌しながら、できあがりを待つ。わきが進むと、浮いた米で厚さ5寸くらいの「天井」ができる

ブクッ
ブクッ
誰か来てるわよ

3段目まで仕込むと、プクプク音がしてなんともにぎやか。朝、妻が誰か来てるから見てこいというほど

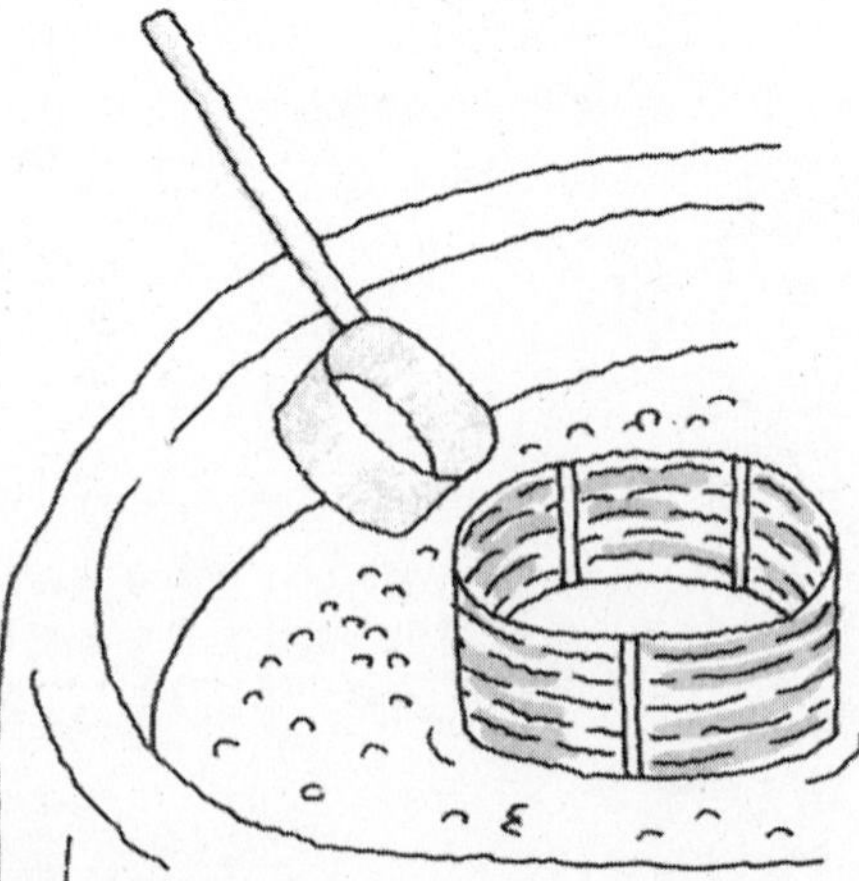

残った米粒を漉すように、竹で編んだ「す」を沈めて、ヒシャクですくって飲む

野生酵母の培養法

麹エキスをつくる…電気炊飯器に米麹300gを入れ、60℃前後のお湯1ℓを加えて保温状態にセットする。一晩置くとさらりとした甘酒状の液となる。その間、数回、きれいなしゃもじで底からよくかきまわす。

この中にレモン2個分のしぼり汁を加えてかくはん後、清潔なさらしの白布でしぼり、このしぼり汁をコーヒーの濾紙で濾過したのち、沸騰するまで加熱する。熱いうちにネジキャップ付きのびん（熱湯で栓、びんを殺菌したもの）に詰めて、直ちに栓をしっかりしめて冷蔵庫に保存する。

麹エキスの代わりに、スポーツドリンクでも培養液をつくることができる。スポーツドリンク1ℓに蜂蜜100gとレモン2個分のしぼり汁を加え、沸騰するまで加熱し、熱湯殺菌したネジキャップびんに詰め、冷蔵保管しておく。

麹エキスのつくり方

酵母の採取と培養…培養液を50mℓほど、必要な本数だけ小びん（牛乳びんが使いやすい）に取り、コップをかぶせて蒸器に入れ、30分ほど蒸気殺菌をして、完全にさます。花の雌しべの部分、稲や麦の種実、果実の表皮の小片、耳かき1杯ほどの蜂蜜など、酵母を採取しようとするものを用意する。コップのふたをとって、これらを素早くそれぞれのびんに入れて、熱湯殺菌した小さじでそっと沈める。最後に茶さじ一杯ほどの薬局方アルコールを液面に浮かべるようにそっと注いで、再びコップのふたをかぶせて、じっと発酵して泡立ってくるのを待つ。

さかんに泡立つものが出てきたらコップの横からにおいをかいで、いい香りがするものを選ぶ。果実などの切れはしを熱湯殺菌した小さじで取り除き発酵のしずまるのを待つ。

沈澱物が酵母である。最終選抜には、上澄み液を飲んでみて美味しいことが基準となる。沈澱物だけを残し、そこへもう一度、冷蔵保管してある培養液を八分目ほど加えて発酵させたあと、底に沈んだどろどろした部分を酒つくりに使う。早く使えばよいが、そうでない場合にはネジキャップの小びんに移して冷蔵保管する。

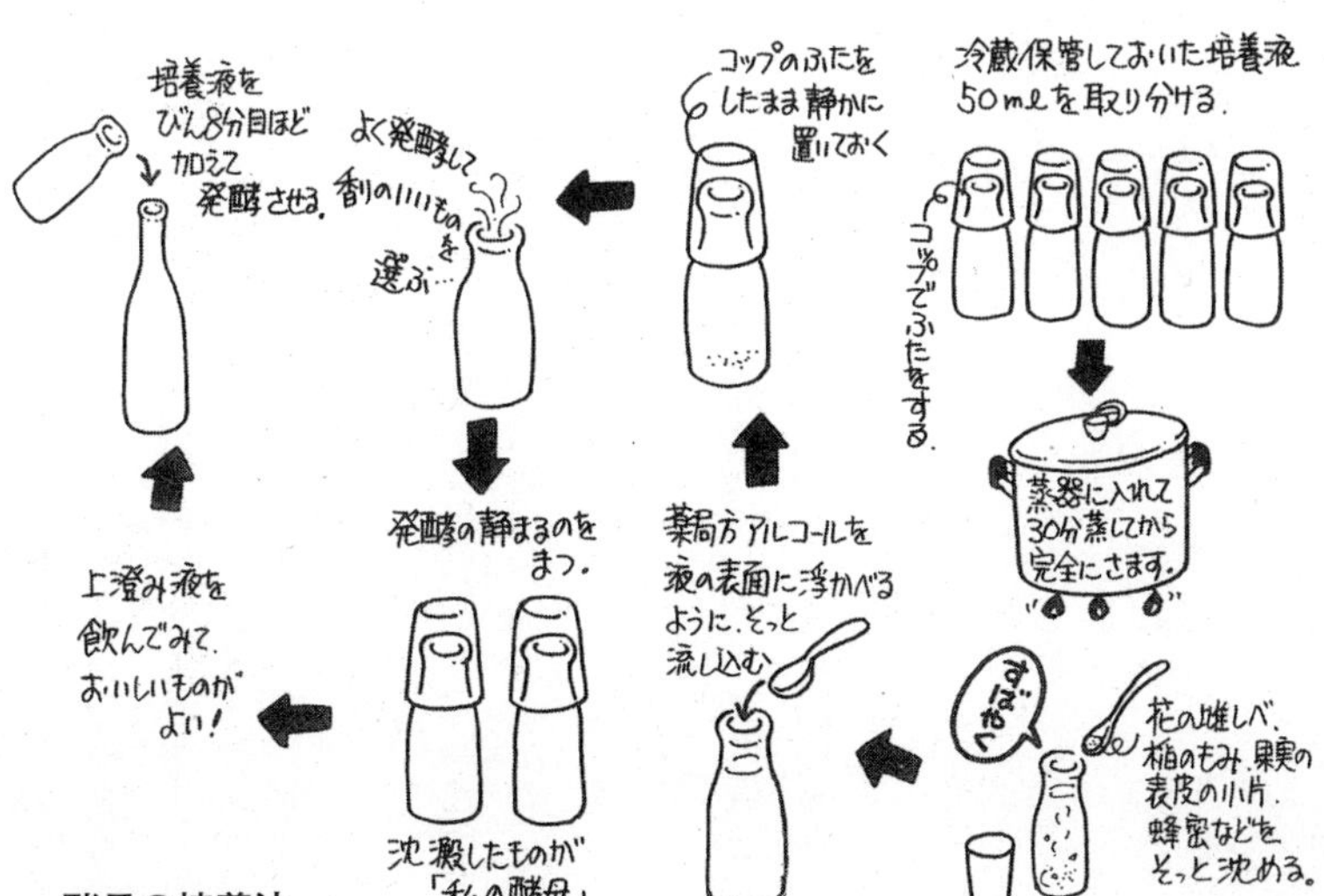

酵母の培養法

穂積忠彦著『酒つくり自由化宣言』より
（まとめ、編集部）

焼きおにぎりで酛づくり

宮城三郎

焼きおにぎりを使った酛（もと）づくりを紹介したいと思います。作業を始める前に注意することは、器具や手を消毒して雑菌を寄せ付けないようにすることです。熱湯をかけたり、アルコール濃度六五％の消毒液を作って霧吹きするとよいでしょう。

酛づくり

①焼きおにぎりを一個作る。焦がさないよう、表面が固くなるまで焼く。

②白米一升をよく研ぎ、平たい桶（ステンレス製がよい）に移し、水一升二合（水道水は不可）を入れ、そこに焼きおにぎりを四〜五個にちぎって埋め込む。埋め込むとき、裂いたほうを下向きに。水の量は、米が隠れ、おにぎりが少し上に出る程度。

③布をかけて暖かいところ（二六℃くらい）に置くと、二〜三日で埋め込んだおにぎりのあいだからプクプク泡が出てくる。なめてみて酸味を感じ、蒸れた酸臭を発するまで待つ。

④万が一、カビが生えたときはスプーンなどで慎重に取り除く。

⑤泡が出てきたら、おにぎりをよく手でもみほぐす。その後、ざるなどに米をとり、汁を濾す。この汁はあとで使うので、ラップ等をかけておく。

⑥ざるにとった米をよく水切りした後、蒸かす。

⑦蒸し上がった米を人肌くらいまでよく冷まし、こうじ三合を入れてよくかき混ぜ、先ほどとっておいた汁を入れる。入れものは、飲料水用のポリバケツを使用。ステンレス製以外の金属の容器は使わない。

⑧容器をラップ（三〇〇㎜幅）で覆い、ゴムまたはひもなどでくくり、ゴミや雑菌が入らない暖かいところ（二六℃くらい）に置いておく。

⑨一日に一回かき混ぜる。するとプクプクと泡が出てきて酵母が炭酸発酵を始める。一週間くらいで酒母が完成する。完成すると、プクプクした泡が消え、もろみが下に沈む。なめてみて、酸味があり辛いようであれば成功。このとき蒸れたような酸臭はなくなっている。

本仕込み

分量は、以上の手順でつくった酛を半分使う場合を例に説明します。

一日目…桶に入れておいた酛に、水一升五合、こうじ四合を入れ、しゃもじでよくかき混ぜる。そこに、米一升を蒸して冷ましてから入れる。水五℃、蒸し米二〇℃で、材料を混ぜた状態で一三℃くらいにするのがいい。

桶の口にラップをかけて一五時間放置。その後、二時間おきに数回、しゃもじでよく攪拌。

二日目…丸一日何もしないでそっとしておく。

三日目…中添え。水二升六合、こうじ六合、蒸し米二升を順に仕込む。一〇時間ほどして一回攪拌。雑菌の繁殖を抑えるため、桶の温度は一〇℃くらいに保つ。

四日目…留め添え。水五升、こうじ九合、蒸し米三升を順に仕込む。九℃の低温発酵で吟醸香が増す。以降、一日一回の攪拌で、留め添えから二〇〜二五日で完成。

二〇〇六年十二月号　焼きおにぎりでモトづくり

生酛

—伝統的な酵母の培養法

酒造りでは、アルコールを大量に醸す醪《もろみ》の仕込みに先んじて、酒母（酛）を育てる。酒母は、大量の酵母を繁殖させることが目的であり、アルコール分は多くは生成させない。生酛《きもと》は江戸時代に確立した、伝統的な酵母の純粋培養法で、次のように発酵が進む。

仕込み、打瀬　蒸米、米麹、水を仕込み、品温を五℃に保つ。蒸米の溶解が進み、硝酸還元菌が増殖する。硝酸還元菌は、溶液中の硝酸塩を還元して亜硝酸を生成する。

暖気入れ　暖気樽（お湯の入った樽）を入れたり、桶を冷却したりして、温度の上昇と下降を繰り返し、ゆっくりと温度を上げていく。亜硝酸に強い乳酸菌が増殖して乳酸を生成し、溶液が酸性化する。ほとんどの微生物は酸に弱く、硝酸還元菌も、次第に死滅する。溶液中の乳酸濃度がさらに高まると、乳酸菌は自ら作った酸により繁殖が困難になる（pH3前後）。一方、酵母は弱酸性を好み、乳酸濃度が高まると繁殖しやすくなる。

酵母の添加、暖気入れ　品温一五℃で酵母を添加する。酵母は溶液中に酸素があるうちは、酸素を呼吸に利用して、どんどん増殖する。溶存酸素がなくなると、溶液中の糖をアルコールと二酸化炭素に分解（解糖、発酵）してエネルギーを得る。発酵によって温度が上昇するが、暖気入れで、温度の上昇と下降を繰り返す（一〇～二二℃）。酵母がもっとも繁殖しやすい温度は、二五～三〇℃であるが、低温にするのは、酵母にストレスを与えるためで、ストレスをかけるほど酵母は力を出して、風味豊かにしてくれるという。

アルコールが次第に増えてくると、乳酸菌は急速に死滅する。アルコール濃度が八～一〇％を超えると、酵母も増殖が止まる（アルコールが一五％を超えると、アルコール発酵も停止して死滅する酵母がでてくる）。

枯らし　三～四℃低温のままで放置し、生酛が完成。

近年の研究では、以下のことが明らかにされている。酵母は、酒母溶液中にある脂肪酸（パルミチン酸、リノール酸）を利用して生育するが、生酛では、乳酸菌が増殖するときに、リノール酸を消費してしまう。酵母がパルミチン酸だけで成長すると、細胞膜がアルコールに対して強い構造となり、高いアルコール濃度に耐えられるようになる。乳酸菌は雑菌を抑えるだけでなく、乳酸菌と酵母が連続的に成長することで、アルコールに強い優良な酵母ができるという。

（編集部）

生酛の微生物の変化
（秋山裕一著『日本酒』より）

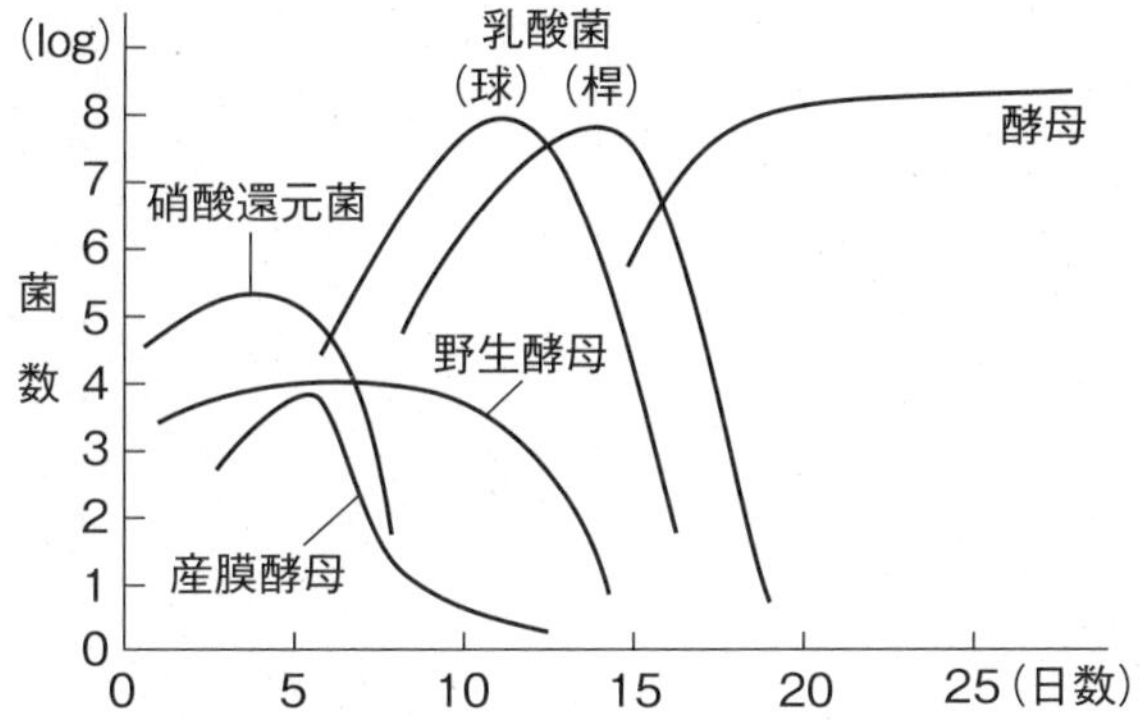
(log)
菌数
乳酸菌
(球)(桿)
酵母
硝酸還元菌
野生酵母
産膜酵母
0 1 2 3 4 5 6 7 8
0 5 10 15 20 25 (日数)

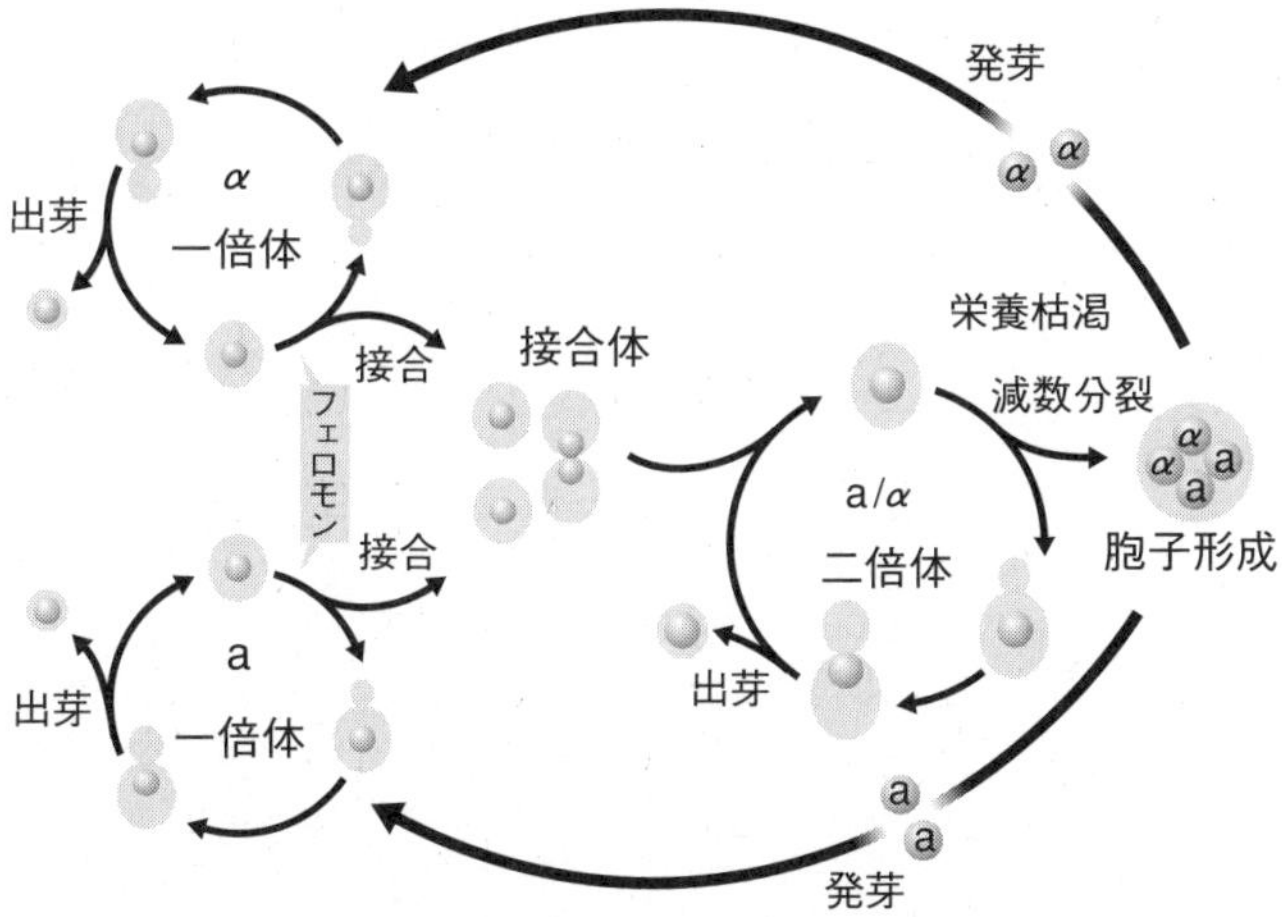
発芽
α
一倍体
出芽
接合
フェロモン
接合体
栄養枯渇
減数分裂
胞子形成
a/α
二倍体
出芽
a
一倍体
出芽
接合
発芽

酵母のライフサイクル　酵母は一倍体と二倍体で存在し、一倍体単独でも出芽（細胞分裂）して増殖するが、一倍体同士が接合（有性生殖）して核が融合し、二倍体となる。二倍体も出芽・増殖するが、栄養分が枯渇したり、生育環境が厳しくなると減数分裂して胞子を形成する。胞子は過酷な環境によく耐え、生育に好適な環境になると発芽する。酵母は微生物の中でも高等生物に近く、真核生物の基本的な構造を備えている。

ジュース加工のおまけの楽しみ

ヤマブドウワイン

山形四郎

発酵が進んだヤマブドウ。茶色くなった果皮が浮かんでいる

ヤマブドウづくりを始めて七年目。秋になるとヤマブドウ原液（ジュース）の加工に追われておりますが、ささやかな楽しみとして自家製ヤマブドウワインを少しですがつくっています。その手順をお話ししたいと思います。

原料にはできるだけ完熟したもの、病害のないものを使用します。

栽培した場合は、ヤマブドウでも糖度が一八度を上まわるものもあり、おおむね一七度以上にはなります。私自身は加えませんが、仕上がりの味や、雑菌の繁殖を抑えて発酵を促す目的で、原料の二〇～三〇％の砂糖を加える方も多いようです。糖度が平均一七度を下まわる原料のときは一考したいポイントです。山採りで赤い未熟果が混入するような場合はなおさら糖度が低いので、補糖が必要です。

仕込み

病害果粒はできるだけ除いてから、果梗ごとしっかりつぶします。それを清潔な容器に入れ、新聞紙で口を覆った上から蓋を載せておきます。容器は、家の中でもできるだけ涼しい場所、つまりじっくりと発酵が進むところに静置。比較的低い温度で発酵をゆっくり進ませることが、味の荒さをとり、上品な味に仕上げるポイントです。

途中でかき混ぜたりはしません。一〇日ほどすると、容器の上のほうに果皮や果梗が茶色くなって浮き上がってくるので、これを網杓子ですくい取ります。このとき、欲張ってすくったカスをきつく搾りすぎると、雑味がついたりオリが増えることになるので要注意。液切りする程度ですませるのがポイントです。

浮き上がった果皮などを除いたら、ふたたび新聞紙をはさんで蓋。これは、蓋の裏で結露した水滴が落ちないようにするためです。新聞紙を一枚でもあいだに当てがっておくといいでしょう。その後、発酵の具合と味の変化（アルコール度数の上がり方）を見ながら、ビン詰めの時期を決めていきます。

果汁に対する補糖量の表　　（果汁1ℓ当たりのグラニュー糖g数）

果汁の比重	果汁の糖分％ ＼ 補糖後の果汁糖分	20	21	22	23	24◎	25	26
1.040	8.30	126	137	149	161	173	186	198
1.045	9.65	111	122	134	146	158	171	183
1.050	11.00	97	108	120	132	144	156	168
1.055	12.35	82	94	105	117	129	141	153
1.060	13.70	68	79	90	102	114	126	138
1.065◎	15.05	53	64	76	87	99◎	111	123
1.070	16.40	39	50	61	72	84	96	107
1.075	17.75	24	35	46	58	69	81	92
1.080	19.10	10	21	32	43	54	66	77
1.085	20.45	—	6	17	28	39	51	62
1.090	21.80	—	—	2	13	24	36	47
1.095	23.15	—	—	—	—	9	21	32
1.100	24.50	—	—	—	—	—	6	17
1.105	25.85	—	—	—	—	—	—	2

〈表の見方〉
(1) 果汁の比重1.050の場合,その果汁の糖分は11.0%である。
(2) 果汁の比重が1.065の場合,この果汁の糖分を24に高めるには果汁1ℓにつき、グラニュー糖99gを加えればよい。
(3) 果汁の比重欄◎を横に見て,24の欄◎を下に見て,そのまじわるところの99◎が果汁1ℓに対して加えるグラニュー糖のg数である。　（『趣味の酒つくり』より）

ヤマブドウワイン

ビン詰め

発酵がほどよく進んだらビン詰めの工程です。

まず、網杓子の上に四枚重ねにしたガーゼを載せる。これで静かに漉しながら、別の容器に移していきます。通りの悪くなった時点でガーゼを換えましょう。漉した液を一昼夜静置したあとビンに詰めます。

このときオリの少ない上澄み部分三分の一は、長期保存用にとくに静かにビン詰めするといいでしょう。詰めたらすみやかに冷蔵庫へ。順次ビン詰めを進め、最後のオリの多いほうから先に飲み始めると、火入れすることなく酵母が生きたまま、最後までおいしく飲みきることができるようです。

なお、冷蔵庫の中でも発酵は少しずつ進みますから、コルクで栓をすると破ビンのおそれがあります。私は、ペーパータオルをややきつく丸めて栓にしています。

酸っぱくなったらワインビネガー

また、長く保存するうちに発酵が進んで酢になることがあります。このときは失敗したとは思わず、ワインビネガーとして利用しましょう。料理の隠し味に使うとじつにおいしくなるようです。知り合いの奥様方には「ぜひまた、ワインビネガーをいただけたら……」という方もあり、人気があります。

実りの秋の余韻を長く楽しめる自家製ワインづくり。みなさんもお試しください。

二〇〇六年十二月号　ジュース加工のおまけの楽しみ
ヤマブドウワイン

日本列島の発酵食

『日本の食生活全集』より

しょっつる　秋田、男鹿の食

とりたてのこなご（小女子）やあじ、はたはたなどでつくる。小あじの場合だけはいわしと混ぜてつくる。魚に塩とこうじを入れて漬けこみ、十分発酵させ、骨の形もなくなってどろどろになったら火を通し、こしてびんに蓄える。これがしょっつるで、調味料として使う。塩魚汁がなまって「しょっつる」となったといわれている。こなごのしょっつるが、一番味が軽くて食べやすいが、はたはたのしょっつるも、くせがなくておいしい。

こなごのしょっつる（北浦・鎌田家）

春、こなごがとれたら、すぐ次のような割合で漬けておく。

こなご二斗、塩九升、こうじ五升を混ぜて桶に入れ、ふたをして中くらいの重石をのせ、蝿がつかないように、紙で覆ってひもで縛っておく。こうして、夏を越すと、わいてくる（発酵する）のでよくかき混ぜ、また元のようにして秋までおいて、さらによく発酵させる。身が溶けるとともに、桶の上のほうに、こなごの骨やこうじなどの混じったものが浮くようになる。このころを見計らってこす。

容器にざるをのせ、そのざるに海岸からきれいな砂をとってきて、一寸ほどの厚さに敷き、その上にさらしの布を敷き、ざるの底の形に添わせながら凹ませておく。こなごの漬けたものを汁ごとなべに入れてひと煮たちさせ、熱いうちにざるの上から静かにあけると、汁がこされて下にたまる。これがしょっつるで、びんに詰めておき、つどつどに利用する。これで一斗ぐらいのしょっつるがとれる。

はたはたのしょっつる（北浦・上野家）

はたはた七升、塩三升、こうじ二升の割合で漬けこみ、蝿がつかないように、漁で使ったゴム合羽の古いものを利用してかぶせ、ぎっしりひもで締めて保存する。年に二、三回発酵が進むようによくかき回し、三年間そのままにしておく。こうすると、はたはたは全部溶けてしまい、魚の影も形もなくなり、どろどろの汁になるから、これをなべに入れて火にかけ、焦げつかないようにかき回し、熱いうちに

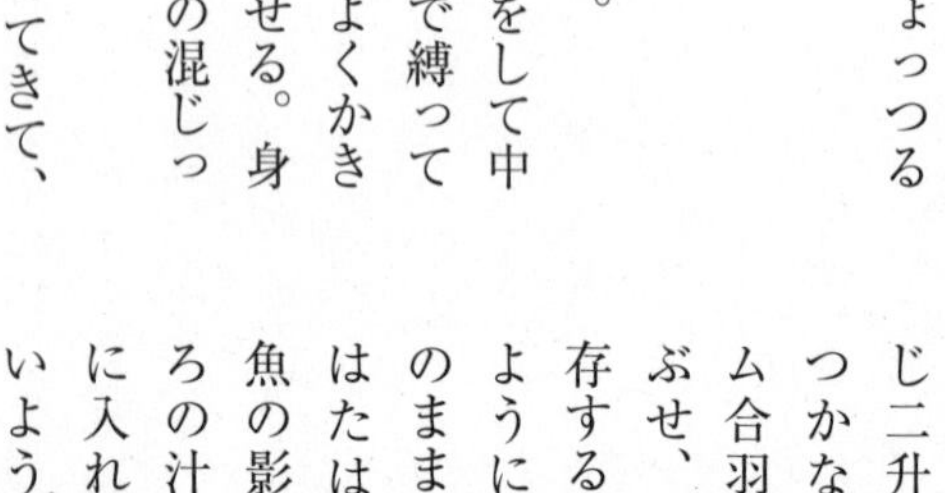

しょっつるなべ　男鹿市（撮影　千葉寛『聞き書　秋田の食事』）

こす。こし方は、こなごの場合と同じように、ざるの底に砂を敷き、その上にさらしを敷いてこす。びんに蓄えておき、魚や野菜を煮るときの味つけや、しだもちにつけて食べる。

すしはたはた

秋田、男鹿の食

北浦で、すしはたはたがつくられるようになったのは、遠い昔のようである。秋田の場合は、佐竹公が常陸太田から移封される（一六〇二年）前であることは、記録資料から明らかにされている。飯ずしの原型はさらに古く、今から千三百年も昔に、藤原豊成（横ばきの右大臣）の娘、中将姫が継母に迫害され、山中深くかくまわれたとき、村人たちが川のほとりに自生するよしの葉に栗飯を包み、杣人に託して食べてもらったのがはじまりで、その古事にならい、よしの葉に米飯と新鮮な魚を置いて、一五、六日間漬けこんだのがはじまりという説が伝えられている。

一ぴきずし　男鹿市（撮影　千葉寛『聞き書　秋田の食事』）

また一方、延喜式に記されているところでは、魚に塩をして押し、自然の発酵によって酸味を帯びさせると、魚の味がよくなり保存もできる、とある。この方法は中国から伝来したとも伝えられている。

すしはたはたは、もともと祝い料理とされているから、年取りの日と、元旦の祝い膳になくてはならないものである。また、冬の間の保存食としても重要な食べものである。大量にとれるはたはたを利用して、一ぴきずし、切りずしなど、それぞれ一斗ていどの桶に二、三本ずつ漬けこむ。

すしはたはたを漬ける桶は、杉の赤身の厚板を使い、深さは一尺から一尺三寸くらいと浅く、広口にして重石をのせやすく、押しがきくようになっている。地域の桶職人に、時期になるとたがを締め直してもらってから漬ける。北浦では、酒屋が町内にあって、ここからよい一斗樽が分けてもらえるので、酒樽を利用したり、一斗枡が丈夫でよいと、これに漬ける家もある。

つくり方は、はたはたを四斗樽に七分目ほど入れて川辺に置き、赤つゆが出なくなるまで一日一回水をかえ、これを四、五日続ける。赤つゆが出なくなり、全体が白っぽくなったら、ざるに上げて水を切り、一昼夜、塩漬にする。そのあと、大きいものは一ぴきを四つか五つに切って切りずしに、小さいのは一ぴきずしにする。切りずし用に切ったはたはた、一ぴきずし用のはたはた、それぞれを桶に入れて酢をふりかけ、一晩酢漬にし、翌日ざるに上げてよく水を切る。

ごはんを炊き、熱いうちにこうじ、薄切りのにんじんやかぶ、ちぎったぶりこ（はたはたの卵）、ふのり、塩を混ぜ、これに、切りずしは切ったはたはた、一ぴきずしは一ぴきのままのはたはたを、ぐるぐると混ぜておく。

桶の底に塩をさっとふりこみ、笹の葉を敷き、その上に混ぜてある材料を約一寸五分ほどの厚さにびっしり漬けこみ、その上にさらに笹の葉を敷いて、また材料を入れるというように、だんだんに漬けこんでいく。最上段には厚めに笹の葉を重ねて敷き、厚手の落しぶたをするが、このとき、桶とふたのまわりにすきまができないように、わらで太さ一寸ちょっとぐらいの三つ編みのひも状のものをつくり、桶の内側のへりにそわせて回してからふたをし、できる限り重い重石をのせる。

汁は、二日目ころからだっぷり上がるが、食べはじめるまでそのまま重石をのせ、汁が上がった状態にしておく。一か月ほどたってなれたら、重石を半分くらいにする。

一ぴきずし、切りずしともに、とり出すときは、まず重石をとって別の容器に汁を移し、笹の葉ごと一段ずつとり出すとよい。後はまた、元のようにふたをし、重石をのせ、桶のへりから静かに汁をもどす。こうしておくと、最後まで味が変わらないで、おいしく食べられる。笹の葉は大量に使うので、雪が降る前にとっておき、重ねたものを新聞紙にぐるぐると巻いてよく包み、息をつかせないように準備して蓄えておく。

すしがなれるまでに一か月以上かかり、味がよくなるのは一か月半ぐらいたったころであるから、正月中ごろから二月いっぱいが食べごろである。だから、年取りや正月のお膳のものは、まだほんとうの味ではない。だが、お祝いであるから、お膳につける分だけとり出す。

年取りの晩は、お皿に一ぴきずしをでんと置き、その腹のところにぼた（塩鮭）の切身を一切れ立てかける。これは見せ魚で、翌朝、元日の雑煮を食べるときに焼いて食べる。焼くと身の色が薄く桃色がかり、すぐ焼ける。いくらか酸味があって、生のものやふつうのこうじ漬などとひと味違ったよい味がする。一ぴきずしをそのまま食べるときは、切りずしのように切って食べる。すしはたはたは、煮て食べても独特の風味があっておいしい。

はたはたが不漁のときは、焼いたり煮たりして食べるときに、切りとった頭やひれをとっておき、水に漬けて赤汁をとってから、頭の固いところやくちばしは金槌でたたいてから、すしはたはたに漬けたりもする。とにかく、すしはたはたのない正月、すしはたはたのない冬の食生活は考えられない。

いかのうろをわかせる
わくとしだいにおりが沈澱し、上澄み液がたまって、塩辛の漬け汁のもとになる。酒田市
（撮影　千葉寛『聞き書　山形の食事』）

いかの塩辛

山形、飛島の食（酒田市）

いかは、夏場の五月から七月までと、冬の十二月から二月の上旬まで、約半年近く水揚げされるので、そのつど漬けこまなければならない。いかを開いて内臓をとり、一枚一枚塩をまぶしながら重ね漬にし、きっちり重石をかけ、できるだけ涼しいところに保存する。

うろ（肝臓）は別に集め、ぢょのめ樽（横口樽）に漬けこむ。これはいかの漬けこみとは別の作業で、漬けこんでからよくわかせて（発酵させて）、塩辛の漬け汁にする。うろのわかせ方で、塩辛の味と香りは違ってできるし、夏の暑い時期をすごすので、塩の分量と置き場所には十分気を使う。つくり方にはその家、その家の秘伝がある。

わかせたうろは、樽の底に沈澱する部分と上澄み液（醤油状のもの）に分かれるので、この上澄み液を沈澱したおりが混じらないようにぢょのめ口からとり出し、塩辛の漬け汁のもとにする。

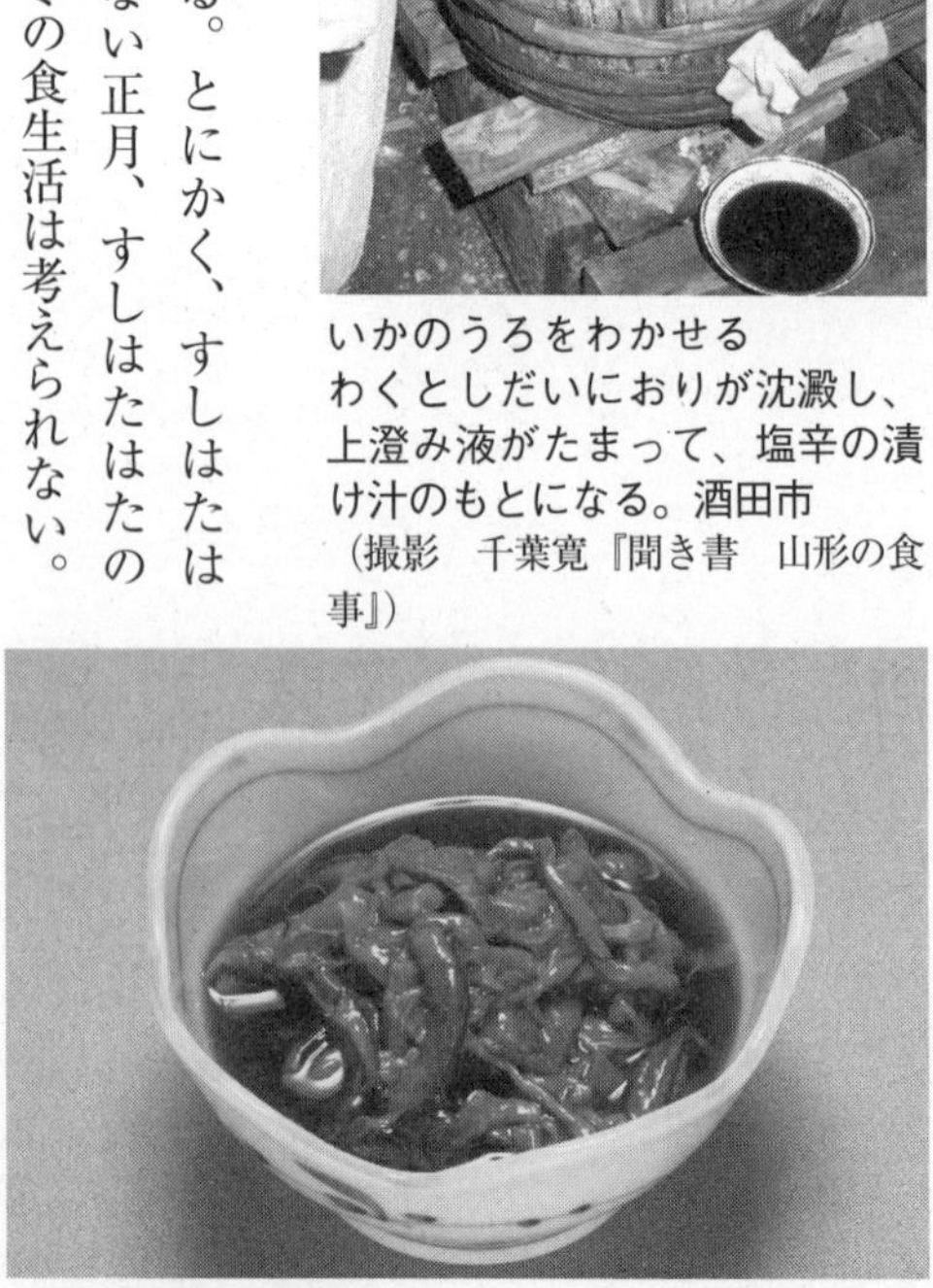

いかの塩辛　酒田市（撮影　千葉寛『聞き書　山形の食事』）

半年くらいかけて漬けたいかの塩漬は何回も何回も水をかえて塩抜きするが、ほどよい塩加減の二番目の塩出し水を煮たててとっておき、とり出したうろの上澄み液に、あんばいをみながら混ぜ、本漬け用の漬け汁に仕あげる。塩抜きしたいかは細かにきざみ、よくしぼって漬け汁に入れ、浮き上がらないように軽い重石をかけて保存する。

すし　山形、庄内山間の食（東田川郡朝日村）

塩鮭や塩数の子を、大根、にんじん、ごぼうなどと一緒にこうじで発酵させたなれずしのことを、この地方では「すし」と呼んでいる。すしは、正月料理に欠かせない。

塩数の子（または塩鮭）は塩抜きして、一口大にする。大根、にんじんは一本ずつ細切りにし、ごぼうはささがきして水につけ、あくを抜く。

五合のもち米を固めのかゆに炊いてかめに入れ、人肌くらいに冷めたら、こうじをほぐしながら混ぜる。これに水切りした野菜と数の子を加え、紙ぶたをして炉の端の灰の中にすえる。ときどき回しながら、三日くらいでわかす。甘くできあがると、塩少々をふりこんで冷たい場所に置く。野菜、数の子の歯切れがよいかゆずしである。

すしを盛る　東田川郡朝日村（撮影　千葉寛『聞き書　山形の食事』）

くされずし　栃木、鬼怒川流域の食（河内郡上河内村）

十月七日、八日は、羽黒山の梵天祭りが行なわれる。この例祭にはくされずしがつきものである。最初は鬼怒川からとれる魚の保存方法としてつくられていたものが、つくる時期が羽黒山の祭りと同じころであったため、いつしか祭りのごちそうとしてつくられるようになった。くされずしをつくるのは、比較的鬼怒川に近く魚が手に入りやすい絹島村上小倉地区を中心とした家々である。

くされずしに使う魚はあゆが多いが、すなさび（しまどじょう）やかじか、ざこ、たなごなどを使う家もある。祭りには沿道でくされずしが売られるし、つくらない家には到来物があるが、これればかりは好ききらいがあって、だれでも好物だというわけではない。

一般に、くされずしをつくるのは男が多い。重い石を持ち運びするということもあるが、家を継ぐ男たちが家のくされずしの味を少しずつ覚え、「酒のさかなにこんなうまいもんはない」と、つくり方を覚えるためでもある。子どもに伝えるが、ほんとうの味がわかるのは大人になってからである。嫁に来たては、魚の塩漬のにおいをかいで腐った魚と思い、すててしまったという話を聞くほどである。

あゆのくされずしは、あゆと米、大根を使い、まず、あゆの

できあがったあゆのくされずし　河内郡上河内村（撮影　千葉寛『聞き書　栃木の食事』）

塩漬から仕込みがはじまる。あゆは土用前から漬けはじめ、秋の彼岸を目安に漬け終える。あゆのわたをとり、背開きにし、益子焼のかめにあゆ一升に塩五合の割合で漬けこむ。一番上にさんしょうの葉に塩をまぶしてのせ、中ぶたと重石をのせ、十月までおく。

羽黒山の祭り一週間前になったら本漬けをする。すしを仕込む桶は楕円形で、杉でできているが、二日前から川に浮かせて水気を十分吸わせ、水もれしないようにする。あゆをかめから出して水洗いし、少し塩出しする。この漬け液を毎年使うと発酵がよくなるといって、しまっておく家もあるが、こうするとにおいが強くなる。大根は聖護院大根などやわらかいものを使い、一分か二分のせん切りにし、塩をからんで（からめて）しんなりさせ、軽く水気をしぼる。ごはんは、一桶に一升五合の米が必要で、愛国や藤早生などのねばり気のない米がよい。炊くときの水加減は、手をのせ、くるぶしまで浸るようにしてから茶わん一杯分をとって、固めのごはんにする。炊けたごはんは水で洗い、糊気をとってから水気を切る。洗いすぎると花が咲き、形がくずれてしまう。

ごはんと大根を混ぜ、桶に仕込む。まず三分の一のごはんと大根を混ぜたものを桶に入れ、あゆを並べる。その上にごはんと大根を入れてあゆを並べる、というように、三段重ねにする。一番上にあゆを飾る。このときのあゆの入れ方、飾り方は、家々で工夫している。

桶の中にすっぽり入る押しぶたをし、八貫から十貫の重石をのせ、日の当たらない納屋や家の軒下に置く。三日もすると水が上がってくる。水が上がってから二、三日おき、次に逆さぶつ。つまり、桶の中にすっぽり入る角木を台に置き、桶を逆さにしてのせ、桶の底に少し軽くした石をのせ、半日か一日置いて中の余分な水分を除く。これを逆さぶつといい、最後の仕あげになる。

あげて（桶を表に返し、元にもどす）、皿盛りにして食べる。できてすぐに食べるのもいいが、酸味の出る二、三日後のほうがおいしい。食べて甘いときは、醤油をさっさとかける。羽黒山の祭りの前日には仕あげ、客には煮しめや酒と一緒にごはんがわりにふるまう。みやげにするときは、わらをすぐった納豆つとをつくり、その中に入れて持たせる。男たちが仕込みをする家が多いが、女たちはごはんを炊いたり、大根切りなどをする。一回に二桶くらいつくるが、客の多い家では四桶はつくる。

くさや　東京、伊豆大島の食

立木猛治著『伊豆大島志考』によれば、くさやの由来は、『日本書紀』にその名のみられる、「みさごずし」にあるのではないかという。前書によれば、みさごという海鷹が、海岸から魚をとってきては、その食べ残しを岩陰にかくしておいたところ、海水がかかって自然発酵し、それを漁師が見つけ、やがて人間も食べるようになったという言い伝えがあるそうで、滝沢馬琴の小説『椿説弓張月』のなかにも、源為朝が大島に流されたときに、このみさごずしを賞味したことが書かれているということである。

独特の臭気があるので、慣れない人は魚が腐っていると勘違いし、すててしまうこともあると聞くが、島の人にとってみれば、なにがなくともくさやさえあればごはんが食べられる、というほどのものであり、どこの家でも「しょっちる」（塩汁のことだが、ここではくさやを漬ける汁のこと）をもっていて、自家製をつくる。つよさんの舅、米じいさんは、いさば（魚屋）なので、大量に製造しては他村に行商にいく。「米じいのくさやはうまい」といって、買い求めてくれる人が大勢いる。

「しょっちるは生きものであり、えさを与えないと死んでしまう」

とよくいわれるように、くさやのうまみや一種独特のにおいは、しょっちるに含まれている微生物や酵母の作用によるものであり、これらを殺さないように管理をおこたらないことが、味のよいくさやをつくるためのこつである。

原料となる魚は、あおむろ、むろあじ、あじ、たかべ、とび（とびうお）、さんま、さめなどで、いずれも脂肪の少ない時期のものがよい。なかでも一番品質がよいのは、あおむろのくさやである。しょっちるの味をよくするためには、さめをよく使う。はじめてしょっちるをつくるときは、すでにできているものを茶わんに一杯くらいもらってきて、それをふやす。塩水に魚を漬けて、しょっちるをはじめから新たにつくろうとしても、うまくできない。しょっちるは古ければ古いほどよく、なかには二百年の年代ものもあると聞く。

原料の魚を腹開き（とびは骨のまわりの肉が固く、塩水が浸みこまないため背開き）にし、えら、腹わた、血合を除いて水洗いし、水を切って、四斗樽のしょっちるに一晩漬ける。しょっちるの塩加減は、いわば各家の秘伝で、漬ける人の長年の勘で汁をなめてみて決める。商売にする人は、比重計を用いて塩度を測る。

さんまのくさや

たかべのくさや　大島町（撮影　千葉寛『聞き書　東京の食事』）

漬ける時間は、長すぎると塩からくなり、うまくない。魚の大小や漬ける時期、天候によっても多少違うが、一晩がちょうどよい。樽の大きさも四斗樽がちょうどよく、これより小さいと味がよくない。一晩漬けた魚は翌朝水洗いし、簀の子の上にのせて、直射日光の当たらない風通しのよいところに干す。干す日数は二、三日がふつうだが、くさやの好きな人は、「びた」と呼ばれる半生の一日干しを好んで食べる。

一度魚を漬けたしょっちるは、そのつどガーゼでこし、かすが底に沈澱しないようにする。このように、しょっちるをていねいに扱った人のくさやはうまい。しょっちるは使わないと味が変わるので、毎日でも、一日おきにでも、魚を漬けるようにする。しょっちるをふやすときは、魚を塩漬けにしておいて、その汁を加える（魚は塩干しにする）。ただの水や塩水ではうまくない。一度にふやすのではなく、年中、塩漬けした魚の汁を少しずつ入れて、ふやす。こうすれば、しょっちるの味も変わらない。しょっちる小屋（樽を置いておく小屋）でふたをして保存しておく。

干し場は、新島のような白砂の浜が一番よい。大島では、船上げ場がはえが少なくてよいが、ほとんどが家の庭先に干す。はえが卵を産みつけることもあるが「焼いて食べるので、どうっていうことはない」と村の人はいう。

かぶらずし

石川、金沢商家の食

かぶらずしは高価な材料と手間とひまをかけたぜいたくな料理である。金沢の正月の準備は、かぶらずしの漬けこみからはじまるといっても過言ではない。まっ白なかぶにしっとりと光る淡紅色のぶりが溶け合い、見た目も美しい。かぶらずしは米とこうじの発酵によって、甘みと酸味が出る一種の漬物であるが、その微妙なうまさを味わえる食べごろの期間は短いので、一度にたくさんは漬けられない。その年

かぶらずしの本漬（左）とかぶら　金沢市（撮影　千葉寛『聞き書　石川の食事』）

の寒暖や塩加減、漬けこみ樽の置き場所によってさえ、漬けあがりに違った味が生まれるので、主婦はこの漬けこみにたいそう気を配る。

かぶらの上下を切り落とし、横に二つ切りにする。一切れごとに厚みの半分のところを八分どおり切り目を入れて塩漬にする。まず樽の底にかぶらの葉を一並べ敷き、かぶらをきちんと一並べして、塩をばらばらとふる。二段、三段とかぶらを重ね、全部漬けたら、上にも葉をのせて重石をする。約一週間おく。

ぶりは三枚におろして骨と皮をはずし、大きな切身にして、あら塩の中へ埋めるようにして一週間塩漬けする。こうじ一枚につき二合半ほどのごはんを混ぜ、全体が温まるていどのぬるま湯二合あまりを加えてかき混ぜ、毛布に包んでこたつの横に冷めないように置く。一晩で甘くなる。これで準備がととのい、いよいよ本漬けである。

漬けたかぶらをざるに上げて水気を切る。ぶりはさっと洗ってふきんで水気をとり、かぶらの大きさにそぎ切りにして、かぶらの切りこみの間にはさむ。にんじんは、お菓子屋で分けてもらった型抜きで梅の花形に抜き、一分ほどの厚さに切る。樽に塩漬けしたかぶらの葉を敷き、その上にこんぶを敷き、ぶりをはさんだかぶらをすき間なく一段並べる。かぶら一つに大きなさじに一杯くらいのこうじと花形にんじん二つをのせる。二段目にもかぶらを並べ、同様にくり返して重ね、最後にこんぶをのせて、さらに塩漬けした葉を一並べして押しぶたをする。一日目は重石をのせない。二日目からだんだん重くしてゆき、一〇日ぐらいで食べごろになる。

かぶらずしを漬けるときは、食べる日から起算して本漬けの日を定め、それぞれの材料の下準備を本漬けの日からさかのぼって計算しなければならない。

ひねずし　石川、能登山里の食（輪島市）

すす、またはなれずしとも呼ばれ、奥能登では古代と同じ方法が伝承されて各家で漬けられている。祭りにはなくてはならない食べものである。魚はうぐい、あゆ、あじ、さば、はちめ（めばる）、たい、鮭などを使う。小魚は目玉と内臓をとって一尾のまま、大きい魚は切身にして塩漬けする。徳成では四月末に川でとれたうぐいを使うことが多い。塩を濃くふり、強い重石をして一週間から一か月ぐらい漬けておく。

五月下旬から六月上旬、さんしょうの葉が大きくなったころを見計らって本漬けする。めしをこわめに炊き、魚の塩加減によっては塩を加え、冷ましておく。桶にめしとなんば、さんしょうの葉をたっぷり敷き、塩漬けした魚を酢にくぐらせて並べ、その上にめし、なんば、

夏祭りの料理　左から：ひねずし、こぶ巻き、たけのこなどの煮しめ、ぜんまいと油揚げの煮しめ　輪島市（撮影　千葉寛『聞き書　石川の食事』）

さんしょうの葉などを魚が見えないくらいにかぶせる。次にまた魚を重ねて交互に幾層も漬けこむ。手水は酢である。最後にめしが見えないようにさんしょうの葉で押さえ、押しぶたをして重石をのせる。

虫が入らないように密閉して、四〇日から五〇日おくと味もよいころあいになり、魚は骨までやわらかくなる。発酵したひねずしは、三年間は保存できる。ひねずしを漬けるすし桶はそれ以外には使わないことになっている。

若狭のなれずし　福井、若狭湾の食（小浜市）

昔、奈良の都へ、若狭の国からいろいろなものが、天皇や貴族の食べものとして届けられていたといわれる。平城京跡から出土した木簡の中の荷札と思われるもののなかに、「若狭国遠敷郡青里　御鮓　多比酢壹…」と書いたものが見つかっているところから、鯛（多比）の鮓が天皇の食膳に捧げるために送られていたと思われる。鮓とは『釈名』によれば「塩米で醸した魚のつけもの」をさし、すべてが「なれずし」であった、と説かれている。

そしてこのなれずしは、本来生成といい、魚と米を一緒に漬けこんで米（飯）が発酵して少し酸っぱさの出たところで食べると、単に魚を酢でしめたものよりもおいしいことが発見されたと思われる。魚がまだ生々しいので生成というようになったらしく、いずれにしても古くから伝わる魚の食べ方であることには変わりがない。

若狭湾の中央部にある内外海半島から東のほうの獅子崎に至る沿岸の少なくとも十二の村では、晩秋から正月、春の祭りにかけて欠かせない食べものとして伝承され、漬けこまれている。この地域のなれずしの特徴は、その村や個々の好み、しきたりなどで多少の違いはあっても、魚はたいていへしこを使う。阿納という村では、塩漬にしただけの魚で漬けている家もあるが、ほとんどがへしこを使っているといってよい。へしこは「圧しこむ」からきたものであろうという考え方もあるが、いわしをひしこ（なまず）ともいい、ぬか漬にしたところから、へしこに転訛したともいわれる。

へしこには、さば、あじ、いわし、ふぐなど、いろいろな魚を使う。とくにさばは三月から五月にかけての産卵前のものが最も味がよい。したがって、なれずしにもあじやいわし、ふぐなどのへしこを使うこともあるが、やはりさばのへしこを第一等とする。

さばのなれずしを漬けるには、まずさばのへしこをとり出してぬかを洗い落とし、一晩ぐらい水につけて気出し（塩気を抜く）をする。くみおきの水では不十分なので、流れている川水を使う。へしこを気出しして準備がととのったら、白米の飯を炊き、冷めてから米こうじを混ぜ合わす。この割合は、さば五〇ぴきに対して白米二升五合を炊いた飯に、米こうじ三合五勺を混ぜるのを標準にする。

気出ししたさばの皮をむき、背開きしてあるさばの腹に飯と米こうじを詰めて合わせ、杉の木の四斗桶に一並べして、さらに飯、米こうじをふりかける。これをくり返して漬け終わると、最後に米こうじをやや多めにふっておく。一番上にころび（油桐）の葉や葉らんなどを敷き、押しぶたのまわりに三つ組の編みわらを置いて重石をのせる。重石は、はじめやや軽めのものをして

さばのへしこ（左）となれずし　小浜市田烏、三方郡美浜町（撮影　千葉寛『聞き書　福井の食事』）

おき、二、三日たってから一〇～一五貫ぐらいのものにかえる。

なれずしの食べごろは、漬けてから秋は一〇日、冬は二〇日ぐらいである。もちろん気温の影響は大きいが、桶の表面にしらとり（醤油などの表面に浮くかび）の浮くころが最もうまいという。なれずしはそのまま食べてもよいが、焼いて食べるとまた違った味がする。

にしんのすし

若狭地方では古くから、冬につくられている。これはすしといっても、へしこを使ったものではない。毎年十二月になると、北海道から敦賀や小浜へ揚がった身欠きにしんを二、三把きれいに洗って、米のとぎ汁に一日ぐらいつけておき、別の桶にそのにしんを並べ、米こうじをふりかけ、別に塩漬にしておいた二寸ぐらいの大根も混ぜて漬ける。身欠きにしん四〇本に対して、米こうじ五合と酒を少し入れると味がよくなる。このとき、塩はほとんど使わない。

材料のあるだけ漬けたら、表面は押しぶたをし、編みわらなどをそのまわりに敷いて、ごみの入らないようにして、手ごろの重石をのせておく。水気が上がって半月もたてばおいしく食べられるようになり、正月のごちそうとして珍重される。

ふなずし　滋賀、琵琶湖沖島の食

本来のふなずし用の魚は、いお（子持ちのにごろぶな）である。おもに、四月ごろから漬けこむ。いおを使ったふなずしは高価であるため、売りものにしている家もある。

まず、魚のうろこをうろこひき（うろこがひっかかりやすいように突起がいくつもつき出した鉄製の道具）でひく。先の曲がったはり（太い針金）かとがったはりで、えらからはらわた（内臓）や浮き袋をとり出す。このとき、にが玉（胆のう）をつぶすと子（卵）まで苦くなるので、つぶさないように注意する。魚の血で汚れているが、洗うと脂が流れてしまうので、洗わずにえらから塩をたっぷり入れる。しかし、ひどく押しこむと、子が下がるので注意する。魚のまわりにも塩をつけ、桶の中へ順々に魚の腹を上にし、六十度くらいにねかせ、少しずつ重ねながら入れる。塩は多めに使わないと子がしまらず、くさくなり失敗するので、まっ白になるくらい入れる。

ふなずし　近江八幡市（撮影　小倉隆人『聞き書　滋賀の食事』）

一日はそのままほうっておくと、水気が出てくる。二日目から、落としぶたをした上におもせをかける。これを塩切りという。夏の土用のころになれば漬けこみをする。塩切りした魚を桶からとり出し、たわしやささらできれいに洗う。洗いが足りないと漬けこみしたあと、くさくなるので、十分に洗うのがこつである。洗った魚は陰干しをし、水気をとる。
いお一貫目に対して米二升を固めに炊き、塩は、おにぎりにするときの塩加減よりからめに混ぜ合わせ、はんぼ（半切り桶）に広げて冷ましておく。
すし桶の底に、木目が見えないくらいに冷ましたごはんを敷きつめる。魚のえらからごはんを詰めこんで桶の中に入れるが、魚の腹がつぶれないように腹を上にし、六十度くらいにねかせて重ならないように置いてゆく。魚と魚をくっつけると、骨がやわらかくならないので注意する。その上に、ごはんを魚が見えないくらい入れる。このとき、少し押さえるようにし、その上に同じようにして魚を並べる。手水としては塩水を使うが、酒を使う家もある。

　こうして桶に八分目ほどになると、上から竹の皮をかぶせ、その上につだ（わらで三つ編みにした縄）を桶の周囲に沿って置き、落としぶたをしておもせをかける。

　二日間たってから、漬けた桶に水を張り、水の管理をする。ごはんがわいてきたら（発酵したら）、もう一つおもせをのせて強くする。水にざみ（菌体群）が浮いてきたら水をとりかえる。水を全部とり出し、小鉢に一杯の濃い塩水をつくって入れる。塩水にするのは、虫などわかないように衛生面を考えてである。その年の気候にもよるが、一か月に一回の割合で水をとりかえる。塩水を使わず、湖の水を何回もくんできては、桶の中の汚れた水をとりかえる家もある。ただし水をとりかえすぎると、魚の骨がやわらかくならないし、水くさくなり、酸っぱくもなる。水の守りにより、味や香りに変化が起こるので大変である。

　すし桶は、浜にある漬けもん小屋に置いておくが、ほこりやはえが入らないように、また桶に風や嵐が当たらないように、大きな渋紙をかぶせ、ひもでくくっておく。

　十二月ごろから食べられる。ふなずしを出すときには、さかおもせといって、桶をさかさまにし、下におもせを置き、上におもせをのせ、水気がとれるまでそのままにしておく。このようにすると発酵がおそくなり、いつまでもごはんがやわらかくならず、酸っぱくもならずに、まろやかな風味のふなずしができる。

さばのなれずし

滋賀、鯖街道朽木谷の食

　春祭りがすむと、子持ちさばの卵と内臓をとり除き、塩をして、とろ箱（魚を入れる箱）に四〇～五〇尾入れて若狭から魚売りが届けてくれる。さばの目玉は仕あがりの色を悪くするのでとり除き、腹に塩飯を詰める。塩飯はごはんをふつうに炊いて塩を混ぜるが、米一升に塩は二合から三合と、家によって違う。一斗五升のすし桶の底に塩飯を厚く敷き、魚をすき間なく並べる。虫がわかないようにさんしょうの葉を散らし、でこぼこしている魚の上に塩飯をきっちりと詰め、空気が抜けるまで押しつける。くり返し漬け、最後にさんしょうの葉を並べて、竹の皮と木ぶたをのせ、強い重石をのせる。

　三日もたつと上がすいてくるので、濃い塩水（水一升に塩二合）を三升ほど注ぎ入れる。重石の上から目張りし、漬物小屋に置く。この塩水が虫よけ、空気よけになり、夏の間にうまく発酵する。塩が甘かったり、つくり方が悪いと、舌をさし、すてることになるので、細心の注意を払ってつくる。

　涼風が立つころに封を切る。目張りをはずし、杓子で水をくみ、ふきんでよく水をふきとってから逆さ押しにする。つまり、重石の上に漬け桶を逆さにのせ、上に重石をのせて一晩押してから開ける。漬かった魚を上身と下身におろし、小口から細かく切って皿に盛り、飯も添える。滋養になるからと子どもも食べ、稲刈りどきのお菜（おかず）に、酒のさかなに、進物用にと大活躍する。なれずしは、鯖街道（若狭から京へ海産物を運ぶ道）の通る朽木谷のどこにでも、古くから漬け続けられてきた保存食である。

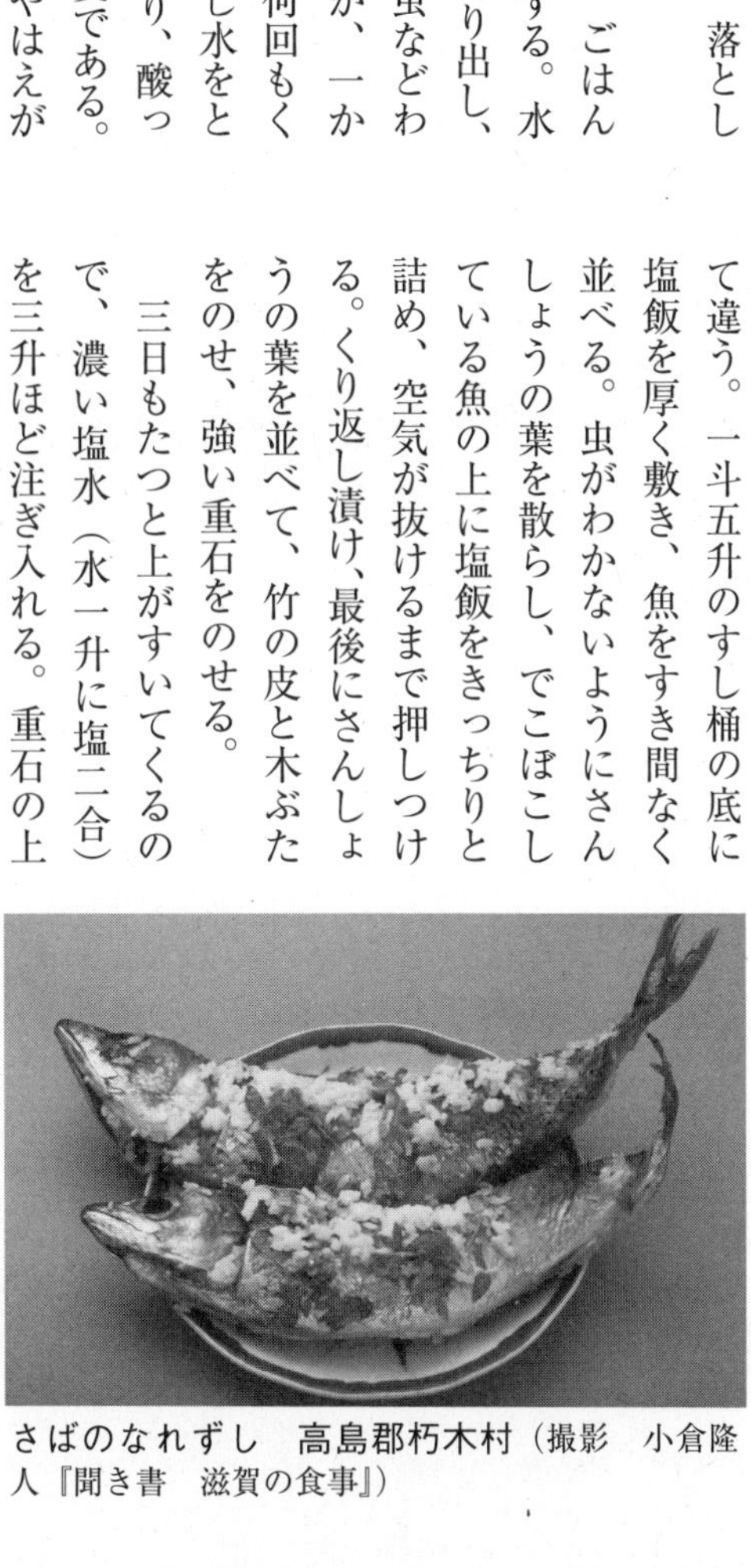

さばのなれずし　高島郡朽木村（撮影　小倉隆人『聞き書　滋賀の食事』）

にしんのこうじ漬

滋賀、鯖街道朽木谷の食

丸大根を一週間ほど干してから一口大に切る。身欠きにしんは、ぬかを入れた水に半日つけて五分に切る。

二斗桶の底にこんぶを敷き、米こうじをひとふりしてから、大根、にしん、こうじ、塩と交互に漬ける。底には大きめの大根を、上部には小切りのものを使うと食べごろがそろう。最後にこうじと塩をふり、こんぶを並べ、竹の皮のふた、押しぶた、重石をのせる。重石は大根と同じ重さがよく、水が上がると半分に減らす。

十二月上旬に漬けると、正月には漬け液に白いだみ（かび）がわき、ほどよく発酵してくる。正月に味をみる。一月二十日の「骨正月」のころが最もおいしく、こうじの甘さとにしんの脂がうまく溶けあい、大根は格別の味となる。

にしんのこうじ漬　高島郡朽木村（撮影　小倉隆人『聞き書　滋賀の食事』）

すぐき漬

京都近郊の食

すぐきは各家で自家採種したもので、その家によって葉の太さ、長さ、かぶの丸みなど、それぞれに違っている。お互いに「わがええ、わがええ、おけやさん」（自分ほど上手な者はいない——桶の輪とわが家とをいい合わせたもの）というくらいに、自分の家のすぐきをほめるのである。十二月ともなれば、すぐきが漬けられるように生長するので、十日ころから漬けはじめる。

畑からすぐきを束にして引いてきて、面をとって皮をむく。それを終えると、ころし桶にはめる（入れる）。山盛りになればふたをして、天びんにかける。そうすれば重さがかかって、すぐきのかさが減る。それでまた、すぐきを加える。ころし桶の中には、濃い塩水が入っているが、すぐきを足すたびに荒塩をふりかけるのである。こういう作業を終えて、翌日の早朝に、ころし桶から出して、一本ずつていねいに水で洗う。寒さのうえ、塩水の冷たさは格別で、いっぺんに目がさめる。けんずい（間食）にもちなどを焼いて、年寄りが持ってきてくれたりする。

洗い終わると、男がすぐきの本漬けにかかる。かぶの部分が直接桶肌にふれないように、葉でかぶをくるむように、またかぶとかぶがくっつかないようにして、しかもすき間のないようにきっちりと詰めて漬ける。一段ごとに、ひとにぎりの塩をぱらぱらふりながら、桶の高さまで漬ける。ふり塩の多少で味加減が決まる。経験にたよった塩のふり方、これでこの家の味の特徴が出る。ここが家主の出番である。

本漬けしたすぐきは、天びんの重石のきき方で、歯ごたえのあるすぐきのよしあしが決まる。重石が傾かないように注意を払い、約七日間漬ける。

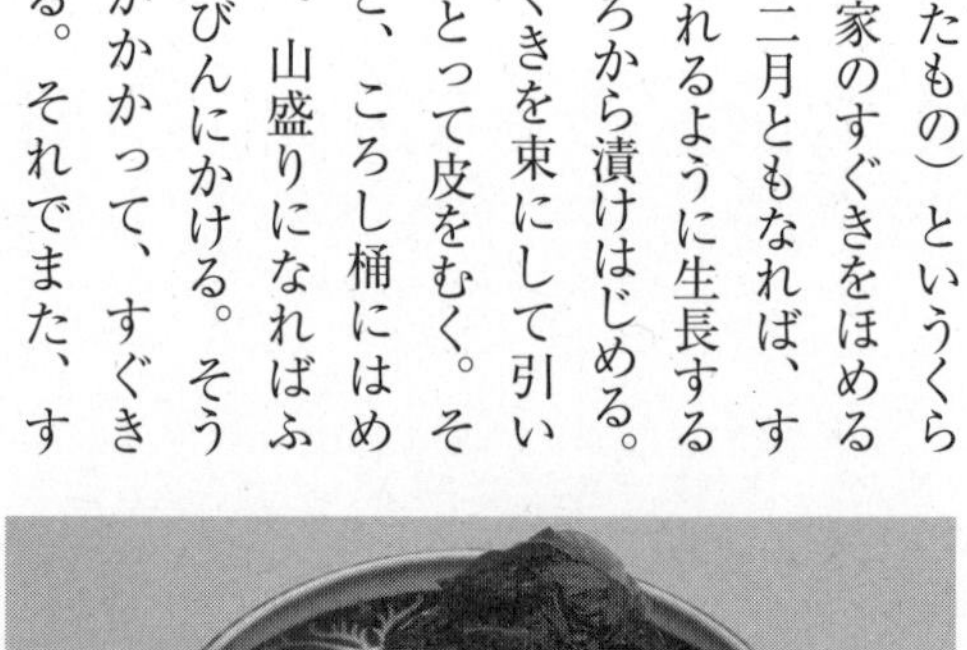

すぐき漬　京都市（撮影　千葉寛『聞き書　京都の食事』）

次に、天びんをはずして室に入れる。室に、本漬けした桶を重石をしたまま並べ、むしろなどで桶のまわりを囲い、まん中に炭火を入れてぬくもりを出す。炭は夏の間に硬炭をどっさり買っておく。古い大きななべに灰をたくさん入れ、よくいこった（おきた）炭を多めに入れ、消えないように灰で覆う。この炭の入った古なべを室の天井から針金でつるしておく。室のぬくもりが逃げないように、また炭火の火が絶えないように気を配る。この室の中で八日間ほど漬ける。この間、室の管理がうまくできれば、おいしいすぐきが漬かる。室の中では、しっかり重石がしてあるのに、桶の中のすぐきは、まるで生き物のように盛り上がり、こぼれそうになっている。そのまま室から出して、同じ重さの重石をのせておくと、すうっと桶の中のすぐきのかさが減り、じわじわと漬け汁が出てくる。この汁が再びすぐきにもどらないように気をつかう。

すぐきが漬けあがるまでには約一五、六日を要する。漬け汁が上がってくれば食膳にも出せるし、商いにも持っていけるようになる。室の中で発酵して、葉も茎もすっかりべっこう色となり、かぶは少し黄色みがかった乳白色に変わっている。とり出したすぐきは洗って、葉を細かくきざみ、かぶは半月の薄切りにして食膳に出す。醤油を少しかけて食べる。独特のすっぱみと甘ずっぱい香りが、京都人の食欲をそそる。商い先でも、すぐきの漬かるころを心待ちにしている

へしこ　京都、丹後海岸の食（与謝郡伊根町）

魚によりつくる時期は違うが、おもに二月末から四月にかけて漬けこむ。年間を通じていつでも食べるが、漁の少ない七月末から九月上旬にかけて食膳にのぼることが多い。魚は生きのよいのを漬けこまないと、形がくずれて、よいへしこができない。へしこにする魚の種類は、いわし、さば、あじ、たち（たちうお）などであるが、さば、大羽いわし（長さ六寸以上）、中羽いわし（長さ四～六寸）を使うことが多い。ふつう、二斗桶に、ざるで三杯くらいのいわしを漬ける。

まず、魚を少量ずつたも（魚をすくう長柄の網）に入れ、海につけてゆすりながら洗う。うろこが多いので、何回も洗うことが大切である。きれいになった魚はざるにあげて水を切り、完全に水が切れたら、魚を傷つけないようにまんべんなく塩をまぶす。塩をまぶすには、むしろを広げ、その上にざる一杯のいわしをおき、大羽なら二升五合、中羽なら二升二合の塩をかけ、二人でむしろの両端を持ってゆする。

いわしがすっかり塩まみれになったら桶に漬けこみ、押しぶたをして重石をのせる。四日から七日でしえ（漬汁）があがるので、それから本漬けする。下漬いわしを、桶の漬汁の中で塩を洗い落としてざるにあげ、十分に塩水を切る。下漬の漬汁は、また本漬に使うので二升ほど残し、あとはすてる。

別に米ぬか二升に塩五合の割合でよく混ぜあわせておく。桶の底にこのぬかを敷き、すっかりしえが切れたいわしを漬けこむ。魚を行儀よく一面に並べ、すき間があかないようにぬかをふりかけ、魚とぬかを交互にしながら漬けこんでいく。一番上に、天とうとうがらし（赤とうがらし）、さんしょの葉を虫よけのために入れる。最後に残しておいた下漬汁を入れ、押しぶたと重石をしておく。ぬか

へしこ　与謝郡伊根町（撮影　千葉寛『聞き書　京都の食事』）

が発酵してくる梅雨明けごろが最もおいしい。

　さばのへしこをつくるには、頭をとって背割りにし、内臓、血合いを除いて水洗いをする。その後の漬け方は、いわしと同じ要領である。食べるときには、ぬかを落とさぬように軽く焼く。塩が少ないと身(肉)が砕け、塩がよくきいていれば身がしまっておいしいし、翌年まで保存しても味は変わらない。主婦たちは、塩を多く入れれば、しそんじ（つくりそこね）はないという。

　子どもたちも夏場に魚釣りの餌に使い、ぬかはまき餌にする。また、魚釣りをしながら、生のままをおやつにして食べる。大人たちは、へしこを水洗いして生のままで酢に漬け、酒のさかなにする。へしこは野菜の漬物に相当するもので、どこの家でも必ずといってよいほどつくり、舟屋に野菜の漬物の桶と一緒に並べておく。近所の農家、親せきなどへの贈りものとしても使う。

碁石茶

高知、梼原の食（長岡郡大豊町）

　おなじ茶の葉が製造法によって緑茶にも紅茶にもなることはよく知られている。両者の大きな違いは、もむ前に生葉を蒸すか煎るかして酵素の働きを止めるか、そのまま発酵させるかにある。ところでもう一つの世界的にも特殊な加工法として、蒸した葉を一か月あるいはそれ以上も漬物にしてつくる風変わりなお茶がある。わが国では徳島県の阿波晩茶（一番茶）とともに、高知県長岡郡大豊村に長い間伝わる碁石茶がそれである。朝鮮の銭団茶、ビルマの碁石茶、そして古くは中国唐代の団茶などがこの仲間であるが、おそらく製茶技術の原型であろうといわれる。

　西豊永村の桃原、西久保などの部落で、藩政時代からの技術で碁石茶がつくられている。一般の緑茶用の摘採期の八十八夜よりもおそく、梅雨があけてから八月ごろにかけて葉を摘む。生葉を大きな釜で蒸してから、むしろに包んで約一週間、踏圧を加えながら発酵させるが、その間よく反転して過熱に注意する。黄色のかびが発生する状態がよいという。これを茶桶に入れ蒸し汁をかけて人が踏みつけながら詰め、茶の量とおなじ重さの重石をかけて七〜十日間、乳酸発酵を行なわせる。これを臼で搗いて、昔は手でていねいに碁石状に固めたが、いまは約一寸角に桑切り包丁できざむ。

　この黒褐色の固まりを八月の炎天下で二、三日ほどからっと天日乾燥したものは、色、光沢、香り、味がよい。一戸で平均四十貫ぐらいつくっているが、昭和十年ごろには九千貫余り、金額にして一万二千円に達している。

　碁石茶は土佐和紙などとともに人や馬の背に負われて阿波(徳島県)の川口まで運ばれ、讃岐（香川県）からくる塩、反物、米などと交換される。伊予（愛媛県）の仲買人に売ることもある。碁石茶は塩分を含む水とよく合う特性をもち、漁民に愛用され、また、茶がゆにも用いられるが、地元では消費されない。その由来は不明だが、吉野川上流の土佐の山村でつくられて、讃岐や瀬戸内海の島々の漁民に消費されるという、特異な伝統的し好飲料である。

碁石茶　踏み固め、重石をかけて発酵させたお茶の葉を臼で搗き、碁石状に固めて天日乾燥させたところから、この名がついた。今は桑切り包丁で１寸角にきざむ。長岡郡大豊町（撮影　千葉寛『聞き書　高知の食事』）

『日本の食生活全集』（農文協）より

Part 2

乳酸発酵

キムチ・ヨーグルトづくりなど

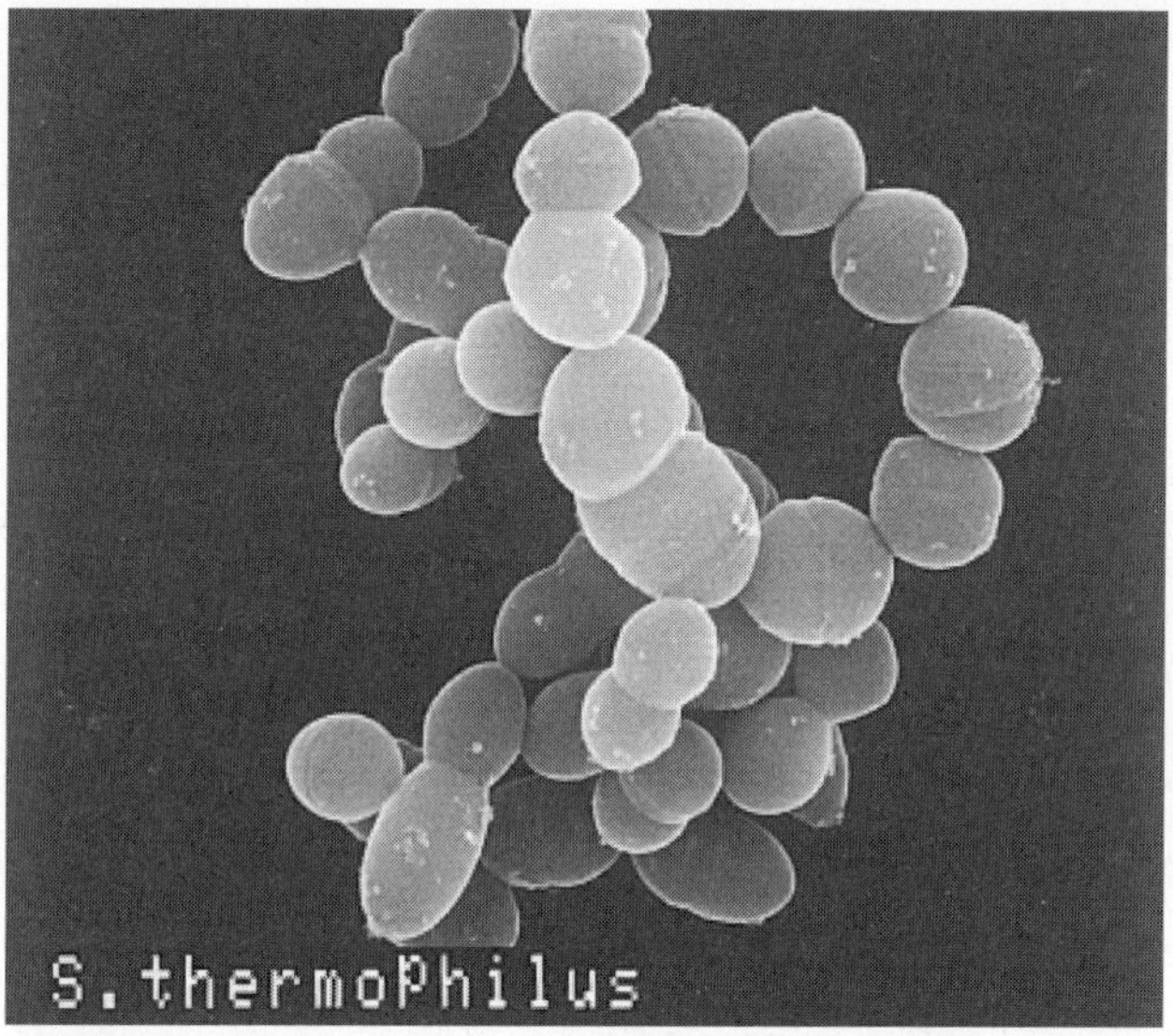

乳酸菌　ヨーグルトやチーズの製造に利用されるストレプトコッカス・サーモフィルス。伝統的なヨーグルトの製造では、ブルガリア菌とサーモフィルス菌が働いており、両者は共生関係にあることが知られている。たんぱく質の分解力の強いブルガリア菌によってアミノ酸が生成し、そのアミノ酸を利用してサーモフィルス菌が繁殖する。サーモフィルス菌が生成するギ酸などによって、ブルガリア菌の生育が促進されるという。
（写真提供　雪印乳業（株）技術研究所）

乳酸発酵と聞くと、すぐにヨーグルトを思い浮かべてしまいますが、漬け物ほど乳酸発酵をうまくいかした発酵食品はないのかもしれません。重石を乗せて素材が空気に触れるのを防ぎ、食品の品質を落とす好気性のかびや産膜酵母の繁殖をおさえて、嫌気状態を好む乳酸菌の働きを高めます。そうして糖から乳酸をつくりだして美味しさを増したのが漬け物です。キムチはその代表格。PART2では、そんな漬け物はもちろん、ヨーグルトづくりも取り上げました。

チ

秋田県 横手市
松井マサ子

薬味づくり
ダイコンは
5mmくらいの千切り
ニラは3cmに切る
(ネギは3cm長さの千切り)
ニンニク、ショウガは
みじん切り
Aの調味料
本漬け
薬味をハクサイの
葉の間にはさみ
丸めて容器に入れる
7日目ごろからが
食べごろです。
漬け汁も ラーメンや鍋
に使うとおいしいですよ!!
輪ゴム
ビニール袋
ニオイがキツイので フタつきの
容器を使う。ホーローやステンレスの
ものならフタも重く、色やニオイもつき
にくいので ビニール袋なしでも かま
いません。
え・近藤泉

キム

義父の仕事(米の検査官)の関係で、昭和11年から21年まで今の北朝鮮で生活しており、キムチは毎日の食卓に欠かせないものでした。　自家用につくっていたキムチを今は地元の直売所で販売しています。　保存料が入っていないので賞味期間は半月くらいですが、市販のものとは味の深みが違うと好評です。

下漬け

材料Ⅰ(下漬け)
ハクサイ10kg(3個くらい)
塩

① ハクサイを四〜六ッ割にし、3〜4%の食塩水に漬ける。

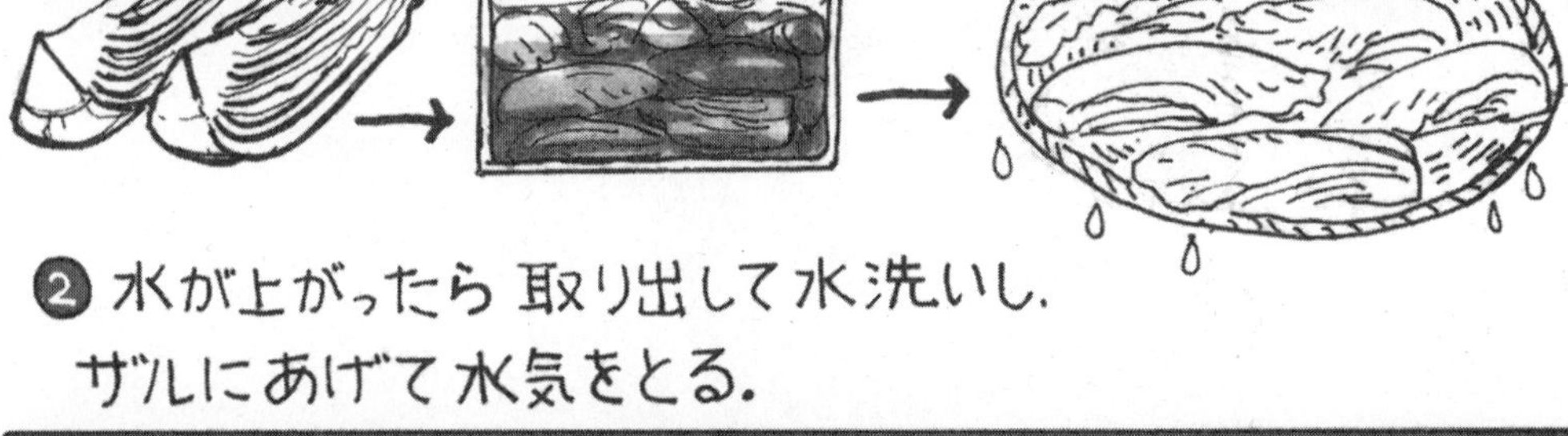

② 水が上がったら取り出して水洗いし、ザルにあげて水気をとる。

材料Ⅱ(薬味)

ダイコン　2本　　ニラ　1束(またはネギ5本)
ニンニク　2個　　ショウガ　2個

A
- イワシエキス　180cc(なければだし汁180ccに塩少々を加えたもの)
- 粉トウガラシ(韓国産)1カップ(日本産のものなら辛いので$\frac{1}{2}$カップに)
- 白ゴマ　$\frac{1}{2}$カップ
- コチュジャン　大さじ1(または甘いのが好きな人はリンゴ1個のすりおろし)

らしづけ

岡山県灘崎町西七区
備南生活改善グループ
(紹介者)
岡山農業改良普及センター
宗高美帆

③ 脱水したなすに砂糖を加え、なすにつやがでるまでよくもむ。

④ 調味液をつくる。

⑤ ④の中に③を入れこの液を全部吸収させる。

⑥ からしは温湯でよくとき、20分位ふせておき⑤のなすとよく混ぜ合わす。

⑦ 密封できる容器に入れて、冷蔵庫におけば、3〜4日でつかり、おいしく食べられる。食べきれない場合は小分けして冷凍する。

え・竹田京一

漬物お国めぐり　なすのか

JA備南の「岡山千両なす」をつかった なすのからしづけは，地域の漬物として定着しています。
なすの果肉のやわらかさをいかし、しぼりすぎないよう気をつけます。砂糖とからしを上手にからませ子供からお年寄りまで好まれる味に仕上げています。冷凍庫で保存しておけば年中食べられます。

材料

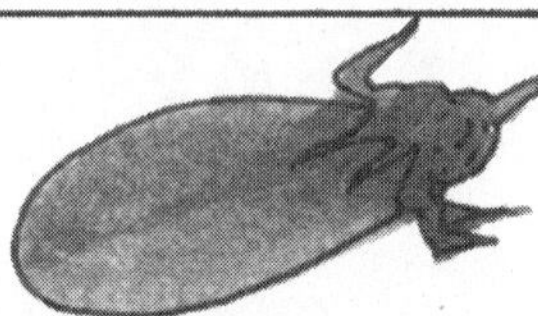

〈下漬け〉

なす ―――― 2kg
塩（なすの15%）―――― 300g
焼きみょうばん（塩の2%）
（塩とよく混ぜておく）
さし水 ―――― 8%塩水
（熱湯2ℓ程度に塩を溶かし、冷ましておく）

〈本漬け〉

下漬けしたなす（脱水したもの）1kg
砂糖 ―――― 350g
からし粉 ―――― [illegible]
しょうゆ ―――― 400cc
酢 ―――― 100cc
みりん ―――― 100cc
塩 ―――― 少々

① なすは大きいものは2つに切り，塩と焼みょうばんを入れさし水をして漬け込む。（下漬け）

② 下漬けなすを小口切りたし，塩抜きした後，袋に入れてしぼる。（塩抜き1昼夜）

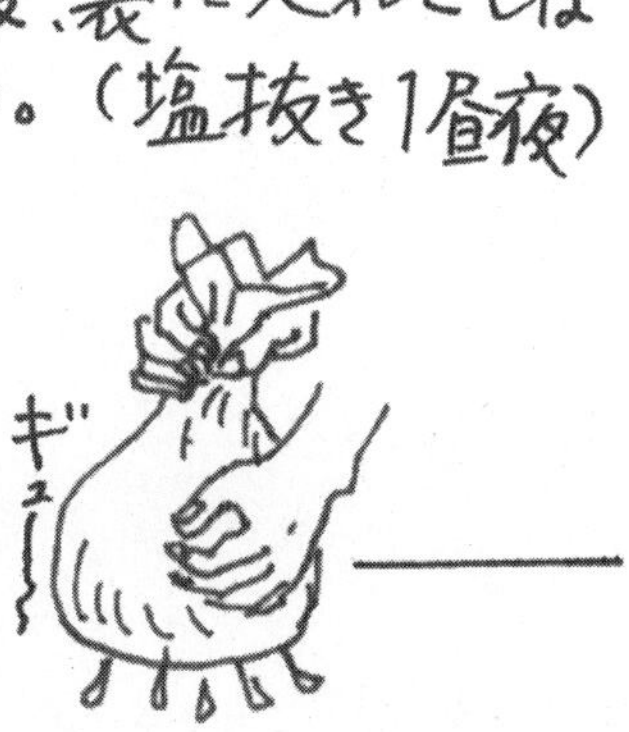

あっさり漬け

群馬県吉井町
武藤文子

③漬け汁の材料を一度煮立たせ、常温になるまで冷ます。

しょうゆ
酢
みりん
砂糖

トウガラシは輪切りにし、火を止めてから入れる。

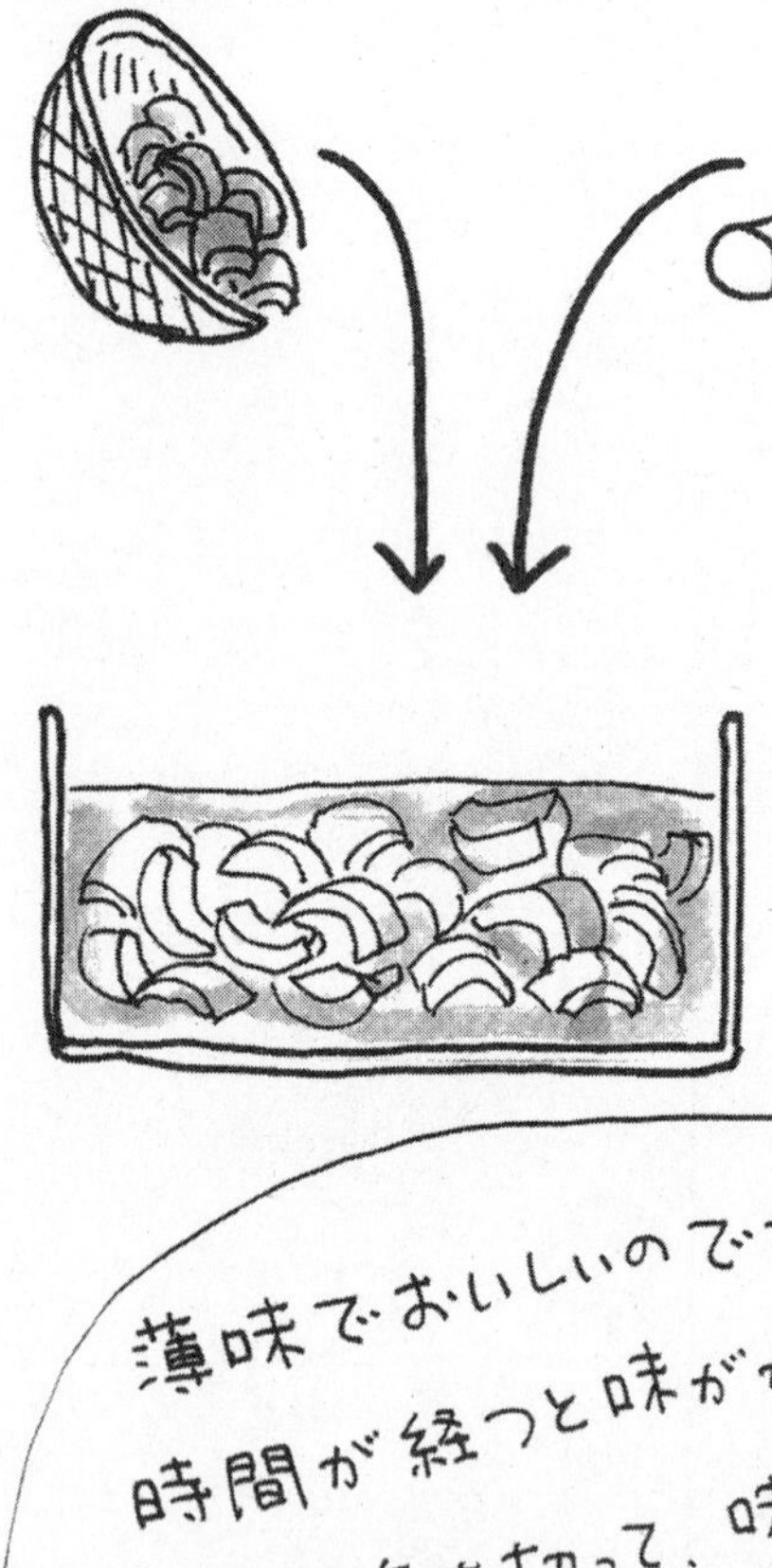

④ゴーヤーと漬け汁をプラスチックの密閉容器に入れ、冷蔵庫で2〜3日漬ける。

薄味でおいしいのですが
時間が経つと味がかわってきます。
そこで水気を切って、味噌に
漬け込むと、また違った味が
楽しめ、長持ちするようにも
なります。
こんな私は
欲張りでしょうか…?!

え、近藤泉

漬け物お国めぐり　ゴーヤーの

真夏には野菜がたくさんとれます。 私の漬け物はたくさん実ってくれた野菜に対する感謝の気持ちの現れとでもいいましょうか……。

この漬け物は、暑いのでさっぱりした味に仕上げてみようと思い、ゴーヤーの苦みを残しつつ、酢で味をつけてみました。

①ゴーヤーはタテ2ッ割りにして、タネとワタを取り除いて洗う。

〈材料〉

ゴーヤー		1kg
漬け汁	しょう油	180cc
	酢	180cc
	みりん	50cc
	砂糖	50g
トウガラシ		2～3本

②ゴーヤーを2～3cm幅の小口切りにし、サッと熱湯にくぐらせてからザルにあげよく水を切る。

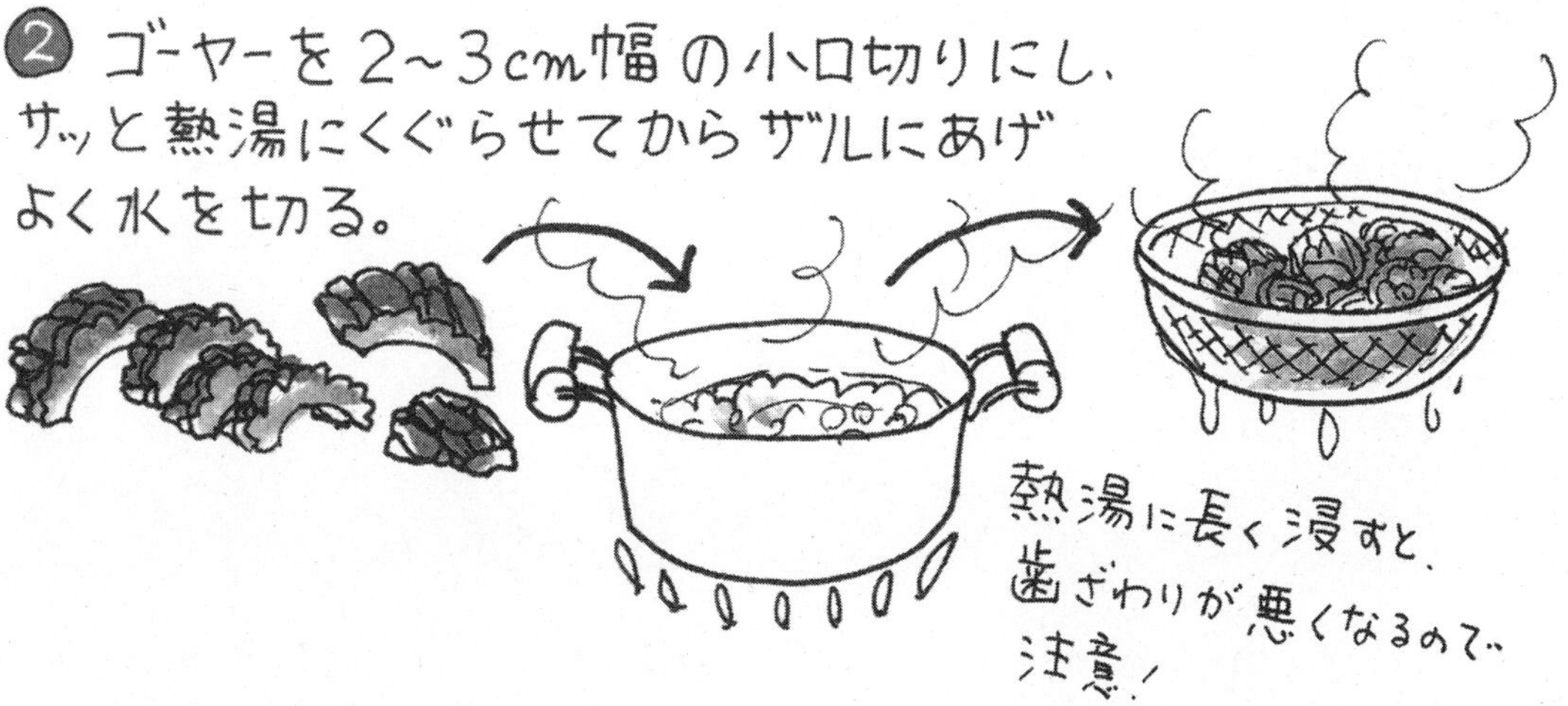

熱湯に長く浸すと、歯ざわりが悪くなるので注意！

ふすべ漬け

山形県 米沢市
上長井雪菜生産組合
吉田 長子

2. 蒸らしてから 水で冷やす

❶湯からあげたザルに ナベのフタをして 1～1.5分蒸らす。

蒸らすことで 雪菜全体に 均一に熱が通るようにする。

❷流水で 十分に冷やす。

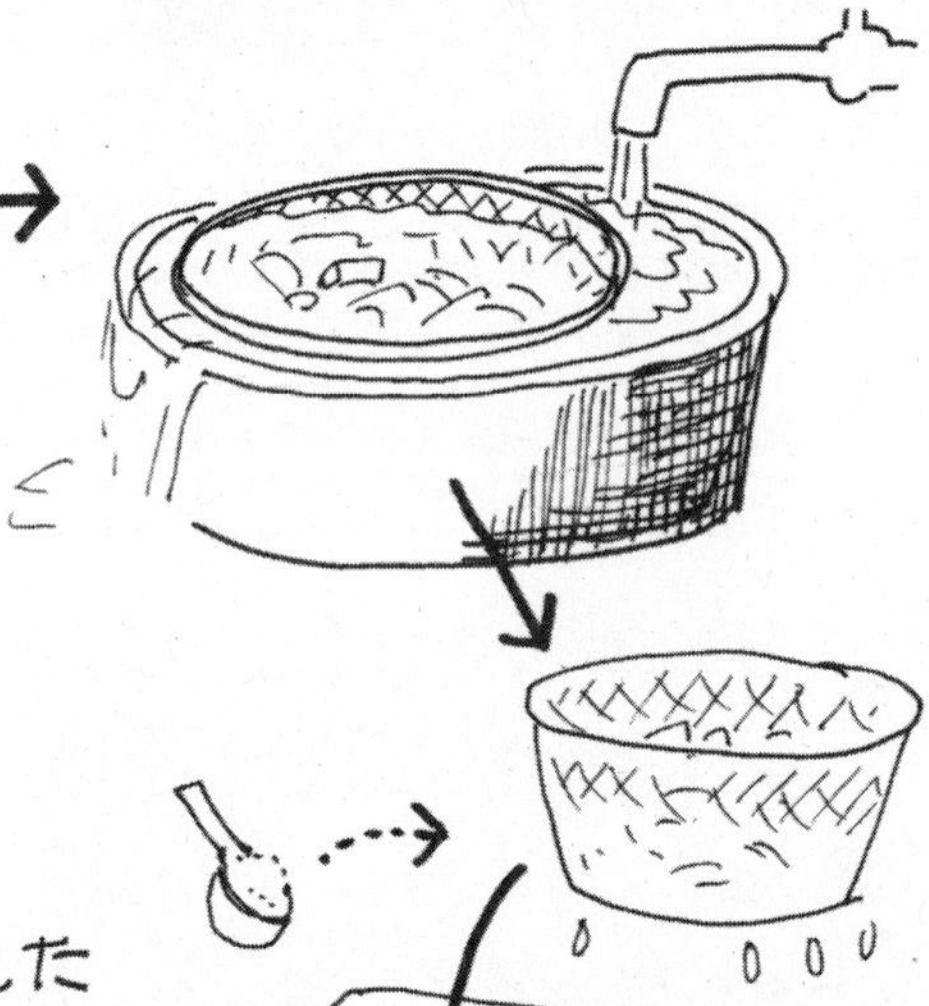

3. 塩と混ぜて漬ける

❶水を切り、塩をまぶした雪菜を厚手のポリ袋に入れる。

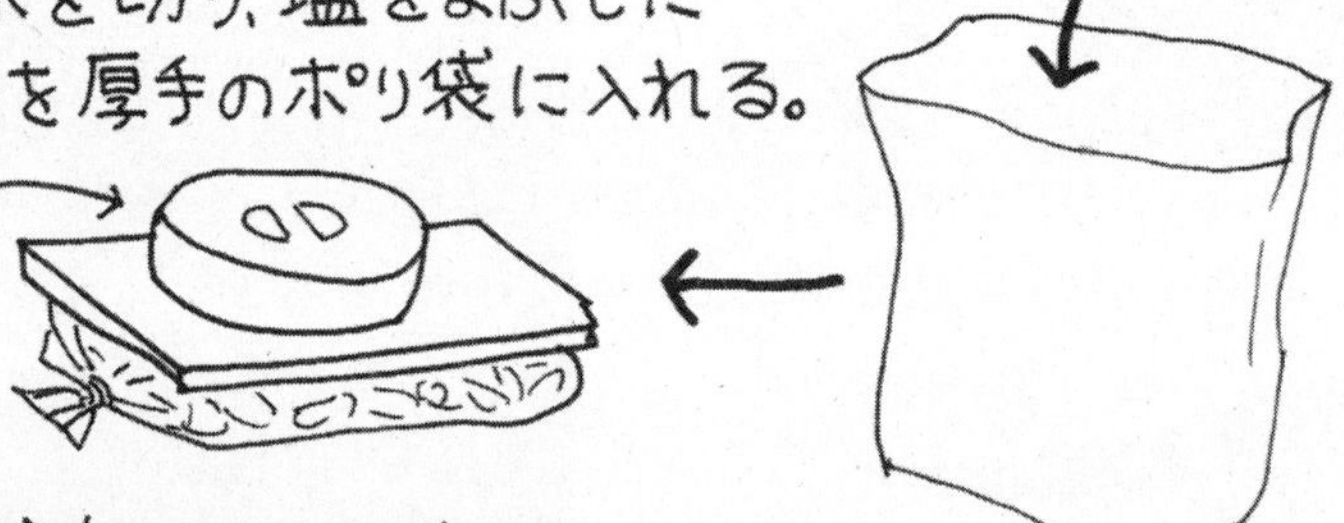

雪菜の1.5～2倍の重さの重石。1晩たったら半分位の重さのものに変える。

❷ポリ袋の中の空気を手でしごいて密閉し、重石をのせて漬ける。2昼夜ほどで辛みが出てきて食べられる。

ふすべる時間と、漬けるときに空気を完全に抜くのがポイント。ふすべた直後は苦味があるがそれが次第に辛みに変わる

生で食べても豚肉としゃぶしゃぶにしてもおいしいですよ
米沢名産
雪菜ふすべ漬

え、近藤泉

雪菜の

雪菜は米沢で作られている在来の野菜です。雪の下で寒さに耐えながらゆっくり育った"とう"を食べます。
生で食べるとまったくクセがないのですが、ふすべる(お湯に通す)と、ワサビのようなツンとした辛みが出ます。
ワサビ菜や青菜(タカナ)なども、ふすべると辛みがよく出るんですよ。

〈材　料〉

雪菜……2束(約800g)

塩………約16g
(雪菜の重さの2%分)

雪菜は11~12月に収穫し、床寄せ、土とワラで囲います。降り積もった雪の下で伸びるとう(花茎)を食べます。

1. 雪菜をふすべる(湯に通す)

❶ 2~3cmに切った雪菜をザルに入れ、沸騰させたたっぷりの湯に通す。

❷ 3~5秒で引き上げて雪菜の上下を返す。

❸ 上下を返したらまたすぐ湯に通す。これを3回くり返す。

長く湯につけすぎると雪菜がシナシナになり辛みが出ないので注意する。

乳酸菌スターターによる
本格キムチづくり

細谷幸男（丁烹喜多蜂）

「丁烹喜多蜂」は、一九九三年、代表の母親が空き店舗だった魚屋を借り、息子である今の代表と知人二名の計四名で、店内を改装し、「キムチの店　きたはち食品」を屋号として開業した。店は市街地から離れた田園地帯にあったため、当初は訪れる客も少なく、不安な日々が続いたが、営業努力により、居酒屋チェーン、食肉量販店への取引きが始まり、やがてJA関連の直売所やラーメンチェーン、ショッピングセンターなどからも注文がくるようになった。

もともとキムチづくりのノウハウは創業者である母親がもっていたもので、それを事業としてやっていこうと提案したのは、息子であった。しかし、その当時開業資金も乏しく、キムチの販売事業はいつまでも続けられないのではないかとの不安が常にあった。息子はだめになってもゼロに戻るだけと割り切って、母親のつくるキムチをよりよい商品にしようと研究し続け、「お客様の声はアドバイス」と考えていろいろ工夫していた。

やがてお客がふえてきて、製造量も倍増し、手狭だった店舗を少し改装して広げ、従業員もふやし発展の希望も出てきたのだが、大きな壁に突き当たった。売上げ伸張の一方で、利益が出ないのである。原因は材料費と人件費にあった。満足のいく商品づくりは厳選された原材料が必要だが、それは安くないし、手作業による工程を大切にすると、製造に人手がいる。一度は原材料の見直しや機械化も考えた。ただ、それでは「きたはち食品」のよさが失われてしまうと思い、実施に移さなかった。材料費を惜しまず、作業員の技術の向上、工程の合理化に取り組み品質安定重視で現在に至っている。

二〇〇四年一月より、母親に代わり、息子が代表となり、屋号も「丁烹喜多蜂」と改名、商標登録をした。キムチ好きな人間が、キムチのよさを多くの人々に知ってもらうため、現状に満足せず、常に問題意識をもってつくってきた。それが、「HS-1」という漬物用乳酸菌との出合いをも実現させたのだろう。妥協せずにキムチをつくること、それは今後もかわらぬ「きたはち」の姿勢である。

材料

白菜…主原料である白菜は年間を通じて供給されているが、やはり秋物から冬物は品質がよい。特に地元茨城県は白菜の栽培が盛んであり、品種も豊富にあるため黄芯系の、葉に厚みがあり結球状態がゆるいものを選んでいる。地元産であるかどうか、病気になっていないかどうかを確認する。

乳酸菌HS-1…味をあげる乳酸菌だけをふやし、腐敗臭を出す乳酸菌の増殖を抑える発酵条件の維持は非常に困難であり、「経験と勘」が要求されていたが、茨城県工業技術センターが開発した漬物用乳酸菌スタータHS-1を加えることにより、発酵期間を通じて味をあげる乳酸菌が優勢を保ち品質が安定するようになった。このHS-1は、もともとキムチから分離し開発された菌であるため、下漬け時点でも「塩かど」が取れ、ほのかな香りのするおいしい漬物ができる優れものである。

塩…塩は粗製海水塩化マグネシウム（ニガリ）が六・六%含まれた食塩（商品名は「いそ

しお」（株）菱塩製）をそのまま使用している。
製造工程を図１に示す。また白菜キムチ五〇kgをつくる際の、キムチの素の原料配合例を表１に示す。

表1　白菜キムチの素原料割合

原料	配合割合（%）	カットサイズ
ダイコン	43.24	3mm×3mm×40mm
ニンジン	3.24	3mm×3mm×40mm
ネ　ギ	5.4	3mm厚輪切り
リンゴ	2.7	
ミツバ	1.62	長さ30mm
ニ　ラ	1.62	長さ30mm
ゴ　マ	1.1	
昆　布	0.35	
糯米糊	3.31	
トウガラシ（中粗）	5.4	
トウガラシ（微細粉末）	0.68	
だし汁	10.81	
砂糖（上白糖）	8.11	
食　塩	2.7	
アミエビの塩辛	1.62	
ニンニク	5.4	
ショウガ	2.7	
合　計	100	

注　白菜キムチ50kg（仕上がり量）の場合：キムチの素（ヤンニョム）18.5kg

材料の下処理

天日干し…主原料となる白菜は、使えないところや病害虫にやられた部分をきれいに取り除く（トリミング）。外側の硬い葉は取り除き半割りして、芯の部分は葉全部がばらばらにならない程度に切り落とす。中心部に芽が出ていたら取り除く。天気がよければ、半日ほど半割りして天日干しすると白菜自体の甘味が増す。水分を飛ばすというより自然乾燥状況に置くことで、白菜自体が防衛反応を起こし、芯の部分に養分を集中させるのか、糖度の増した味になる。だからできるだけ天日干しをする。

洗浄…洗浄では、特に白菜の葉の間に注意する。害虫の卵や幼虫が付着していることが多いからで、念入りに洗浄する。大きめの容器にたっぷり水を溜め、水道水をかけ流しながら水中で揺らして、水圧により葉の間の異物を払い落とし、水から引き上げて一気に強く水を切る。こうすると異物が水に流れ落ちる。この洗浄操作を、同様の大きさの容器に移して三回行なう。

原料をよく洗浄しても、調理器具や漬け桶などが汚れている場合がある。初菌数が多い環境になると乳酸菌が増殖できなくなり、雑菌が活発になる。清潔な環境づくりが必要である。

ヤンニョムづくり

ヤンニョム（漢字では薬念）とは韓国料理の基本調味料で、キムチに使うヤンニョムには唐辛子、にんにく、数種類の塩辛、りんご・ナシなどの果物、大根・にんじん・にら・生姜などの香味野菜を細かく刻み込んでつくられるものである。このなかでキムチの味を決める主役は塩辛である。キムチ用として販売されている塩辛は、数多くあるが、喜多蜂ではイカの塩辛とアミエビの塩辛を使用している。アミエビの塩辛は塩漬けされているものを購入しているが、イカの塩辛は自社でつくり長時間熟成させ、だし汁をつくるときに用いる。

イカの塩辛…原料のイカはすしだねに使われる、新鮮なマイカを使用する。まずイカの内臓を取り出し、ワタの部分、足、身、剣の部分に切り分ける。ワタにはまんべんなく塩を振りかけ、ざるの上に均一に並べ冷蔵庫で一晩ねかせると水分が抜けてしっとりした状態になり、それをすり鉢でするととろみのある状態になる。足と身と剣を二cm幅に切り、ワタに合わせて塩で漬ける。塩分濃度を二〇％以上にし、一〇℃以下で三か月以上熟成させると生臭みは消える。必ず定期的に攪拌する。

だし汁…だし汁は熱したかつおだしにイカの塩辛を適量入れ、沸騰直前の状態で一五分間煮詰めて冷ます。

唐辛子…唐辛子は、韓国産の、辛味がやや

図1　キムチ製造工程

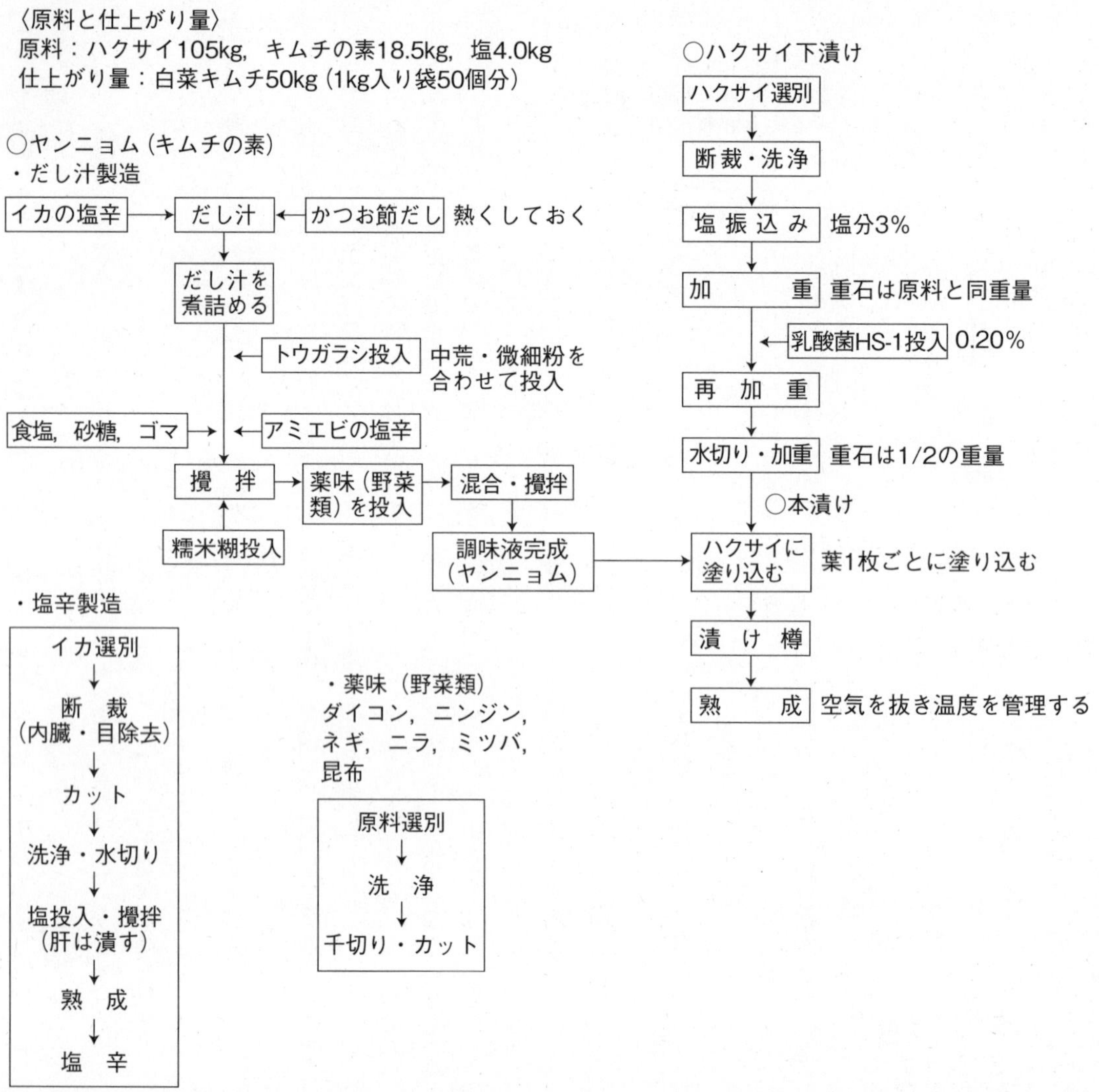
〈原料と仕上がり量〉
原料：ハクサイ105kg，キムチの素18.5kg，塩4.0kg
仕上がり量：白菜キムチ50kg（1kg入り袋50個分）
○ヤンニョム（キムチの素）
・だし汁製造
イカの塩辛
だし汁
かつお節だし
熱くしておく
だし汁を煮詰める
トウガラシ投入
中荒・微細粉を合わせて投入
食塩，砂糖，ゴマ
アミエビの塩辛
攪拌
薬味（野菜類）を投入
混合・攪拌
糯米糊投入
調味液完成（ヤンニョム）
・塩辛製造
イカ選別
断裁（内臓・目除去）
カット
洗浄・水切り
塩投入・攪拌（肝は潰す）
熟成
塩辛
・薬味（野菜類）
ダイコン，ニンジン，ネギ，ニラ，ミツバ，昆布
原料選別
洗浄
千切り・カット
○ハクサイ下漬け
ハクサイ選別
断裁・洗浄
塩振込み
塩分3%
加重
重石は原料と同重量
乳酸菌HS-1投入
0.20%
再加重
水切り・加重
重石は1/2の重量
○本漬け
ハクサイに塗り込む
葉1枚ごとに塗り込む
漬け樽
熟成
空気を抜き温度を管理する

強くきめの粗い中粗挽きときめが細かく辛味は弱い粉末の二種類を使用し、味と色が均一になるように工夫する。にんにく、生姜、りんごは細かく刻み、だし汁を適量入れてミキサーでペースト状にし、唐辛子と合わせアミエビの塩辛を加えてヤンニョムを仕上げる。

糯《もち》米…具にする野菜は大根、にんじん、ねぎ、りんご、みつば、にらであり、昆布と合わせて、千切りや細切りにし、ヤンニョムと合わせるが、このとき糯米の糊を入れてよく撹拌する。糯米を通常よりさらに細かくすってもらい、粉状になったものを水に溶いて熱を加えながら、焦げ付かないようにヘラでかき回し、糊状になるまで続ける。弱火で行なうため三〇～四〇分かかる。よく冷ましてから使うとヤンニョムにとろみが出て白菜の塩漬けと合わせやすい利点がある。

下漬け

塩振り…白菜は一玉一・五～二・〇kgのものを中心に使用するので、半割りにしているが、さらに大きい場合は四つ割りにしている。白菜の葉と葉の間に確実に塩を振り込んでいく。塩の量は白菜の重さの三％でムラがないようにするには技術と勘が必要である。白菜の大きさ（重さ）によってそのつど塩の量を決め、塩を計量しながら行なう。外側の葉は厚みがあり硬いので、多めに振り、芯に近づくにつれて量を減らして最後に使い切るようにする。こうなるまでには技術を要する。機械ではできない。新人の作業者の場合はやり直しが多く、一人前になるまでにかなり時間が必要である。

並べる…漬け容器は五〇〇ℓ用の角桶を使う。塩を振り込んだ半割り白菜の切り口を上にし、芯の向きを揃えて並べ、各段ごとに向きを逆にする。一段目が芯に右向きなら二段目は左向き、三段目は右向きという具合に交互に変える。芯の部分が同方向だと重石の加重が均一にならず漬けムラができる。

乳酸菌投入…液状で購入している乳酸菌は、重石を載せる前に白菜を容器に並べて置いていく際に、一段ごとに適量をまんべんなく投入する。

漬け込み時間…重石は原料と同じ重さ分を載せることにより、調味浅漬よりやや浅目に漬け上げる。水分は捨てずにそのまま使う。塩の量、重石は季節に関係なく同じ条件で行なうと季節により漬け上がりの具合が変わってしまう。原因は気温と湿度も関係していると思われるので、漬け込み時間を変えることで調節している。五～九月は二四時間、三～四月と十～十一月は三二時間、十二～二月は四八時間かけて漬け込むが、十二～二月の期間は途中で白菜の裏表を変えて上段―下段の天地換えをする。

下漬けの段階でかなり水分（漬け水）が出る。さらに重石による水抜きをするので、下漬け後水抜きしたときの歩留りは六〇％くらいになる。

本漬け

水切り…下漬け後の白菜を四角形の大かごに、切り口を下にして並べ置き、原料の五〇％の重石を載せ冷蔵庫で一八時間かけて水切りする。下漬け時点より抜け方は少ないが、さらに水分は抜ける。白菜の品質を維持するには、冷蔵庫に入れて一定の温度を維持する必要がある。この時点で温度を一定に保てないと急な酸化やくさみが出てしまうことが多い。温度変化には十分に注意が必要である。

キムチの漬け込み

ヤンニョム塗り込み…別工程で仕上げた調味液（ヤンニョム、キムチの素になる）を白菜の葉一枚ごとに塗り込んでいく。全葉を塗り終えたら、中間から折りたたむようにして外葉で全体を包むようにして丸める。たとえば、葉一枚分を塗り忘れるとその葉の部分は味がしみ込まないために味ムラができる。全体に量が少なければ薄味になり、多すぎると辛味が強すぎるので人の勘で判断している。

漬け込み…二〇ℓ用丸桶にポリ袋を入れ、その中へ敷き詰めていき、空気が隙間に残らないように上から力を加えて抜いていく。上面まで白菜を漬け込んだら袋の口を締め、ふたをして冷蔵庫で熟成保存する。夏と冬では熟成時間は大きく変化するが、桶の上面まで漬け液が上がってきたら初期段階の熟成と考えてよい。熟成の初期段階まで夏場は四八時間、冬場は七二時間以上を要する。

丁亨喜多蜂
茨城県東茨城郡茨城町大字秋葉八一八
ＴＥＬ〇二九―二九二―九六五四

食品加工総覧第五巻　乳酸菌ＨＳ-１による本格キムチ
二〇〇六年

乳酸発酵漬物

橋本俊郎（茨城県工業技術センター）

発酵漬物の従来評価

一九九八年の漬物生産量は全国で一一一万tであり、このなかで乳酸発酵漬物は京都のすぐき漬、発酵しば漬など一千t以下、全漬物生産量の〇・一％以下であった。なぜ乳酸発酵漬物の生産は伸びないのか。これは酸味の生じた漬物を腐敗と評価する人びとが多いからである。

私の所属する研究所は関東地方にあるが、昭和の時代に発酵漬物の研究をしようとしたことがある。このような場合、最初に市販品の品質調査を行なうのが常道なので、京都から数種類の乳酸発酵漬物を購入し、食品担当の研究員をパネラーとして食味試験を行なった。味噌、醤油の専門家など発酵食品には慣れている技術者たちであったが、開口一番、「腐っている。酸敗している」と、さんざんな評価であった。当時は、乳酸菌は浅漬の白濁原因であったり、非加熱漬物の酸敗を引き起こす有害微生物と考えられていたのである。

乳酸発酵による安全性・食味の向上

近年、野菜による食中毒事件が米国や日本で起こり、野菜加工品の安全性が強く意識されている。こうしたなか、食中毒菌を抑える方法のひとつとして乳酸菌の利用が提案されている。

食中毒の原因微生物は病原大腸菌とサルモネラである。これらの菌は腸内細菌科に属するため、日常の衛生管理は便宜的に大腸菌群が指標とされ、できるだけ減少させることが求められている。大腸菌群の存在はほとんどの野菜で認められ、栽培や気象条件によって濃度や菌種に大きな違いがあり、場合によっては糞便性大腸菌が検出される。

浅漬は全漬物生産量の三分の一以上を占めるほど多く生産されているが、大腸菌群が検出される製品も多くみられる。浅漬の製造では、塩素などによる殺菌工程があるが、野菜内部の細菌や汚染濃度が高い場合はほとんど効果がない。そこで、高濃度の塩素で殺菌するが、このとき野菜の風味やビタミンなどの栄養価も落ちる。健康に良い漬物を提供する役目の漬物製造業者にとっては残念なことである。

野菜の大腸菌群を減らす方法は、塩素殺菌以外に加熱や酢酸浸漬などの方法がある。乳酸菌の利用もそのひとつである。韓国のキムチは生の海産物を加え、しかも食塩濃度二％前後と大腸菌群にとって大変活躍しやすい環境である。しかし、キムチ製品の微生物検査では乳酸菌以外の雑菌は検出されない。キムチの製造では、低温では大腸菌群の生育を抑えると同時に低温性乳酸菌の増殖を促し、乳酸発酵によるpHの低下によって大腸菌群を死滅させるのである。

乳酸菌の役割として、雑菌を抑えること以外に食味の向上がある。乳酸発酵によって生臭みが消失し、塩慣れが速やかになり、アミノ酸などの旨味成分が増加する。キムチは乳酸菌によって、安全性の確保と食味の向上を同時に行なった漬物である。キムチの流行によって発酵漬物が認められる環境になってきた。日本の消費者も乳酸発酵の漬物を受け入れられるようになり、保存中に酸味のでることは当然という意識になっている。

乳酸菌の機能性

乳酸菌あるいは乳酸発酵とヒトの健康との関係について研究が進んでいる。ヒトの腸管は乳酸菌が多いほど健康で、大腸菌などが多いと調子が悪くなる。下痢や便秘に乳酸菌の摂取が良いことは経験的にも明らかとなっている。そのほかに血中コレステロールの低下、発ガンの抑制などが乳酸菌の効用として研究されている。今世紀初め、パスツール研究所のメチニコフは、コーカサス地方で長寿者が多いことからヨーグルト不老不死説を唱えた。ラットでは長命になるという報告もあるが、ヒトでは証明されてなく、メチニコフの勇み足との評価もある。しかし、病気予防の点から乳酸菌が長生きの方向に働くことは間違いないといえる。

このようにヒトの健康に良く、食品の安全性を高め、さらに食品の風味を向上させる乳酸菌を積極的に使う発酵漬物は、これから大きく伸びると予想される。

すんき漬　木曽郡開田村（撮影　千葉寛『聞き書　長野の食事』）

伝統的な乳酸発酵漬物

乳酸発酵を野菜の保存に用いた漬物として、長野県のすんき、中国の泡菜（パオシァイ）・酸菜（サンツァイ）、ネパールのグンドラックなどがある。すんきは赤カブ（王滝カブ）の葉茎を六〇～七〇℃の温湯に数分間浸漬した後、樽に前年のすんき種とともに漬け込み、乳酸発酵をさせて製造される。温湯処理は雑菌の殺菌処理であり、野菜の初発菌数を低下させてすんき種の乳酸菌を主要菌相にするため行なわれる。最近は浅漬製造において温湯や蒸気の熱で初発菌数を低下させ、日持ちのよい製品とすることが提案されているが、量産化のためには定温の調節がポイントである。すんき種は前年の風味良好なすんきを乾燥して保存したものであり、優良な乳酸菌が多く存在するが不必要な菌種も混在していると考えられる。自家製ヨーグルトで伝来の種を使うようなものであり、毎回、安定した品質の製品を得ることはむずかしいと想像される。

発酵漬物の技術的要点

工業的に生産されるヨーグルト、チーズ、味噌などはそれぞれの食品に適した乳酸菌がスターターとして市販されている。しかし、漬物用のスターターはないので乳酸発酵漬物をつくろうと考えた場合、漬物に適した乳酸菌を分離・選択する必要がある。スターターの適性は次のように考えられる。

①野菜浸出液で増殖が可能で、六～八％の食塩耐性を有すること

②糖類から乳酸のみを産生するホモ発酵菌であること

③食中毒菌が生育しにくい低温での生育が良好なこと

④酸生成能があまり強くないこと

表1に漬物の乳酸菌として報告されている菌種を示した。このなかから上記の条件に合い、風味の良好な乳酸菌を選べばよいと考えられる。一般にはサイレージ用乳酸菌であるラクトバチルス・プランタラムが漬物用とし

表1　漬物の乳酸菌

菌　種	発酵形式	生育温度(℃)	生育pH
ロイコノストック・メセンテロイデス	ヘテロ	5 ～ 40	5.4
エンテロコッカス・ファエカリス	ホモ	10 ～ 45	4.5
エンテロコッカス・フェシウム	ホモ	10 ～ 45	4.5
ラクトバチルス・プランタラム	ホモ	10 ～ 40	3.5
ラクトバチルス・ブレビス	ヘテロ	15 ～ 45	3.7
ペディオコッカス・アシドラクテシ	ホモ	5 ～ 50	4.0
ペディオコッカス・ハロヒラス	ホモ	10 ～ 45	4.5
ラクトバチルス・サケ	ホモ	5 ～ 40	4.5

（乳酸菌の科学と技術より）

乳酸発酵は、ホモ乳酸発酵とヘテロ乳酸発酵の２種類の経路で進行し、ホモ乳酸発酵はグルコース（単糖）１分子から２分子の乳酸を生成する。一方、ヘテロ乳酸発酵は、グルコースから、乳酸、エタノール、二酸化炭素を生成する。

て勧められている。しかしこの菌種は酸生成能が強いため、後発酵を起こすなどの問題がある。そこで、研究や特許上では人工的に変異させてつくった低温感受性株や酸感受性株の利用が提案されている。著者は発酵キムチからラクトバチルス・サケに属する菌種を分離し、低温生育性、酸生成能などからスターターとしての適性を認めている。

野菜の除菌処理…発酵食品を製造する際には、乳酸菌の接種前に加熱などの殺菌処理工程が不可欠である。発酵初期のpHが高い段階では乳酸菌と他の雑菌との増殖が競合し、乳酸菌がうまく増殖しない場合があるからである。雑菌の増殖はpHが低下した状態で抑制される。そこで発酵初期は乳酸菌数を相対的に他の雑菌数より多くする必要がある。乳酸菌以外の初発菌数が少なければ、乳酸菌数も少ないレベルでよい。野菜に付着している細菌数は、栽培条件などで大きな差異があるが、一般には一g当たり一万から一〇〇万である。スターターの濃度をg当たり一〇万から一〇〇万とすると、無処理の野菜の雑菌数は明らかに多く、除菌処理が不可欠となる。

図1　新しい発酵漬物の製造工程

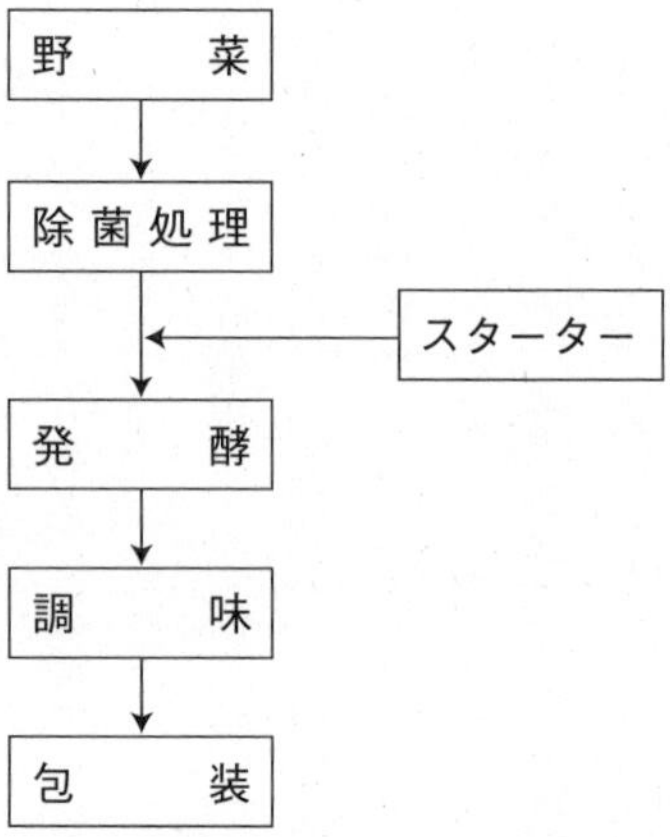
野　菜
除菌処理
スターター
発　酵
調　味
包　装

除菌の方法としては、

①温湯や蒸気による加熱殺菌
②塩素剤やオゾンなどの殺菌剤による殺菌
③酢酸、アルコールなどの薬剤による殺菌
④野菜用洗浄剤による洗浄除菌

などがあるが、いずれも野菜の風味や物性にダメージを与えないよう注意が必要である。著者は食塩と酢酸を併用して殺菌する方法を考案している。

調味その他…以上のことから新しい発酵漬物の製造法をまとめてみると、図1に示したようになる。入荷した原料野菜を洗浄、トリミング後、除菌処理を行なう。低塩で下漬後、乳酸菌を添加して低温下で一定期間発酵を行なう。所定の乳酸が蓄積したら、発酵野菜に適当な調味液を加えて包装し、低温で熟成させた後出荷する。調味は淡泊な発酵野菜の風味を向上させるためであり、特にアミノ酸などの旨味が不足していると思われる。

参考文献

橋本俊郎一九九八　日本食品科学工学会誌四五：三六八
前田安彦一九九六『日本人と漬物』全日本漬物協同組合連合会
乳酸菌研究集談会編一九九六『乳酸菌の科学と技術』学会出版センター
小川敏男一九九六『漬物と日本人』日本放送出版協会

乳酸菌スターター利用の発酵漬物

橋本俊郎（茨城県工業技術センター）

キムチ由来の乳酸菌スターター

醤油漬や酢漬など乳酸発酵とは無縁と思われていた漬物も、製造工程で乳酸発酵を経ていることがわかってきた。これらの漬物は塩蔵野菜を原料とするが、塩蔵過程で乳酸発酵によって野菜の変色原因物質やエグ味成分が除去され、歯ざわりがシャキッとしたものになる。

茨城県では、一九九九年に漬物用の乳酸菌スターターを開発した。この乳酸菌は、食味が優れた発酵キムチから分離し、人為的操作は加えずに純粋培養したもので、*Lactobacillus sakei*（ラクトバチルス・サケイ）HS-1として特許出願された。多くの実証試験を経た後、二〇〇三年に民間企業と特許実施契約を行ない、現在「HS－1」の名で市販されている。

最近では漬物だけでなく、伝統的な酒造りの技法である「山廃酛」への利用が検討されている。山廃酛は硝酸還元菌による亜硝酸生成とそれに続く乳酸発酵を利用する技法であり、乳酸を添加しない酒母造りである。利用可能な乳酸菌は低温増殖性や亜硝酸耐性が必要であるが、*L. sakei* HS-1は高い亜硝酸耐性を有することから実際に試験醸造され、酒造りに利用できることが実証された。

現在、*L. sakei* HS-1の利用が最も多い漬物はキムチである。日本国内で販売されているキムチは和風キムチといわれる非発酵型と韓国風の乳酸発酵型に大別されるが、健康や韓国ブームに乗って発酵型キムチがふえている。乳酸菌スターターの利用により安定した品質の発酵型キムチがつくれる。

ほとんどの漬物は乳酸発酵でおいしくなる。漬物製造における有用乳酸菌は*L. sakei* HS-1だけではないと思われるので、今後、乳酸菌と漬物の関係に関する研究の進展が期待される。

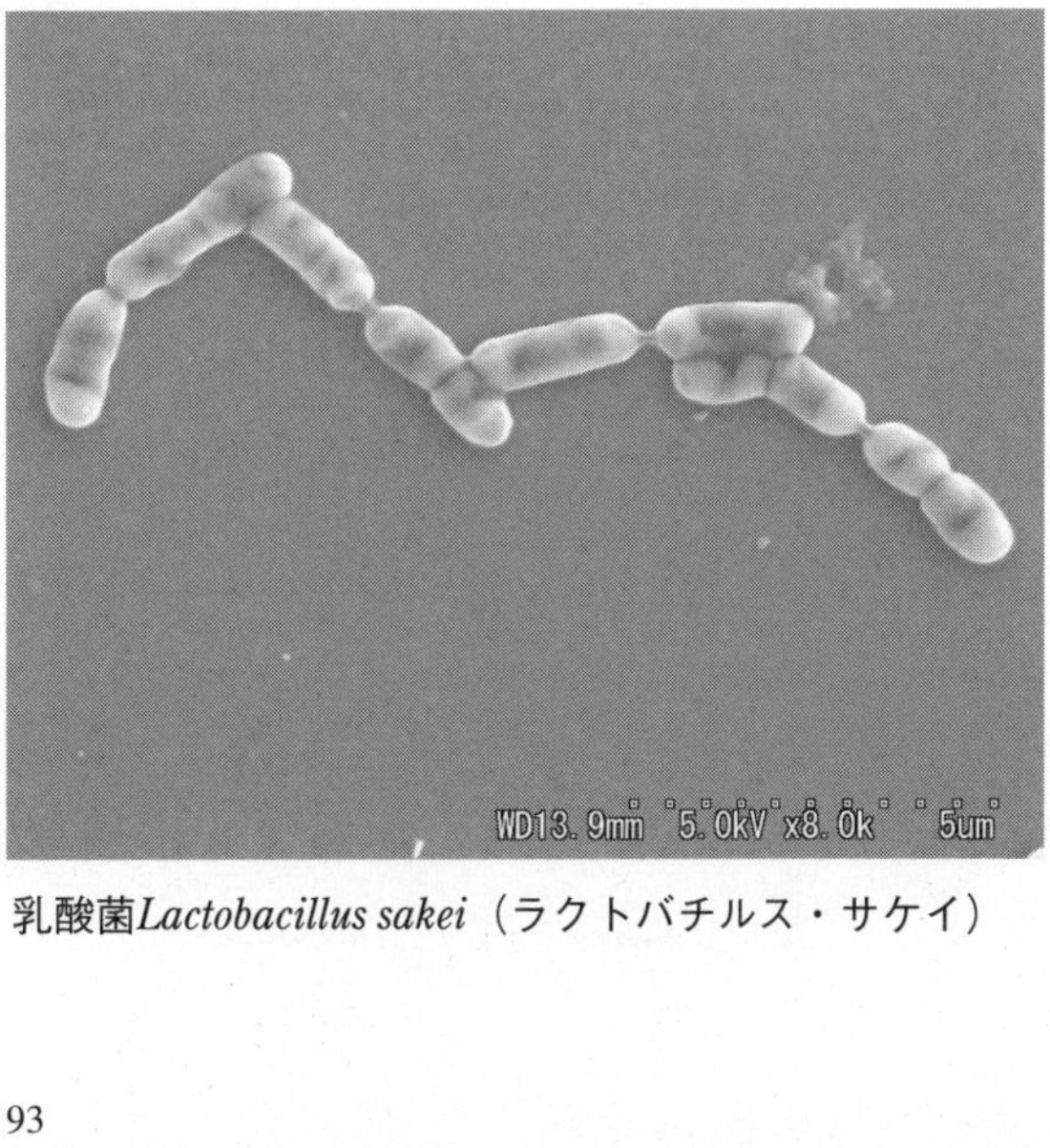

乳酸菌*Lactobacillus sakei*（ラクトバチルス・サケイ）

乳酸発酵漬物の特徴

漬物製造において、乳酸菌スターターとして*L. sakei* HS-1を使用した場合の特徴を述べる。

食味…野菜の塩漬時に乳酸菌スターターとして*L. sakei* HS-1を添加したキャベツなどの浅漬（食塩二・五％）と、無添加のものについて、一般消費者一〇〇名ほどで食味の比較をした。すると、九割以上の人が、乳酸菌添加の漬物のほうがおいしいと評価した。乳

図1　乳酸菌HS-1を用いた漬物製造工程

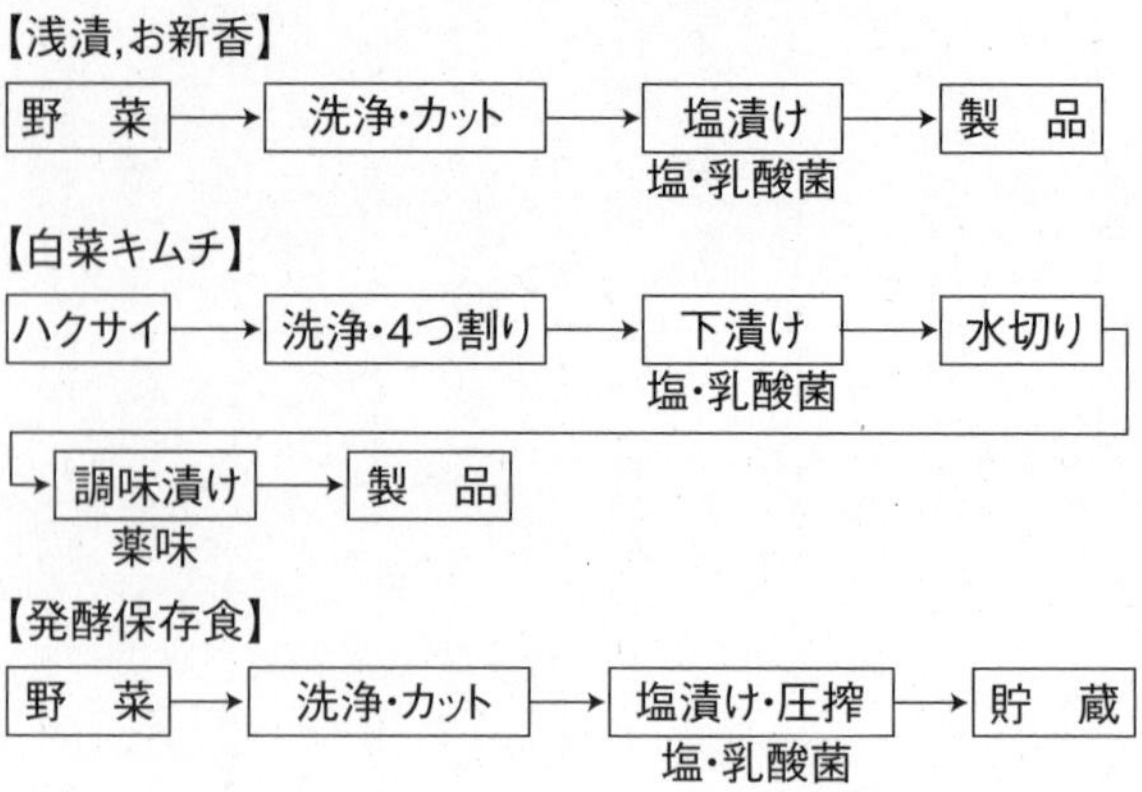
【浅漬,お新香】
野　菜
洗浄・カット
塩漬け
塩・乳酸菌
製　品
【白菜キムチ】
ハクサイ
洗浄・4つ割り
下漬け
塩・乳酸菌
水切り
調味漬け
薬味
製　品
【発酵保存食】
野　菜
洗浄・カット
塩漬け・圧搾
塩・乳酸菌
貯　蔵

酸発酵による野菜の食味向上原因についての詳細は不明であるが、グルタミン酸やアラニンなど食味に影響するアミノ酸や有機酸（乳酸）は、乳酸菌添加漬物のほうが多く含まれていた。

日持ち…乳酸発酵工程を取り入れた漬物のほうが非発酵漬物より品質保持期間が延長する。製品化後の異味や異臭の発生が遅れるので日持ちがよくなる。これは乳酸菌が腐敗性細菌の増殖を抑制するためと考えられている。野菜の塩漬時に *L. sakei* HS-1 を添加すると大腸菌群の増殖を抑制し、亜硝酸の産生を抑えることが明らかとなった。

プロバイオテックス…摂取するとヒトの健康に良い影響を与える微生物をプロバイオテック微生物といい、乳酸菌はその代表選手である。健康作用のなかで整腸作用を期待するためには、摂取された乳酸菌は生きたままヒトの腸管に達することがひとつの必要条件である。*L. sakei* HS-1 は人口胃液や人口腸液に耐え、経口で摂取された菌は生きたまま腸管に達することが示された。

漬物利用の実際

L. sakei HS-1を用いた漬物加工例を図1に示した（図示した以外にたくあん漬に使うと嫌なにおいが抑えられるなどの報告もある）。乳酸菌スターターの使用法の基本は、従来の漬物製造工程における塩漬け（下漬け、荒漬け）の段階で乳酸菌を添加するだけであり、工程を変える必要はまったくない。乳酸菌を加えることで製品の食味や日持ちが向上すればその漬物は乳酸発酵が向いているということであり、逆に何らかの不具合が生じた場合は乳酸発酵が向いていないと判断し、採用をひかえればよい。*L. sakei* HS-1 はキムチと相性が良いと述べたが、キムチの製造工程や調味配合は各社各様であり、乳酸発酵が向いていない製品もあるので、テストしてから採用の是非を決定していただきたい。

一般的に乳酸菌スターターを使用する場面は野菜の塩漬け（下漬け）である。食塩といっしょに加えて従来と同じ工程で進めればよいので仕上がり歩留りは変わらない。*L. sakei* HS-1 は広い温度範囲（一〇〜三〇℃）で十分に増殖するので下漬け期間を変更する必要はない。野菜の下処理や洗浄などは従来どおりでよい。原料野菜の塩素殺菌を実施している場合は、当然ながら乳酸菌スターターを殺菌洗浄後の野菜に添加する。

浅漬、お新香…*L. sakei* HS-1 を採用しているレストランは、地場の野菜を化学調味料と食塩で漬けていたが、調味料の添加をやめて乳酸菌で漬けるようにしたところ、野菜本来の味が生きるようになった。良質の野菜を原料とした場合、グルタミン酸ソーダなどの調味料で野菜の味を消してしまうより、乳酸発酵で野菜本来の旨味を引き出したほうがよい。つくり方は洗浄カットした野菜に二〜三％の食塩と一千分の一から一万分の一の乳酸菌を加えて一晩漬けるだけである。季節に応じて、乳酸菌の添加量と漬込み時間を調整するがそれほど厳密でなくともよい。

調味浅漬の場合、下漬けにスターターを加えて乳酸発酵を起こして野菜のえぐ味、あくを除去後、調味漬けとする。野菜本来の旨味がでてくる。液入り包装の場合は、洗浄などで増殖した乳酸菌を減少させたほうが貯蔵中の白濁の危険が少ない。

表1　乳酸菌HS-1取扱い企業一覧

企業名	住　所	電話番号
陶陶酒製造(株)千代田工場	茨城県かすみがうら市下稲吉2762	0299-59-2141
日本グリーンパックス(株)	京都府長岡京市城の里10-9	075-954-5158
サンエイ糖化(株)新素材営業課	愛知県知多市北浜町24-5	0562-55-6070
(株)カザミ	栃木県足利市助戸町1-26	0284-41-2527
(有)那須バイオファーム	栃木県塩谷郡高根沢町大字花岡1626-1	028-676-0770
(株)つくば農業環境科学研究センター	茨城県つくば市谷田部1512-1	029-836-8882

乳酸菌HS-1に関する特許は茨城県が所有しており、県と特許実施契約を結んだ企業が製造販売をしている。なお、スターターの形態として粉末、液体および凍結品など企業により異なり、また、販売対象も業務用や家庭用など企業により異なる。

白菜キムチ…もともと、キムチから分離した乳酸菌だからだろうか、*L. sakei* HS-1は発酵キムチとたいへん相性が良い。キムチに使用すると薬味のにんにく、唐辛子、にら、魚醤油などの個性的な風味がまろやかになり、全体的に調和された味となる。焼肉店などキムチの味にうるさいところで評価が高い。白菜キムチでは白菜の塩漬け時に塩または食塩五％の差し水に乳酸菌を混合して加え、その後の工程は従来どおりである。

低塩保存漬…全国各地には、一時的に多く収穫される野菜を保存するため低食塩濃度で漬け込み、乳酸発酵を促して長期に保存する漬物が多く残っている。一時的に多くとれる魚を貯蔵する場合も、同様に乳酸発酵を利用したものが多い。低塩であるため塩抜きの必要がなく、また、発酵による特有の風味が付与される。京都のすぐきや柴漬も同様に乳酸発酵を利用して低塩で年間貯蔵を可能にしたものである。

貯蔵容器から取り出した後、すぐに消費しない場合は、酵母などが増殖して変質させるので調味などをしてから真空包装して加熱殺菌される。大根、蕪や白菜などが代表的野菜であるが、漬込み初期の乳酸発酵と圧搾による脱水が加工の要点である。食塩は野菜の五％が標準であり、野菜とともに唐辛子や昆布を加えることもある。保存の中期には、多くの場合 *Lactobacillus plantarum*（ラクトバチルス・プランタラム）という乳酸菌が主役になるが、スタート時に速やかに乳酸発酵を起こさせるため乳酸菌スターターを添加することが有効である。なお、保存後期に乳酸菌が生存していることはほとんどなく、いわば無菌状態で保存される。

包装上での留意点

長期保存用に乳酸発酵をさせた漬物は十分に圧搾されていることもあり、商品化する段階で包装して加熱殺菌することが可能である。すぐき、柴漬、包菜（パオサイ。主に中国東北部で栽培される）およびザワークラウトはその例である。浅漬やキムチなどの短期乳酸発酵漬物は、歯切れ悪化を防ぐため非加熱が望ましい。*L. sakei* HS-1使用キムチでも、頻度は少ないが流通や保管中にヘテロ型乳酸菌や酵母が増殖してガスを産生することがあるので、ガス抜きの工夫をしたほうがよい。炭酸ガス透過性のフィルムを使用する、あるいは包装容器にガス抜きの小穴をつけることで解決できる。

食品加工品第五巻　乳酸菌スターターHS－1活用の発酵漬物二〇〇六年より

発酵漬物に向く野菜品種

針塚藤重（針塚農産）

私は群馬県渋川市で野菜を栽培し、漬物に加工し販売して四〇年になる。日ごろから二十一世紀の漬物は、微生物を生かした発酵食品として人間の健康を維持するのに不可欠なものになると確信している。歴史的に安全性が確認されている米麹と乳酸菌群を活用する自らの漬物業を「プロバイオティクス」（共生する微生物を生かす技術）と呼ぶ理由もそこにある。

私は極上の漬物は風土にあった自家種（自ら育種・選抜した種子）と肥沃な土から生まれると考えているので、自分の農場を採取と栽培実験の場として位置づけ、常に一〇〇種類余りの野菜を栽培している。研究者ではないが、発酵漬物を手がける実践家の一試論としてみていただきたい。

きゅうり…生食用のブルームレス・キュウリは皮が堅くて塩がなじみにくく、漬物には不向きである。昔ながらの味の四葉（すうよう）を漬物にした時が一番美味しい。四葉はイボが多く、ちりめん状の細かいしわがよっていて香りが高く、みずみずしく柔らかい。ただし傷みが早いので、現在は業務用に少量出回っている程度で一般にはなかなか手に入らないようである。四葉タイプの交配種、黒さんご、夏さんご、地這いタイプなどを薦めたい。

レトロな味は上部が濃いグリーンで途中が斑になっている相模半白や煮物浅漬に向く加賀太などもお薦めだ。一般に手に入る品種として漬物に向くのはときわなどであり、そのみずみずしい香りとパリッとした歯切れのよさを生かしたい。

白菜…白菜は主要なものでも一五〇種以上が市販されている。最近有名になって売上げを伸ばしているのが新理想で、これは内側の葉がほのかに黄色く柔らかくて浅漬に向く。堅く結球していて白い部分が多いものがよい。花心、東海種苗で扱っているユニーズなどが栽培しやすい。中国で育成された青慶は真冬でも青々と元気に育ち肉厚でみずみずしく柔らかいので、漬物には最適といえる。

キャベツ…キャベツには二つの系統がある。ひとつは巻きが緩く葉が淡緑色をしていて、肉厚で柔らかくみずみずしい春玉キャベツ。もうひとつの系統は巻きが堅く葉がしっかりしていて、内側が白い寒玉キャベツである。

浅漬は何といっても春玉の柔らかいものがよい。品種でいうと、金系二〇一号、グリーンボールなどである。寒玉キャベツは加熱調理向きで加熱することでその特性が生きるものと考えてよい。北海道でしか手に入らない札幌大球は通常のキャベツの二倍あり（約三kg）、甘みがあって柔らかく漬物には最適である。アブラナ科の植物は大きく育っていて重く巻きの固いものがよい。

菜類…緑の菜類、たとえば野沢菜、高菜、カラシナなどは塩漬にするとシャキシャキと美味しい。野菜のとれない寒い地方の冬のビタミン源であった。アブラナ科は漬物に使われる菜が多く白菜やカブ、小松菜もこのアブラナ科でこれらのアブラナ科の菜類はツケナといわれる。霜に二、三度あったものがよいとされるのは野沢菜である。紫がかった葉がよい漬物になる。高菜とカラシナはよく似ていてほのかな辛味が独特の風味をうむ漬物である。

京菜と壬生菜は京都産のツケナとして名高

い。京菜はいま栽培されているのは日本だけだという。

大根…現在人気の品種は、青首宮重群を中心にした一代雑種の青首大根である。首の緑色のみずみずしさが魅力的で甘みがあり、下ろしにしても辛くなく水分もほどほど、煮てもすぐには煮くずれない万能の品種である。

かつては各地域ごと、季節ごとにいろいろな地大根があった。ただ大根は品種にとらわれずにどんな品種でも漬けることができる。根身にひげ根のあとが一直線に並び、その穴が小さいものが良品である。

プロは漬物用の品種にこだわる。本漬けたくあんには関東では練馬系、理想系。関西では阿波晩生系、理想系。青首の宮重系もよく使われる。早漬けたくあんには、みの早生系、べったら漬にはみの早生系、あきづまり系、三浦系が適している。

キムさん75　葉が硬く、体内水分が少ない。キムチに向く白菜品種。シャキシャキとした食感で、浅漬けや鍋物にも向く（ナント種苗）。

カブ…日本には縄文末期に伝わったといわれる。関東では金町コカブという白い小さなカブに品種改良を加えたもので年間を通じて各地でつくられている。この金町コカブの改良種は柔らかく、浅漬には好適だ。カブ漬のぬめりはカブに含まれるペクチンによるもので、変質したわけではない。つやつやかな肌とみずみずしい鮮やかな緑の葉が良品である。

カブには地方品種も多い。大形カブとしては、京都の聖護院カブ、大阪の天王寺カブが有名である。赤カブとして名産品となっているのが、岐阜の飛騨地方の飛騨赤カブ。珍しい形をしているものとしては細長い円錐形の日野菜や牛の角のように曲がった津田カブ、どちらも上半分が紫色下半分が白色のツートンである。

ナス…全国に出回っているナスの品種では千両という品種の系列が多い。ナスの場合浅漬にしてすぐ食べる分には品種を選ばない。保存漬には千成、群交二号、仙台長、千成系の真黒、千両二号などを使ってもよい。生しば漬をつくる場合には品種に注意したい。こればかりは一般に出回っているナスを使ってもよいものはできない。生しば漬にあうナスは京都の長卵形の山科や大形丸ナスの賀茂である。

地方品種におもしろいものがある。漬物用のナスの仙台長は、その名のとおり細長いナスで塩漬が有名。山形県庄内地方の民田は一口大の小さいうちに早どり塩漬、味噌漬、からし漬など各種の漬物がある。また大阪・泉州（岸和田）の水ナスは、しぼれば水がしたたるほど水分が多く柔らかく浅漬にすると美味しい。傷みやすく輸送に耐えられないので食べたければ泉州に来いといわれたくらいである。最近は大阪市場で少量出回っている。

ウリ…ウリは江戸時代から戦前の日本ではなじみの深い野菜で、自家用漬物でもよく使われていた。果実の皮の色によってシロウリ、アオウリ、シマウリなどがある。従来漬物に使われてきたのは、シロウリで白といっても皮は明るい黄緑色をしている。漬物に向くのは東京早生、あわみどり、宝船などである。皮が辛いので未熟果を浅漬にし、熟果は粕漬や味噌漬、ぬか漬に使われてきた。

最近はアオウリ系のハグラウリという系統がよく出回っている。皮が柔らかく浅漬向きである。皮は緑色で縦に縞が入っている。

食品加工総覧第五巻　漬物　素材選択と製品開発
一九九九年

自家採種で挑戦

タカナ・カラシナの通年浅漬け

熊本県人吉市　西恒美さん

文・編集部

自家製交配種でますますおもしろくなった

西恒美さんのタカナ（高菜）、カラシナ（芥子菜）へのこだわりはまったく衰えていなかった。自家採種を続けながら、一〇種類以上の品種をつくっては浅漬けにして、地元のスーパーで売る。そのための品種の選び方や自家採種のやり方をきいてから五年。もっとおいしい浅漬け、もっとおいしい品種、もっと儲かる栽培法を求めて、飽くなき挑戦は続いていた——。

固定種のなかから気に入った特徴の株を選抜して種を採るだけでなく、固定種どうしを掛け合わせることを始めた。

「以前は、種を採るときは、絶対に交雑させんように気をつけてたわけですよ。それでもときには交じってしまうことがあった。品種が交じることは品質が悪くなることだと考えていたわけですが、交雑した品種というのはやっぱり生育が旺盛になる。自分で交配種（F1）をつくると、種採りの楽しみが広がります」

西さんのやり方は、掛け合わせたい違う品種どうしを一株ずついっしょに植えておくというだけのいたって簡単なやり方。タカナ・カラシナなどのアブラナ科植物は、自分の花粉では受精に至らない自家不和合性という性質を持っている。だから、二つの品種を近くに植えるだけで、花粉が昆虫に運ばれて交配種（F1）ができる。

大成功！　セリホン×大葉高菜

こうして生まれたF1のうち、西さんが今いちばん気に入っているのは、大葉高菜にセリホンを掛け合わせた菜だ。

かつては、セリホンが西さんのいちばんのお気に入り品種だった。セリホンは中国由来のカラシナで、辛みが強く、浅漬けにしたとき緑色が鮮やか。寒さ暑さに比較的強いのも気に入っていた。ただ、生長するにつれ繊維が硬くなりやすい。西さん、その欠点を、葉が大きくてやわらかい大葉高菜（山形青菜に似ている）と掛け合わせることで解決しようと考えた。

できたF1は期待どおり。セリホンに実った種からは、株元からワッと細い葉が伸びるセリホンの特徴が弱まって、葉が少なくなり、その代わり葉幅が広く大柄の菜になった。辛みはそのままで、狙いどおり繊維がやわらかい。

いっぽう、大葉高菜に実った種のほうも魅力的だ。もともと大葉高菜は、辛みがないうえ、葉が大きく葉柄が平べったくて幅が広いためにポキポキ折れやすいのが欠点だった。だから雨に弱い。それが、葉幅がいくらか狭くなって折れにくくなったうえ、セリホン由来の辛みが加わった。

この浅漬けがまたおいしい。もとの大葉高菜よりは葉が小さくなったとはいえ、ほかのタカナ・カラシナよりはずっと大きい葉だ。浅漬けになった緑鮮やかな交雑大葉高菜の「大葉」を広げ、ご飯を包むようにしてパクッ。西さん、至福のひとときだ。

在来品種を発掘、オリジナル品種を育成

熊本県内の小国町で種を分けてもらった黒菜を野沢菜に掛け合わせたＦ１もつくった。黒菜はターサイに似て葉が黒々した緑色の濃い品種。いかにもビタミンなどの健康成分が多そうだ。いっぽうの野沢菜は、大葉高菜に似て葉が大きくなりすぎる。雨が続くとやっぱり折れてしまうのだ。黒菜の花粉が付いた野沢菜に実ったＦ１は、背が低くなり折れにくくなって、葉色が濃くなった。西さん、これを「間菜（あいな）」と名付けた。

タカナ・カラシナマニアの西さんにとっては、九州各地の山間部で在来品種を発掘して歩くのも楽しみだ。宮崎県の旧西郷村（美郷町）で見つけたイラカブもそのひとつ。江戸時代の昔から漬物用につくられてきたというタカナで、葉はアザミのように細くて切れ込みが鋭く、独特の辛みがある。もともとはアントシアニンの紫色が強まる特徴があったが、浅漬け好きの西さん、漬け上がりの緑色が鮮やかになるように、アントシアニンの少ない株を選抜しながら自家採種を繰り返してきた。

長く漬けて本漬けにするには、アントシアニンは酸化を抑える効果があって好都合。しかし浅漬けは、新鮮な緑色でこそ食欲をそそる。アントシアニンが多いとどうしても色が暗くなってしまうのだ。

浅漬けは市内7か所のインショップで販売。原塩（あらびき天日塩）を溶いた水に一晩漬けるだけ

タカナ・カラシナ三種混合刻み漬け

西さんが理想とするタカナ・カラシナの条件は、葉が広く、厚みがあり、葉柄が丸くなくて平べったいこと。そしてやわらかくて適度な辛みがあることだ。葉柄の形まで気にするのは、平べったくないと、地元のお客さんが「これはタカナじゃろかね？」と警戒して買ってくれないからだ。

タカナと聞けば、人吉市の人が思い浮かべるのは三池高菜。おいしいのは三池高菜で、ほかのまがいものはおいしくないと固く信じている。だから、西さんも三池高菜はたくさんつくるのだが、アントシアニンの紫色が網目状に葉に入る三池高菜で浅漬けをつくると、色がくすむので本意ではない。漬物好きは年配の人が多いので、固定観念を打ち破るのはたいへんなことだが、新しいタカナ・カラシナの味を地元のお客さんに知ってもらうため、西さん、ここでも飽くなき挑戦を続けている。

最近のヒットはタカナ・カラシナの三種混合刻み漬け。名前のとおり刻んであるので、容器のラップをはがせばすぐ食べられる。こぶ高菜・青ちりめん高菜・大分高菜をミックスした。いずれも緑色が鮮やかで、こぶ高菜の葉柄のコブがシャキシャキした歯ごたえを演出する。これにしま菜（沖縄のカラシナ）を加えた四種混合は辛みが増してなおおいしい。

浅漬けをつくるときはふつうは塩水に一晩漬けるが、刻むのは漬け始めて四～五時間

F1セリホンの葉。もとのセリホンより大きく、やわらかくなった

左側がもとのセリホン、右側がF1セリホン。西さんは、農業高校の教員を退職後、定年帰農

F1大葉高菜（セリホンが花粉親）の葉。もとの大葉高菜より小さくなった

たったとき。やわらかくなる直前くらいが包丁をいちばん使いやすいからだ。そのあともう一度塩水に漬け、落とし蓋を置いて、その上に小さい重しをしておく。翌朝、塩抜きのために水洗いして、ギュッとしぼってパック詰め。これでできあがり。

次々播いて収穫期を広げる

選抜を繰り返しながら自分で種を採れば、自分の畑に合った品種、気に入った特徴の品種、自分の畑用品種を育てることができる。アブラナ科なら、比較的簡単にオリジナルF1種をつくることだって可能だ。そして西さんが「自家採種であればこそできる」と考えるのが、ほかの人がとれないときのタカナ・カラシナの収穫、浅漬け販売だ。

自家採種では種がたくさんあるので、春先（二月中旬）から秋（十一月初め）までいつでも播ける。失敗は怖くない。八月盆明けに播けば、ふつうはまだ誰もタカナ類を収穫していない十月初めから浅漬け販売が可能。昨年の十月は、浅漬けだけで一か月に三三万円の売り上げになった。

また十二月になると、一般にタカナ類は大きくなりすぎるので古漬け用になるのが多く、インショップや直売所に並ぶ漬物は白菜が増える。しかし九、十、十一月と播種を続ける西さんは浅漬けを売れる。

夏のタカナ・カラシナ栽培

一般にF1品種は生育が旺盛になる。たとえばF1セリホンともとのセリホンをいっしょにつくれば、播種時期が同じでも長くとれる。もとのセリホンにF1セリホンを三分の一から半分交ぜてスジ播きするとなおおもしろい。F1は強いから密植状態でも早く大きくなる。それを間引きの要領で収穫すると、もとのセリホンが大きくなる。小面積でたくさんとれる。

夏は、タカナ・カラシナに限らず葉ものが少ない時期だから、とにかくよく売れる。インショップに朝・昼・晩と一日三回浅漬けを運んでも全部売れる。

そのために自家採種が役立つのは、沖縄のしま菜やセリホン、イラカブのような、暑さに強いカラシナの種をふんだんに確保できることがひとつ。しま菜は春に播くとすぐトウ立ちしてしまうが、六月下旬以降に播けば、暑さに強い特徴を生かして七～八月収穫が可能。土がやせているほど塔立ちしやすいので、窒素肥料を多めにすることもポイント。

それに、豊富な種を生かしてバラ播き栽培することで、雑草を抑えられる。高温や乾燥で生育不良になる時期でも、栽培の可能性が高まるのだ。一般には、タカナ類は株播き栽培されるが、種は豊富にあるから惜しげもなくバラ播きできる。密植状態では「拡大再生産・競合現象」が起こる。すなわち、他の株より少しでも先に大きくなった株はますます大きくなり、雑草や遅れて発芽した株の生育を抑えてしまうのだ。それが高温・乾燥に負けない力にも転化する。夏は害虫の被害も多いが、種の量でカバー。

自家採種で地域を元気づける

ただ高温・乾燥対策はまだ万全ではない。オクラなどの背の高くなる作物の陰やナスのウネ溝に播いて成功したこともあるし、前述のバラ播き栽培でもなんとかやれる。しかし西さんには、品種としてもっと暑さに強いタカナ・カラシナをつくりたいという夢がある。

もっとも昨年も一昨年も、夏は、台風や大雨の被害で田んぼのアゼが崩れ、浅漬け販売どころではなかった。そうでなくとも端境期のタカナ・カラシナの栽培は、自分のためというより、地域の高齢農家が楽しく農業を続ける方法の提案、という気持ちが強い。

「誰もつくれない過酷な環境のときに、タカナ・カラシナを収穫するのはおもしろかですよ。笑いが止まりません」

自家採種オリジナル品種による「過酷環境栽培」へ——これが西さんの種採りのテーマだ。タカナ・カラシナは、夏は播種後二五日、ほかの季節でも三〇～五〇日で収穫を始められる。結果が早く出るのが魅力だ。種を採るのも簡単で、西さんは一シーズンに一〇〇ℓ分採ったこともあった。アブラナ科の野菜は、数メートルの株を残して花を咲かせるだけで、何ヘクタールもつくれるほど種が採れる。

病害虫にも比較的強いし、霜にも強い。最近はイノシシやサル、ウサギの害がないことも確信した。さすがにサルも辛いのは苦手らしい。ほかの野菜を囲うように播いたり、ナシ園の棚下に播いたりすれば、野獣よけにもならないか？ なにしろ、種を採ればいくらでも播ける。収穫しないで緑肥にしたってかまわない。西さんの挑戦はまだまだ続く。

二〇〇七年二月号　自家採種で挑戦　タカナ・カラシナの通年浅漬け販売

地元・人吉市の人が大好きな三池高菜。葉のアントシアニンが特徴

変化・ヨーグルト

生活環境教育研究会
鈴木 俊宏
（東京都立農林高等学校）

ここに注意!

- 牛乳の殺菌は80℃以上にならないように。80℃以上になると膜が張りますが、この膜はタンパク質なので、ヨーグルトをつくるタンパク質が少なくなってしまいます。
- 牛乳は保温中、ひっくり返さないように気をつけましょう。
- 乳酸菌がもっとも活発に活動するのは36℃です。できるだけ一定の温度に保つようにしてください。

＊ヨーグルトに入っている乳酸菌は、牛乳中の乳糖や材料中の砂糖を栄養源として、乳酸をつくりだします。タンパク質は有機酸によって凝固する性質があるので、牛乳中のタンパク質は乳酸で凝固し、牛乳（液体）がヨーグルト（固体）になります。

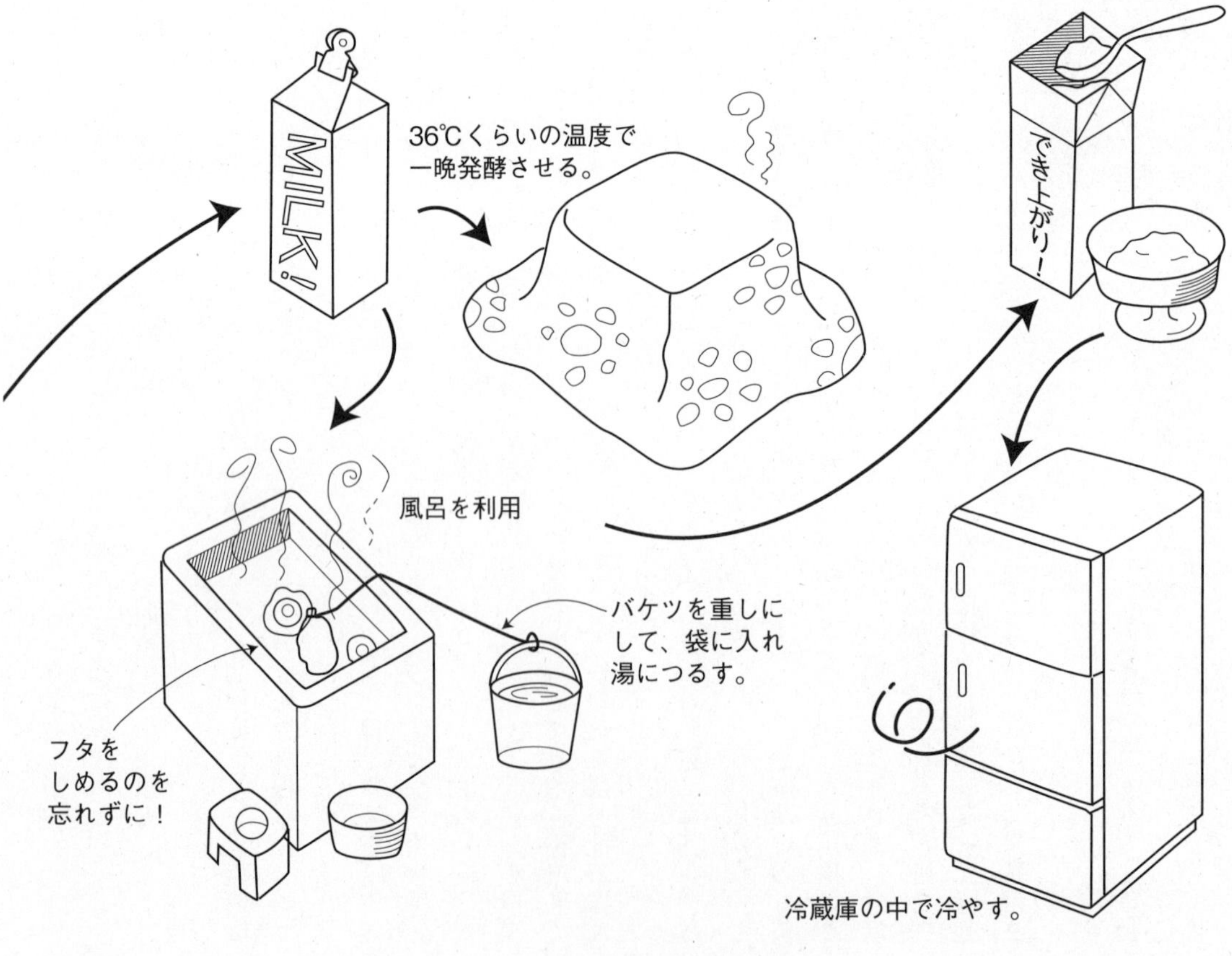
MILK!
36℃くらいの温度で
一晩発酵させる。
でき上がり!
風呂を利用
バケツを重しに
して、袋に入れ
湯につるす。
フタを
しめるのを
忘れずに！
冷蔵庫の中で冷やす。

学校でできる素材加工アラカルト

〈牛乳〉一晩で固体に

液体だった牛乳が、ひと晩でヨーグルトの固まりに変化します。この変化って、子どもには新鮮な驚きです。なにができるかな？　と聞きながらつくってみてください。

材料（500ml1パック分）

牛乳……500cc	砂糖……40g
プレーンヨーグルト（市販）……100g	

つくり方

牛乳 パックは片側だけ開けてそそぐ。

砂糖
そそぎ終わったら口を閉じておく。パックは洗わない。

℃

ナベに牛乳と砂糖を入れ、80℃に加熱して、20分間殺菌する。

こげないように、しゃもじでかき混ぜる。

牛乳を40℃くらいまで冷まし、市販のヨーグルトを入れ、よく混ぜる。

MILK!

もとの牛乳パックに入れて、クリップなどで口をしっかり閉じる！さらにビニール袋にしっかり包む。

ビニール袋

食農教育　二〇〇一年一月号

独自性のあるヨーグルト開発のための乳酸菌の選択

告田幸子（ヨーグルト研究家）

乳酸菌の特性

乳酸菌とは、表1に示すように、ラクトバチルス属、ビフィズス属、ストレプトコッカス属、ペディオコッカス属、ロイコノストック属の五属からなる菌の総称である。嫌気条件下で、乳糖やブドウ糖などの糖を利用して増殖し、その過程で多量の乳酸をつくる菌を乳酸菌と呼んでいる。乳酸菌が最初に発見されたのは一八五七年のことで、フランスのパスツールの研究による。

有名なビフィズス菌は、乳糖やブドウ糖から乳酸と酢酸をつくる。このビフィズス菌は一八九九年ティシェによって母乳児の糞便から発見され、乳幼児の健康の鍵を握る菌として注目された。ヨーグルトを製造するときの乳酸菌は、複数の乳酸菌を混合して用いる。これは、それぞれの乳酸菌の相乗効果で乳酸発酵を円滑にすすめ、バリエーションに富んだヨーグルトをつくり出すためである。

ヨーグルトに使われる各種乳酸菌

ヨーグルトに使われる乳酸菌として、安定して製品を製造する意味でダイレクトカルチャー（高度培養乳酸菌：DVS）のフリーズドライ製品を紹介する。乳酸菌の単位はユニットで表わされる。ユニットとは乳酸菌の活性値で、たとえば五〇ユニットは二五〇ℓの牛乳をヨーグルトにできることを意味している。乳酸菌の種類と特性について、クリスチャンハンセン社の乳酸菌でみてみることにしよう。

YC-180…まずは、YC-180の乳酸菌の製品を紹介する。配合菌種は、ストレプトコッカス・サーモフィラスとラクトバチルス・ブルガリクス、ストレプトコッカス・ラクティスの三菌種が配合されている。この特性は、粘度の高い特性のヨーグルトカードをつくり出し、また、ヨーグルトとしては、マイルドといえるもので、低い酸味を実現するとされている。

ヨーグルトの製造法は、タンク内発酵タイプとフローズンヨーグルトに適している。図1はYC-180を用いたときの発酵温度の違いによる発酵時間とpHの変化を見たもので、pH四・五五になるまでに要する発酵時間は六・五～七時間とされている（四三℃発酵の場合）。

ABY-3…次にABY-3の乳酸菌の製品を紹介する。配合菌種は、ストレプトコッカス・サーモフィラスとラクトバチルス・ブルガリクス、ビフィドバクテリウム・ラクティス、ラクトバチルス・アシドフィラスの四菌種が配合されている。

表1　乳酸菌の分類

菌　属	菌形態	菌の種類	利用または分布
乳酸桿菌属（ラクトバチルス）	桿　菌	ブルガリクス	ヨーグルト，乳酸菌飲料
		ヘルベティクス	チーズ，ヨーグルト，乳酸菌飲料
		アシドフィラス	ヨーグルト，乳酸菌飲料，乳酸菌製剤
		カゼイ	チーズ，発酵乳，乳酸菌飲料，乳酸菌製剤
		プランタルム	発酵食品，サイレージ
		ファーメンタム，ブレビス	発酵産物
ビフィズス菌属（ビフィドバクテリウム）	桿　菌	ブレーベ，ビフィダム，インファンティス，ロンガム，アドレッセンティス	乳児または成人の腸管，発酵乳，乳酸菌製剤
		サーモフィラム，ショートロンガム	動物の腸管
連鎖球菌属（ストレプトコッカス）	双・連鎖球菌	ラクティス，クレモリス	バター，チーズ，ヨーグルト
		サーモフィラス	チーズ，ヨーグルト
		フェカーリス	乳酸菌製剤
ペディオコッカス属	四連球菌	セレビシェ	腐敗したビール，食肉加工
		ハロフィルス	味噌，醤油の熟成
ロイコノストック属	双・連鎖球菌	メゼントロイデス，シトロボラ	発酵食品，デキストラン

注　社団法人全国はっ酵乳乳酸菌飲料協会「乳酸菌って，どんな菌—その特徴と利用性」からの引用

図1　乳酸菌の製品YC-180の場合の発酵温度における発酵時間
（「株式会社野沢組カルチャー」より）

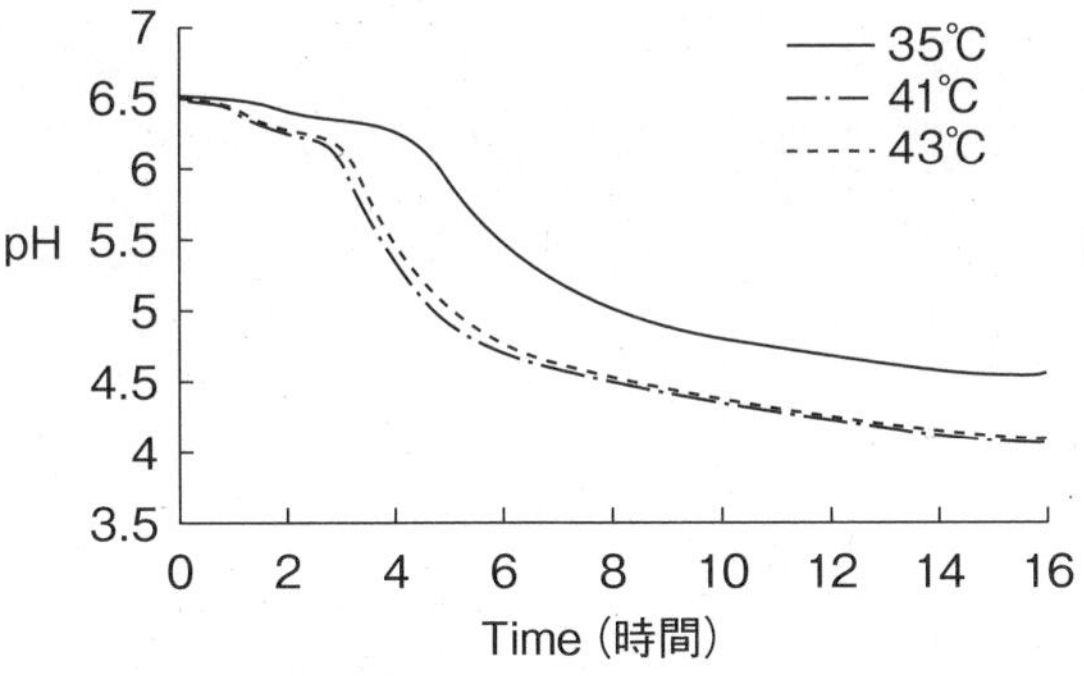

全脂乳＋ 2％脱脂粉乳（85℃ 30分処理）
カルチャー添加量：50u/250 ℓ
乳酸菌活性（参考値）：43℃発酵pH4.55まで，6時間30分〜7時間

図2　乳酸菌の製品ABY-3の場合の発酵温度における発酵時間
（「株式会社野沢組カルチャー」より）

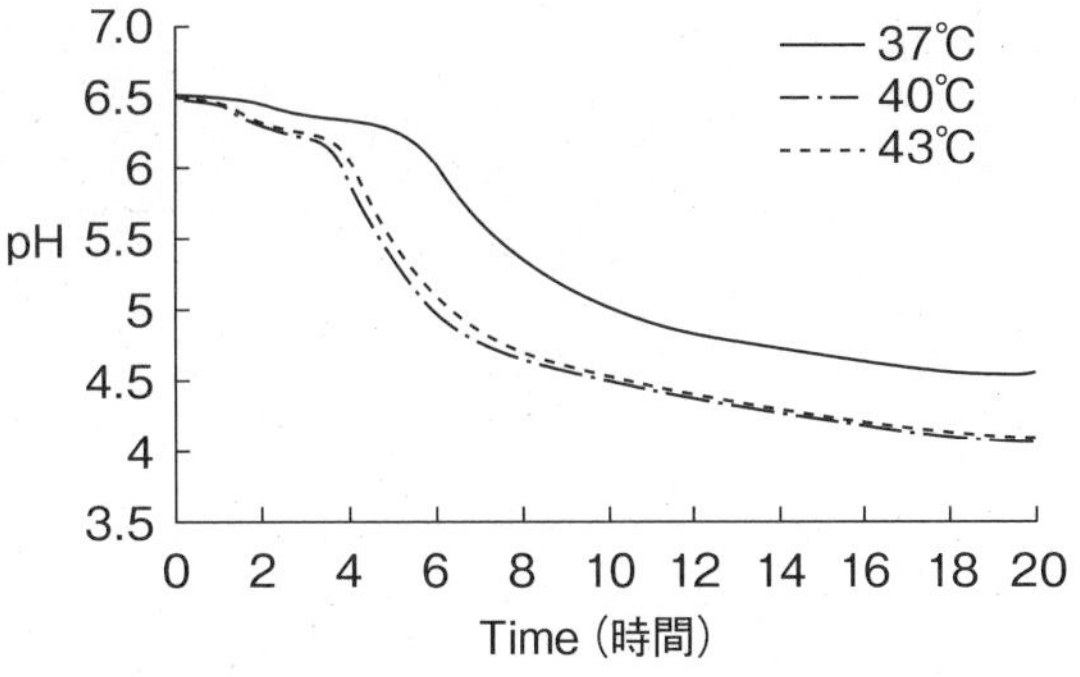

全脂乳＋ 2％脱脂粉乳（85℃ 30分処理）
カルチャー添加量：50u/250 ℓ
乳酸菌活性（参考値）：43℃発酵pH4.55まで，5時間30分〜6時間

ビフィドバクテリウム・ラクティスはプロバイオティックスの効果をもっており、その効果を表示して製造できる乳酸菌である。この特性は、クリーミーでスムーズな口当たりのヨーグルトカードをつくり出し、ブルガリクスを含んでいながら、非常に酸味を抑えた製品を実現するとされている。

ヨーグルトの製造法は、タンク内発酵タイプ、後発酵タイプ（ハードタイプ）とドリンクタイプ、乳酸菌飲料ベースに適している。

図2はABY-3を用いたときの発酵温度の違いによる発酵時間とpHの変化を見たもので、pH

四・五五になるまでに要する時間は五・五〜六時間とされている。

このように、乳酸菌の菌種や数によってそれぞれ特徴のあるヨーグルトができる。たとえば、ラクトバチルス・ブルガリクスは酸味を呈した発酵を良くし、ストレプトコッカス・サーモフィラスはマイルドな酸味である。また、ストレプトコッカス・ラクティスは、粘度の高い特性のヨーグルトカードをつくることができる。

独自性のあるヨーグルト開発のための乳酸菌の選択

独自性のあるヨーグルト開発には、①原料乳の特性、②殺菌方法（殺菌温度と時間）、③乳酸菌（たとえばYC-180とABY-3）、④発酵温度、⑤製造法（たとえば、後発酵タイプかドリンクタイプか）、⑥マーケットのねらい目、などの要素を検討しなければならない。順位に優先性はない。あくまでもこれらの要素の組合わせである。

今回、私たちが開発した「告田幸子のヨーグルト」と「えびの高原ヨーグルト　フローラ」について、その開発のポイントを紹介する。

「告田幸子のヨーグルト」の原料乳は、牧場を指定して直接原料を引き取ることにした。また、引き取った原料乳に合わせた殺菌方法（六三℃で三〇分）で、乳酸菌の選択も量販店にないヨーグルトの開発を行なった。原料乳のフレーバー（風味）は、牛に給与する飼料によって違ってくる。クリーミーなフレーバーをもつものもあれば、穀物臭のするものもある。温度を上げたときに原料乳の穀物臭がにおい立つようでは品質がよいとはいえないが、これを一二〇℃の高温殺菌にすれば穀物臭を消すこともできる。低温殺菌できる原料乳は品質にもすぐれているといえる。

ダイレクトカルチャーのサンプルを数多く集めて、この原料乳と相性の良い乳酸菌を見つけるための試作を繰り返す。ここでは手鍋でサンプルのヨーグルトを実際につくって、試食を繰り返す。また、量販店で販売されているヨーグルトを集めてマーケットの動向を分析する。その結果、酸味を抑えた、濃厚でクリーミーな無添加ヨーグルト（ドリンクと後発酵ハードタイプ）を開発した。

このときの乳酸菌の特徴は、ストレプトコッカス・ラクティスの濃厚なクリーミーさと、ストレプトコッカス・サーモフィラスの酸味を抑えた乳酸菌にあり、それらを配合した乳酸菌製品を選択したことで開発できた。

次に「えびの高原ヨーグルト　フローラ」は、量販店用、特に九州で好まれるであろうヨーグルトにねらいをしぼって開発を行なった。原料乳は、「告田幸子のヨーグルト」のような牧場指定は行なわず、量販店からの販売に対応できる乳量を確保できることを考慮した。殺菌方法は低温殺菌として、品質は落とさないようにした。

ヨーグルトの特性は、九州の暑さを考慮して、酸味があり、後味がすっきりしたイメージである。やはり無添加ヨーグルトであることにはこだわった。このときの乳酸菌の特徴は、ラクトバチルス・アシドフィラスの酸味と、ストレプトコッカス・サーモフィラスの酸味との共生で仕上げた。

私たちの「独自性のあるヨーグルト開発」は、まず原料乳の調査から始めてそれに乳酸菌を合わせてヨーグルトの試作を行なう方法を繰り返す。まずは、自分で試作してみることが大きなポイントになると思われる。

食品加工総覧第六巻　独自性のあるヨーグルト開発のための乳酸菌の選択　二〇〇七年

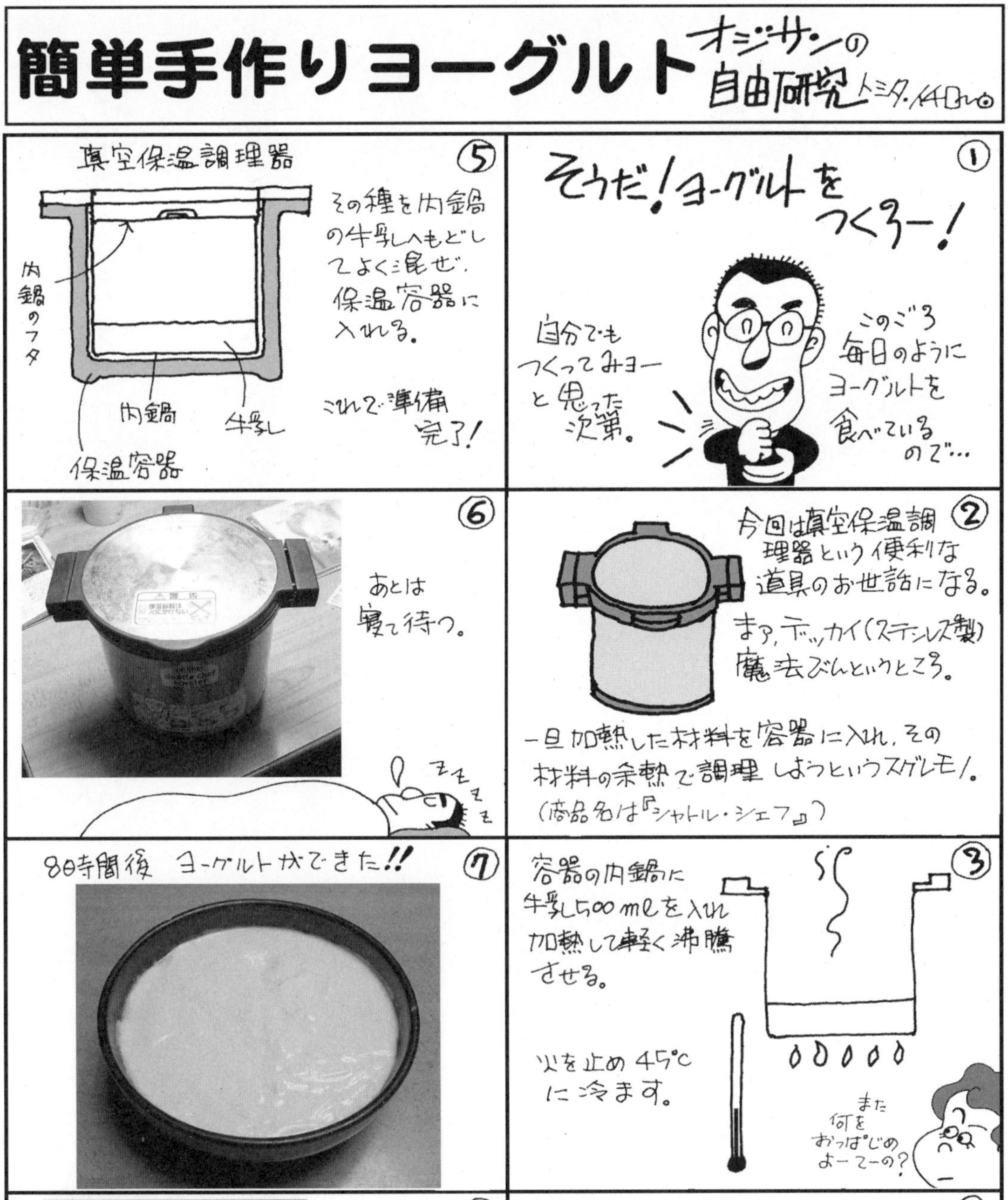
簡単手作りヨーグルト
オジサンの自由研究
トミタ.イチロー
①
そうだ!ヨーグルトをつくろーー!
このごろ毎日のようにヨーグルトを食べているので…
自分でもつくってみヨーと思った次第。
②
今回は真空保温調理器という便利な道具のお世話になる。
まァ、デッカイ(ステンレス製)魔法びんというところ。
一旦加熱した材料を容器に入れ、その材料の余熱で調理しようというスグレモノ。
(商品名は『シャトル・シェフ』)
③
容器の内鍋に牛乳500mlを入れ加熱して軽く沸騰させる。
火を止め45℃に冷ます。
また何をおっぱじめよーてーの?
④
市販のプレーン・ヨーグルト大さじ3杯に、この牛乳大さじ3杯を入れて混ぜる。
プレーンヨーグルトで種をつくろう
⑤
真空保温調理器
その種を内鍋の牛乳へもどしてよく混ぜ、保温容器に入れる。
内鍋のフタ
内鍋
牛乳
保温容器
これで準備完了!
⑥
あとは寝て待つ。
ZZZZ
⑦
8時間後　ヨーグルトができた!!
⑧
これにお隣さんから頂戴したコケモモのジャムを入れ食します。
うまい!

食農教育 2006年3月号

あっちの話こっちの話

漬物石は小石がいい

小松麻美

岩手県奥州市の漬物名人、高橋リツさんが、漬物をムラなく漬けるコツを教えてくれました。秘密は漬物石。リツさんは、大きな漬物石の代わりに適当な小石を川原でたくさん拾ってきて、スーパーの袋にたくさん積めたものを使います。

小石なら、微妙な重さの加減も簡単にできるし、広げて置けばまんべんなく重さがかかるからいいのだそうです。こうして作ったリツさんの十八番「きゅうりのオカラ漬け」は絶品です。

二〇〇七年十二月号　あっちの話こっちの話

誰でもできるヨーグルト作り

静岡県細江町　名倉敏子

『現代農業』、その他数々の農文協の本をたいへん興味を持って愛読させてもらっている農家の嫁です。農業が好きで、農家に嫁いで三十二年になります。いろいろな本を参考にしつつ、今、米、みかん、野菜（じゃがいも、すいか、トマト、トウモロコシなど）と微生物（EM菌）を使って自分なりに工夫しながら肥料を手作りしています。じつは高校時代から研究が好きで、大きな病院の検査助手をしていたこともあります。そこではじめて微生物の勉強をしました。

そんな私が最近夢中になっているのはヨーグルト作りです。菌の特徴さえわかれば誰でも簡単に作れるので、近所のお母さん方からも「レシピを教えて！」と好評です。

作り方は簡単で、牛乳と市販のヨーグルト（明治のLG21が特にいい）、鍋、発泡スチロールの箱、ラップさえあればできます。

まず鍋と発泡スチロールの箱を湯沸かし器のお湯の最高温度（七五℃くらい）でかけて殺菌します。鍋に牛乳を入れて人肌に温め、そこにヨーグルトを少しだけ（材料の五％くらい）加えて混ぜ、ラップできっちり蓋をします。

発泡スチロールの箱に半分くらいのお湯（やはり七五℃くらい）を入れ、そこに先ほどの鍋を浮かべて蓋をします。三時間もすればおいしいヨーグルトのできあがりです。夏場なら、お湯に入れずに常温でもできます。

ヨーグルトは乳酸菌の働きで作られます。大切なことは、乳酸菌がよく働くように他の雑菌を入れないようにすることと、乳酸菌は空気のないところが好きなので、菌を入れた容器を密閉することです。

食べものの飲み込みが悪くなったおじいさんもヨーグルトなら食べられるので、介護にもずいぶん役立ちました。ただし、「いい菌」だからといって増やしすぎるのはやはりよくありません。なんでも食べ過ぎは体に毒。バランスが大切なのです。

畑も同じで、EM菌ばかり増やせばいいわけではありません。だから肥料も畑の様子を見ながら、菌の特性を考えて作ります。

菌を入れてしばらく待ち、「さあどんな様子になっているかな？」とワクワクしながら覗くのは、ヨーグルトでも肥料でもとても楽しみです。若い人たちにもぜひこの楽しみを知って欲しいと思っています。

二〇〇五年七月号　読者のへや

Part 3

酢酸発酵

柿酢・穀物酢など

畑の一角で柿酢を仕込む愛知県・河部義通さん
（撮影　赤松富仁）

酢酸発酵の主役である酢酸菌は、ふつうの微生物は生きていけない高いアルコール濃度のなかで活躍し、アルコールを酸化して有機酸をつくり出す能力をもっています。その有機酸こそ「酢」です。上手にできたどぶろくが、いつの間にか酸っぱくなっていたという経験をお持ちの方も多いことでしょう。まさにそれが酢酸発酵です。ＰＡＲＴ３では、もっとも酢になりやすい柿を素材にした発酵食品のほか、酢酸発酵の世界を取り上げました。

秋の果物で酢をつくる

長野県阿智村　寺田信夫

寺田信夫さん。柿酢熟成室の内部（撮影　赤松富仁、以下も）

お酢屋さんを始めた

私が酢づくりを始めてちょうど七年がたちました。サラリーマンをやめて、名古屋からここ長野県の阿智村へ家族で引っ越してきたのが十五年くらい前。しばらく地元の農事組合法人や温泉組合などで働いたあと、「寺田農産加工所」を開業しました。

加工所は、山の間伐材を使って家族四人で三か月ばかりで建てました。おかげで建物自体は五〇万円くらいでできました。大工さんに頼めば倍はかかったでしょう。女房も子どもたちもよくやってくれました。家族共通の一生の思い出です。建物の他には加工用のボイラー、蒸気窯、打栓機、ストッカーなどを購入しました。これらに合わせて三〇〇万円くらいかかったでしょうか。

加工所ではまず、梅肉エキスの製造・販売から始めましたが、現在では酢のほか、紅玉りんごのジャムやブルーベリージャムなど二〇種類の加工品をつくるようになりました。酢は現在、柿酢・紅玉りんご酢・梅酢・粕酢（酒粕からつくる酢）の四種類をつくっています。原料の柿や梅は、地元の農家が無農薬で作ったものを分けてもらっています。紅玉りんごだけはさすがに無農薬栽培されたものがないので、低農薬のものを使っています。

販売の基本は五五〇㎖の瓶詰め。お試しサイズとして三六〇㎖のミニタイプも用意しています。酢の主な売り先は、生協の消費者五〇〇世帯などです。

加工所に酵母・酢酸菌がすみつくほどうまくいく

なぜ酢づくりを始めたかというと、もともと寿司が大好きだったことがきっかけになったように思います。母親が江戸っ子だったこともあり、子どもの頃から手づくりの寿司をよく食べていました。母親が使う酢にも自然に関心が向き、あれこれ注文を付けていました。

初めて試作した酢は柿酢です。最初は要領がわからず、カビにやられて失敗したりしましたが、何度も繰り返すうちに不思議に失敗が減ってきました。コツを覚えたこともありますが、加工所の中に野生酵母や酢酸菌がたくさんすみつくようになったおかげでもあるかもしれません。

家族で建てた寺田農産加工所

酢ができるためには、まず糖が必要です。その糖を栄養源に酵母が働くと糖がアルコールに変わり、アルコールが酢酸菌の働きで酢になるわけです。アルコール発酵がすんだ（ブクブクわくのが収まった）液を糖度計で測ると、原料糖度の六〇％の数値になります。これが発酵の進行具合を知る目安になるでしょう。原材料の糖度を測ることも考えると、酢をつくるには目盛りが四〇度くらいまである糖度計が必要です。

地元でとれる柿や梅でつくった天然醸造酢

柿はビニールの中でつぶす

当初は私も失敗したわけですが、いちばんつくりやすいのは柿酢です。原料の渋柿は完熟すると糖度が三〇度以上になるので、放っておいても野生酵母が活発に働きます。アルコール発酵が始まりやすいわけです。泥や農薬が気になるのでなければ、水洗いもしないほうが、柿の表面に付いている野生酵母がたくさん生かされて発酵がスムーズに進むと思います。

軟らかくなってきている熟柿を、つぶしてから仕込んだほうがうまくいきます。私は、雑菌を繁殖させないようにビニール袋に入れてやります（図）。

アルコール発酵させるあいだは、空気がないほうがいいので桶の口をラップなどで覆い、中心に炭酸ガスを抜くための小さい穴を開けておきます。アルコール発酵が収まってきたらラップを取り、代わりにさらし木綿で覆う。ホコリなどが入らないようにしながら、酢酸菌が働くための空気が通るようにするわけです。

少量ならコタツで保温

ただ、柿は晩秋に収穫して冬に仕込むことになるので、気温が低くなるのが厄介な点です。少量つくるときであれば、仕込んですぐコタツの中などに入れておくとアルコール発酵が急激に始まるので失敗がありません。数日でアルコール発酵が終わり、酢酸菌が働く環境が整います。

もっとも、私の加工所に暖房設備があるわけではありません。ただ、土蔵に近い構造なので、いちばん寒いときでも外気に比べれば四～五℃は高い。気温が氷点下になることはありません。夏は、外気が三〇℃を超えても二八℃くらいまでしか上がりません。

こういう環境だと、冬に仕込んでも、三日もすると激しく泡立ち始めて、アルコール発酵が始まります。酢づくりを繰り返すことでその場所に野生酵母や酢酸菌がたくさんすみつけば、むしろこのくらいの低温・高温に遭いながらつくられたほうが美味しい酢ができるような気がします。

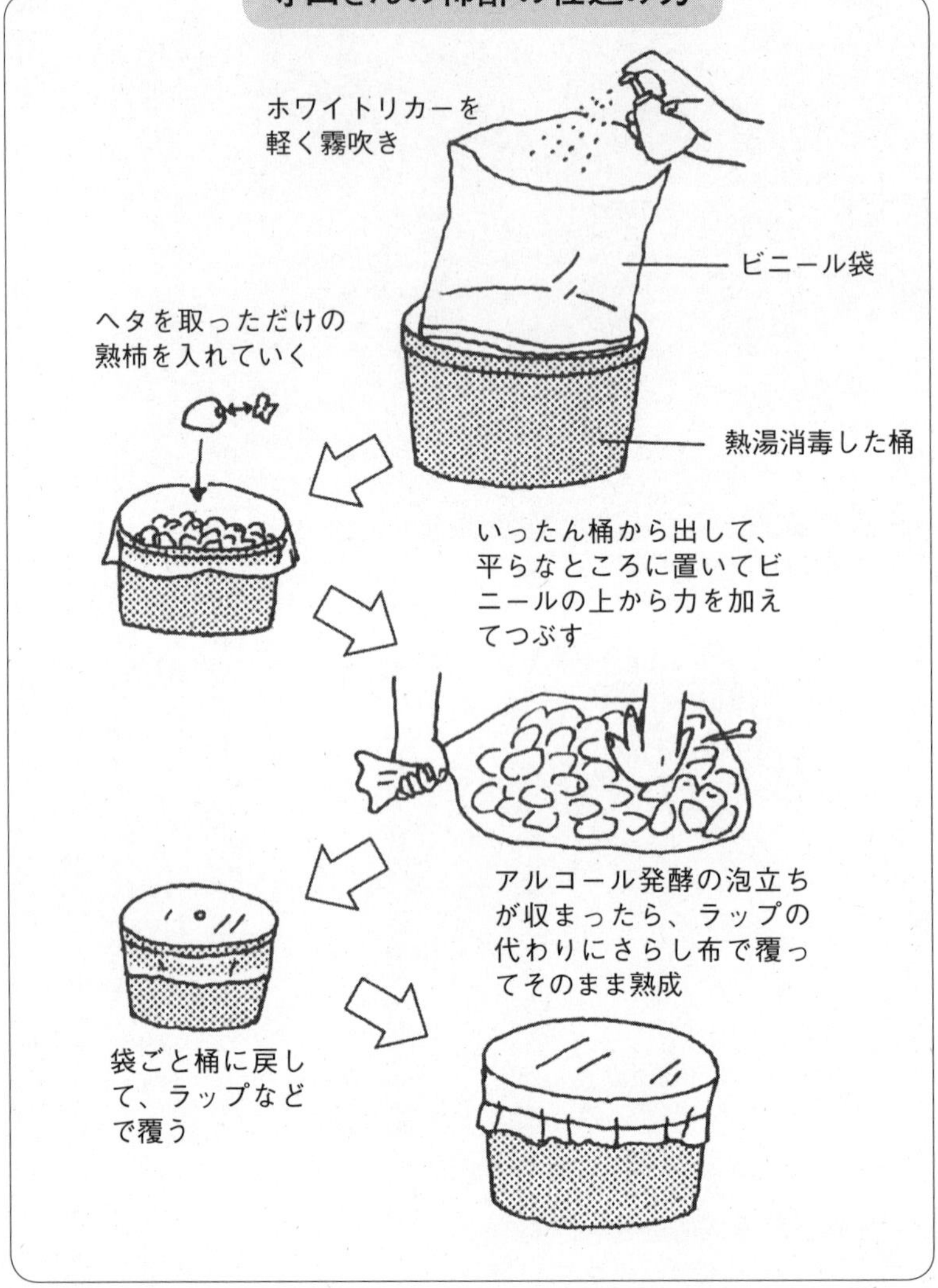
ホワイトリカーを
軽く霧吹き
ビニール袋
ヘタを取っただけの
熟柿を入れていく
熱湯消毒した桶
いったん桶から出して、
平らなところに置いてビ
ニールの上から力を加え
てつぶす
アルコール発酵の泡立ち
が収まったら、ラップの
代わりにさらし布で覆っ
てそのまま熟成
袋ごと桶に戻し
て、ラップなど
で覆う
寺田さんの柿酢の仕込み方

熟成するほど体にいい酢

強烈なアルコール発酵が始まるかどうかは、原材料の糖度にもよります。したがって、柿以外のりんごや梅の場合も、できるだけ完熟させて使ったほうが失敗しにくい。地元の竜峡小梅は柿と同じく三〇度以上の糖度になります。紅玉りんごは一四～一五度くらいです。原料の糖度が一〇度以上あれば、そのまま酢ができるといわれます。柿はつぶして桶に放り込んでおけばいいようなものでしたが、りんごや梅は、ジューサーなどで汁状にして、熱湯消毒した桶に仕込みます。

仕込んで数日たってもブクブクしてこない場合は、種酢として火入れしていない天然醸造酢を原料の四分の一から半分くらい入れて

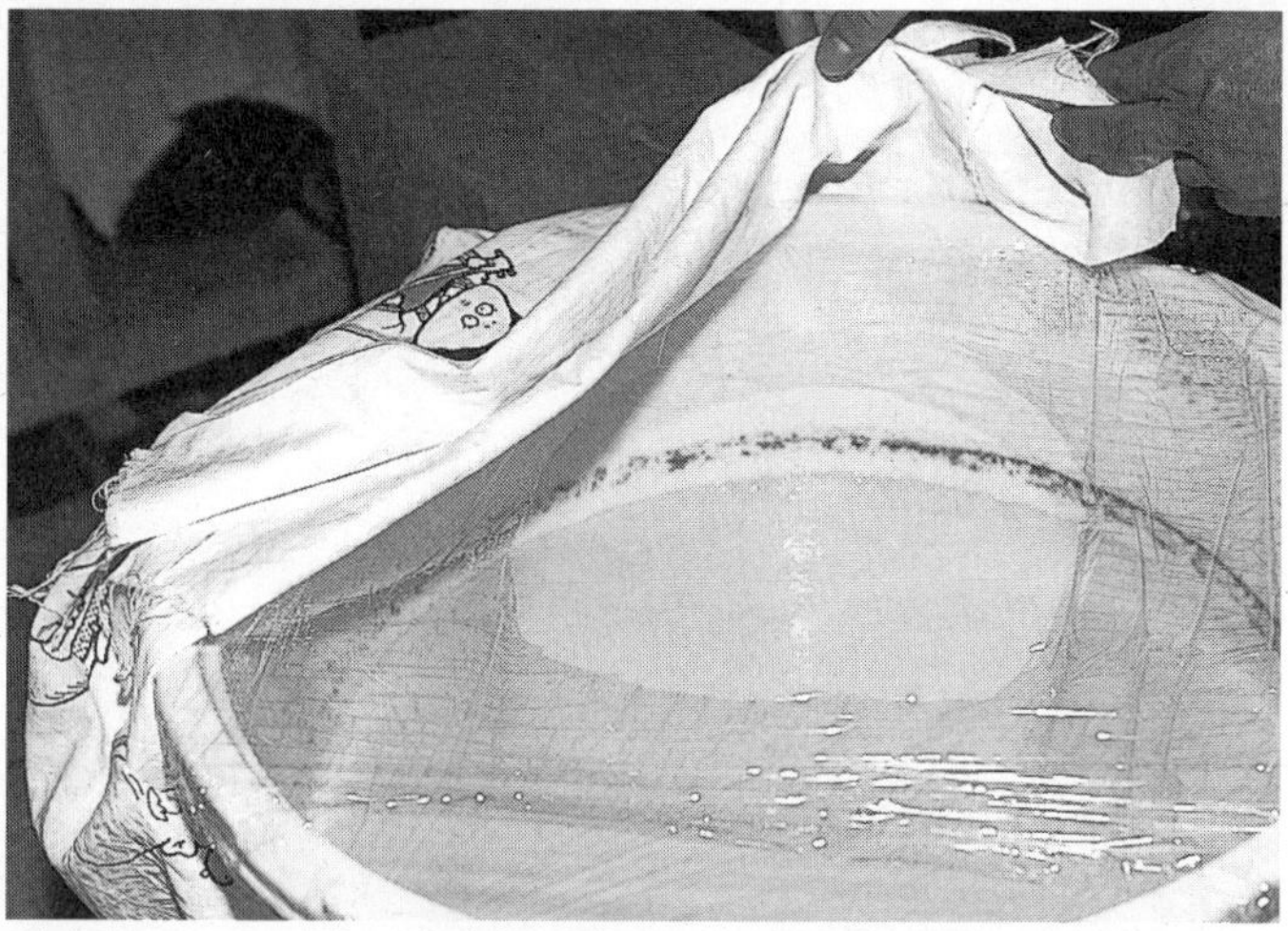

熟成中のりんご酢。酢酸菌が働くには酸素が必要なので、ラップを破いて、さらし木綿を被せておく

やるとうまくいきます。酢酸菌が取り込まれるのはもちろん、天然醸造酢に含まれる糖分も取り込まれ、酵母が元気になります。酵母の敵になる雑菌の繁殖も抑えられます。

要は、だらだらと発酵させないこと。だらだらしているあいだに雑菌が入って駄目になります。ちなみに、私のところで販売しているのは六五℃で三〇～四〇分低温殺菌していますが、菌は生きているので種酢として使えます。今後は、まったく火入れしない生酢も販売したいと考えています。

どの酢の場合でも、アルコール発酵が終わりに近づくと酢酸菌が働き始め、酢のにおいがしてきます。表面には白い酢酸菌膜が張ってきます。こうなったら成功。そのまま熟成させます。

熟成の期間は長ければ長いほど美味しい酢になります。そのあいだに酢臭もまろやかになり、各種の有機アミノ酸含量も増え、体にも有効な成分が増えてきます。私がつくる酢は、短いものでも一年、長いものは二年くらい熟成させてから販売しています。

免許を取るには税務署と保健所に相談

ところで法律では、酒と同様、じつは酢をつくるにも免許が必要です。酒税法に基づく免許なので、税務署の酒税課が窓口です。税務署に酢をつくる工程や売り先などを記入した申請書を提出して免許を受けることになります。酒類と違って、免許を受けるのに年間製造量が××kℓ以上といった基準があるわけではありません。免許は酢の種類別に必要なので、私は六種類取得しました。柿酢・りんご酢・梅酢・麦芽酢・ぶどう酢・粕酢の六種類です。

また、酢をつくるには専用の仕込み室と熟成室を設けることが求められています。こうした施設許可については、保健所の指導を受けることになります。

したがって酢をつくって販売しようと思えば、税務署と保健所に相談することです。税務署でも保健所でも、何回も通って話を聞き、こちらの熱意を伝えれば道は開けてくるものです。

酢をつくる技術のほうも、失敗してもあきらめずに繰り返せば必ずうまくいくはずです。健康によい美味しい酢をぜひともつくってみてください。

何でも相談室

寺田信夫

たくさんの質問をいただきましたが、私も酢づくりをはじめてまだ七年です。現在、柿酢、紅玉りんご酢、梅酢、粕酢の四種類をつくり、おもに生協の消費者五〇〇世帯に販売するまでになりましたが、実は私自身よく失敗しているのです。

酢づくりに対する私の基本的な考え方は、特別な手をかけなくとも酢は自然にできると

糖分があれば何でも酢になる！
原料は何でもOK。
糖度15度以上なら、
まず失敗しません
カキ
リンゴ
ウメ
ミキサーなどでつぶしてから
ビニール袋でつぶしてから
仕込む
ワタシたち、ボクたちが
働くから
種菌はいりませーん！
密閉できる容器
果実表面の
酵母
そこかしこにいる
酢酸菌

いうことです。三年前の年末、落下したりんごを農家からもらったので、工場の裏にある水槽に何の気なしに浮かべておいたことがあります。年が明け、三月頃、窓からいい香りがしてきました。香りのするところに近づいてみると、りんごと水が自然に反応し、ごく薄い酢ができていました。びっくりしました。古代、酢の発見はこのようなことがきっかけだったのでしょう。

皆さんのご期待にどこまで添えられるかわかりませんが、質問にお答えしたいと思います。

原料の糖度は一五度以上が目安

Q　酢づくりの原料には、どのようなものがいいでしょうか？　熟柿が大量に採れ、人にあげてもあまり喜ばれないので、柿酢にしてみたいと思います。

A　原料は種類を問わず、糖度が高ければ高いほど、よいでしょう。果実であれば、できるだけ完熟させたほうがよい。原料の糖度は、一〇度以上あればそのまま酢ができるといわれていますが、私の経験では一五度以上あればほとんど失敗しません。糖度計があると便利です（二万円くらい）。酢づくりに一番適しているのは柿で、渋柿が完熟すると糖度が三〇度以上になります。一般に甘柿は渋柿よりも糖度が低く、失敗することが多い。柿はつぶしてから、りんごや梅はジューサーなどで汁状にしてから仕込みます。

Q　仕込みには酵母菌や酢酸菌などの種菌が必要でしょうか？　試しに柿一kgにドライイースト小さじ二分の一を加え、かき混ぜてみましたが…。

A　種菌は特に必要ありません。果実の表皮には野生酵母がおり、泥や農薬が気にならなければ、水洗いしないほうが発酵がスムーズに進みます。酢酸菌もそこかしこにいます。どうしても種菌を加えたければ、先行してつくって、発酵が強く良好に進んでいるものの表面や、発酵が落ち着いたものの酢酸菌膜を金網などですくい取り、それを移します（沈まないように、そっと浮かべる）。仕込んで数日たってもブクブクしてこなければ、種酢

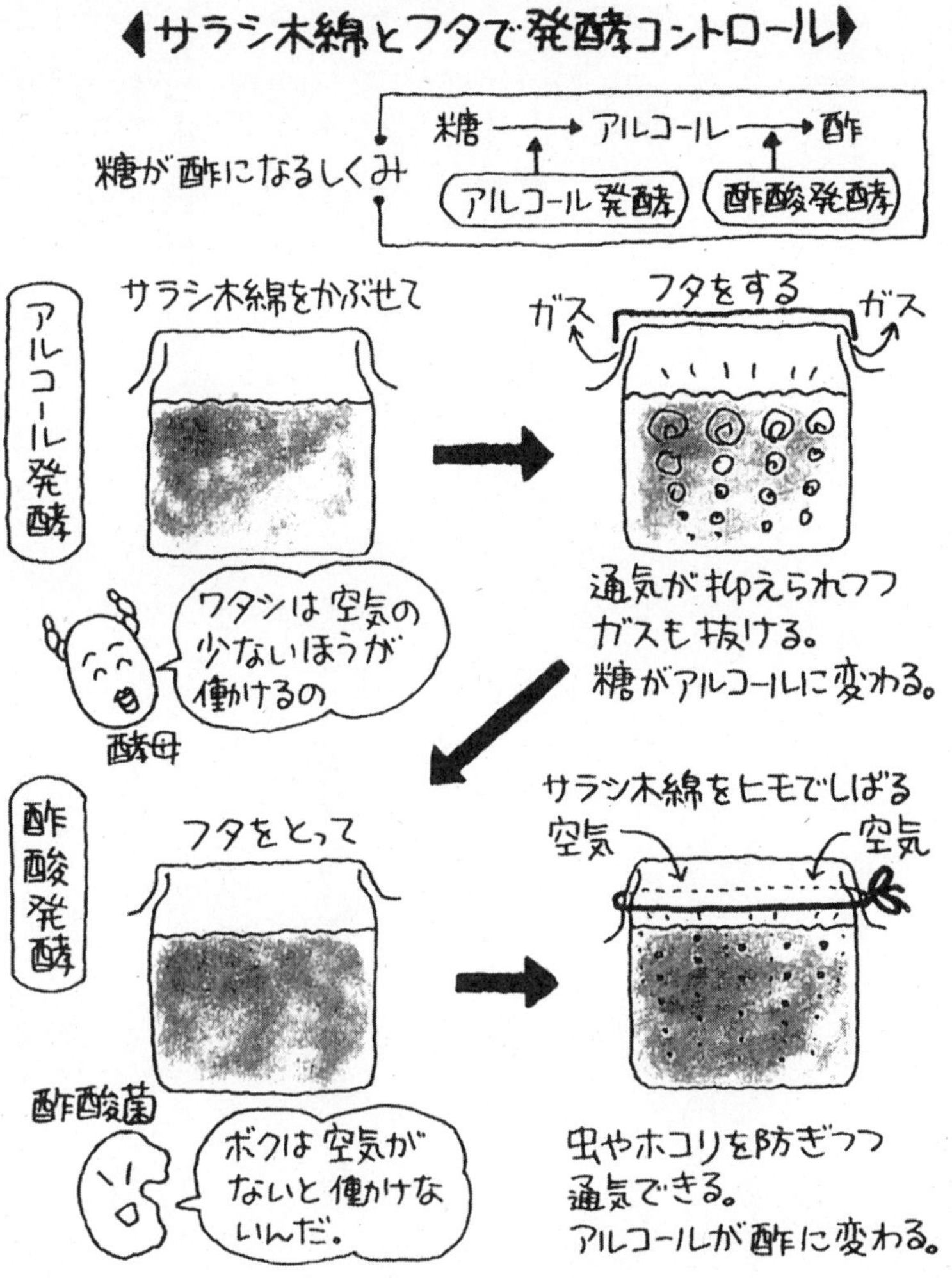
サラシ木綿とフタで発酵コントロール
糖が酢になるしくみ
糖→アルコール→酢
アルコール発酵
酢酸発酵
アルコール発酵
サラシ木綿をかぶせて
フタをする
ガス
ガス
通気が抑えられつつ
ガスも抜ける。
糖がアルコールに変わる。
ワタシは空気の
少ないほうが
働けるの
酵母
酢酸発酵
フタをとって
サラシ木綿をヒモでしばる
空気
空気
酢酸菌
ボクは空気が
ないと働けな
いんだ。
虫やホコリを防ぎつつ
通気できる。
アルコールが酢に変わる。

として天然醸造酢を入れてもよいでしょう。酢酸菌が入るだけでなく、含有糖分で酵母も元気になります。

寒い時期に暖かくて静かなところで

Q　酢はいつ仕込んだらよいのでしょうか？寒い時期がよいと聞きますが、それでは発酵が進まないような気がします。

A　酢は寒くなる前に仕込み、春のまだ肌寒い頃までにつくると失敗しません。一年中でこの時期が一番酢づくりに適しています。発酵そのものの進みは遅いですが、柿酢は特によいものができます。ただし、最初のアルコール発酵は早く強く進める工夫が必要です。アルコール発酵をだらだらさせなければ雑菌も少なくなり、酢酸発酵も自然とうまくいきます。春には自然と酢になっています。

Q　仕込んだら、どこで発酵させればよいでしょうか？　発酵がよく進むよう、温度の上がりやすい縁側に置いていますが、何かと邪魔になります。

A　縁側などでなくても、なるべく暖かくて静かなところならよいでしょう。内装が土壁や国産材の部屋が一番です。いつも同じところで酢をつくり続けると、有効菌が環境中に増えてきて失敗が少なくなります。私の場合は地元の間伐材を使った六坪の簡易土蔵です。特に、酢酸菌は振動に弱いので、近くに道路があって通行量も多いところや、頻繁に人が出入りするようなところは避けます。

最初は密閉し、それから通気する

Q　仕込み後、蓋はどうしておくのが一番いいのでしょうか？　密閉したほうが発酵が進むようですが、中にガスが充満して容器が破裂しそうです。

A　きれいに洗ったサラシ木綿を容器に被せ、最初は通気性を抑えるために蓋をします。密閉度が高いので発酵が強く進み、ガスは蓋と容器の隙間から抜けます。アルコール発酵が終わったら蓋を取り、あとは虫やホコリが入らないようサラシ木綿をひもで縛っておきます。

アルコール発酵はなるべく早く強く

Q　柿を収穫し、すぐにつぶして仕込みましたが、温度が低いせいか発酵しません。温度を上げるにはどうすればよいでしょうか?

A　酢づくりは寒い時期が適していますが、アルコール発酵だけは強く早く終わるよう工夫しなければなりません。そのため、コタツなど（二〇℃くらい）を使うのが便利です。中に容器が入るように足をはかせ、三〜七日かけて発酵させます。ときどき一番温まるところと、そうでないところに置いた容器を置き換えると、全体がそろいます。ちなみに、私がはじめて柿酢をつくったとき、コタツの足に子供の漫画雑誌をはかせてうまくいきました。

Q　柿を仕込んだら上のほうが黒くなりました。取り除いたほうがよいでしょうか?　表面に白、青、茶色のカビが生えたのですが、大丈夫でしょうか?

A　原料が渋柿の場合、よく表面が黒くなりますが、ニオイをかいでみて悪くなければ問題ありません。カビも不快なニオイでなければ問題ありません。もし気になるようなら、熱湯消毒したゴム手袋ですくって捨てます。不快なニオイのするカビでも、症状が軽ければ、細かい網ですくい取り、残った液は熱湯消毒した容器にきれいなサラシ木綿を被せて漉してやると、生き返ります。

酢酸発酵はゆっくり静かに

Q　最初はブクブクと勢いよく発酵しましたが、その後、静かになってしまいました。大丈夫でしょうか?

A　アルコール発酵が終わりに近づくと酢酸菌が動き始めます。酢酸菌は振動を嫌うので、静かに見守ります。しばらくすると酢のニオイがし始め、表面に白い酢酸菌膜が張ってきたら成功です。何回かサラシ木綿の上から香りをかいでみて、よい香りであれば開けてみる必要はありません。香りを確認するだけですが、酵母や酢酸菌にもこちらの気概が伝わるような気がします。

Q　「コンニャク」（半透明状のブヨブヨしたかたまり）ができれば成功と人から聞いていましたが、いつまでたってもできません。失敗でしょうか?

A　問題ありません。私の酢づくりでもコンニャクはできませんが、きちんと酢になります。コンニャクが分厚くなって空気を遮断し、かえって酢づくりに適さないように思います。

酢の保存は通気を最小限にする

Q　できた酢はどのように保存したらよいでしょうか?　プラスティックの容器に入れてもよいでしょうか?

A　容器の口にサラシ木綿を被せて蓋をしておきます。サラシ木綿を被せるのは空気の出入りを最小限にするため、虫やホコリを防ぐためです。私の場合、容器は「常滑焼」のツボです。熟成期間は長ければ長いほど美味しい酢になります。プラスティック容器などに長期間保存するのはやめたほうがよいと思います。酸によるプラスティックの溶け出しが心配です。

寺田農産加工所
長野県下伊那郡阿智村智里二二三八八—五
TEL〇二六五—四三—三七二八

二〇〇二年九月号　地元の果実で造った体にいい酢、売ってます／二〇〇三年九月号　何でも相談室

柿酢

柿の実を丸ごと発酵、熟成

小池芳子（小池手造り農産加工所有限会社）／本田耕士（柑風庵編集耕房）

小池手造り農産加工所の果実酢

柿任せで人の手は加えない

当加工所でつくる柿酢は、地域の特産である市田柿という渋柿を利用している。干し柿には適さない軟らかい柿の実を原料に、その柿を丸ごとタンクに仕込んで、自然の力に任せた柿酢づくりである。昔から農家で行なわれていた、かめに柿の実をそのまま入れて、自然に酢になっていくのを見守る方法と基本的には同じである。この方法の特徴は、タンクに柿を丸ごと詰めたまま放っておき、かき混ぜるとか、菌を添加するというような人の手を加えない点にある。

じっくり発酵・熟成させる

そのため、仕上がりは仕込み時からの天候に大きく左右されることになる。仕込み時期の気温が暖かく経過すれば、一年を待たずに柿酢ができる。しかし気温が低く寒い状態で経過すれば、ふた夏を要することもある。それだけ時間をかけて、じっくり発酵・熟成させ、風味のある柿酢づくりを行なっている。

二段ろ過でおりをとる

また果実酢は全体にそうなのだが、おりが多いのが特徴である。とくに柿酢の場合、それが顕著で、他の果実酢に比べても格段におりが多い。柿を丸ごと仕込むことも影響しているかもしれないが、ろ過してびん詰めして

図1　柿酢づくりの加工工程

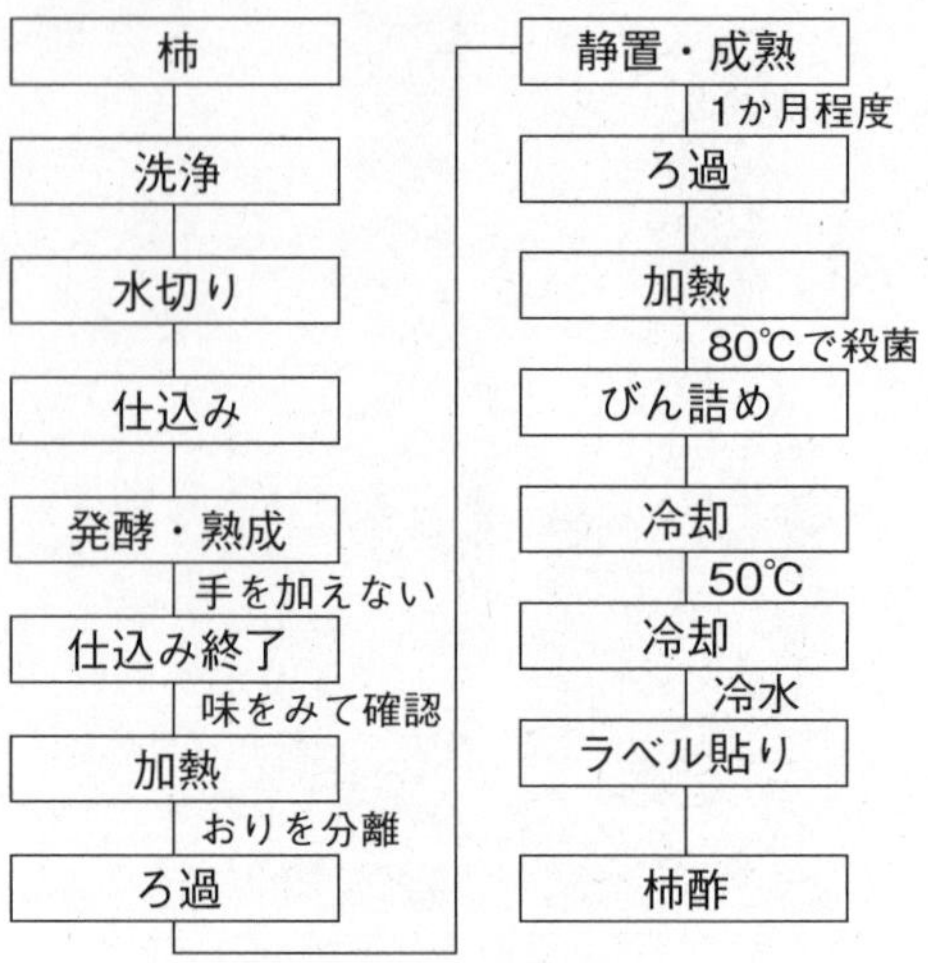
柿
洗浄
水切り
仕込み
発酵・熟成
手を加えない
仕込み終了
味をみて確認
加熱
おりを分離
ろ過
静置・成熟
1か月程度
ろ過
加熱
80℃で殺菌
びん詰め
冷却
50℃
冷却
冷水
ラベル貼り
柿酢

原料：熟し柿600kg
仕上がり量：柿酢300ℓ

製品にしてからもおりが底にたまってくる。

　そこで、当加工所では柿酢ができたらろ過をしてから一か月ほど静置・熟成させておりを下げ、さらにその柿酢を再びろ過してからびん詰めしている。このようにすることで、柿酢のおりのかなりの部分を取り除くことができるようになった。

　おりがたまるということは、果実をそのまま発酵させてつくった果実酢であるという証拠である。しかし、舞い上がるほどおりがたまってしまっては、商品の外観を損ねてしまう。その点、当加工所の柿酢は、透明感のあるグレードの高い加工品となっている。

干し柿にできない熟し柿を使う

　甘柿でも渋柿でも、柿に十分な糖度があれば柿酢に加工することができる。

　私の地域には市田柿という干し柿用の渋柿があるので、柿酢の原料にはこの市田柿を使っている。市田柿は皮を剥いて干し柿に加工するのだが、果肉が軟らかくなって熟したものは、うまく皮が剥けないために規格外となる。そのような柿は干し柿に加工するには向かないが、糖度が高いので柿酢づくりには非常に適している。酸度も高く、風味のよいおいしい柿酢になる。柿酢の原料としてもっとも都合の悪いのはまだ若い未熟な柿である。

　原料の柿は多少傷がついていたり、表皮に黒いスジのようなものがあったりしてもかまわない。それだけ柿自身のもっている柿酢になる力は強いのである。だから基本的に原料のトリミングは必要ない。

　また、柿は丸ごと仕込むので、農薬が使用されていないものを使う。健康食品として飲んでもらう柿酢に農薬は似合わないからだ。柿酢は柿が原料で、それ以外に必要ない。熟した糖度の高いものを使うことで、発酵して十分な酸度の柿酢になる。

柿酢加工手順

　柿酢のつくり方の手順を図1に示す。私の行なってきた方法は、基本的に柿に任せて柿酢をつくるという方法である。仕込みから柿が発酵して柿酢になるまで、原則として手入れはしない。してはならないことをしなければ、だいたい五度くらいの飲みやすい酸度のおいしい柿酢をつくることができる。

仕込み…原料の柿はコンテナに入れ、水槽に浸け、引き上げて水を切る。原料の洗い方はこのくらいでよい。雑菌はよくないが、果実に付いている酢酸菌や酵母などの有効菌をすべて洗い流すほど洗ってはいけない。

　柿の発酵の力に依拠した柿酢づくりでは仕込みには柿を丸ごと使う。皮も剥かないし、ヘタもそのままでよい。果実を潰してジュースにすることもしない。

　柿の実をそのまま発酵タンクに仕込んで、柿のもっている力で酢酸発酵を進める。秋に木になっている柿の実が軟らかくなって果肉が酸っぱくなっていることがあるが、あのような状態を発酵タンクの中で進めることで柿

図２　柿酢をつくるタンクへの仕込み

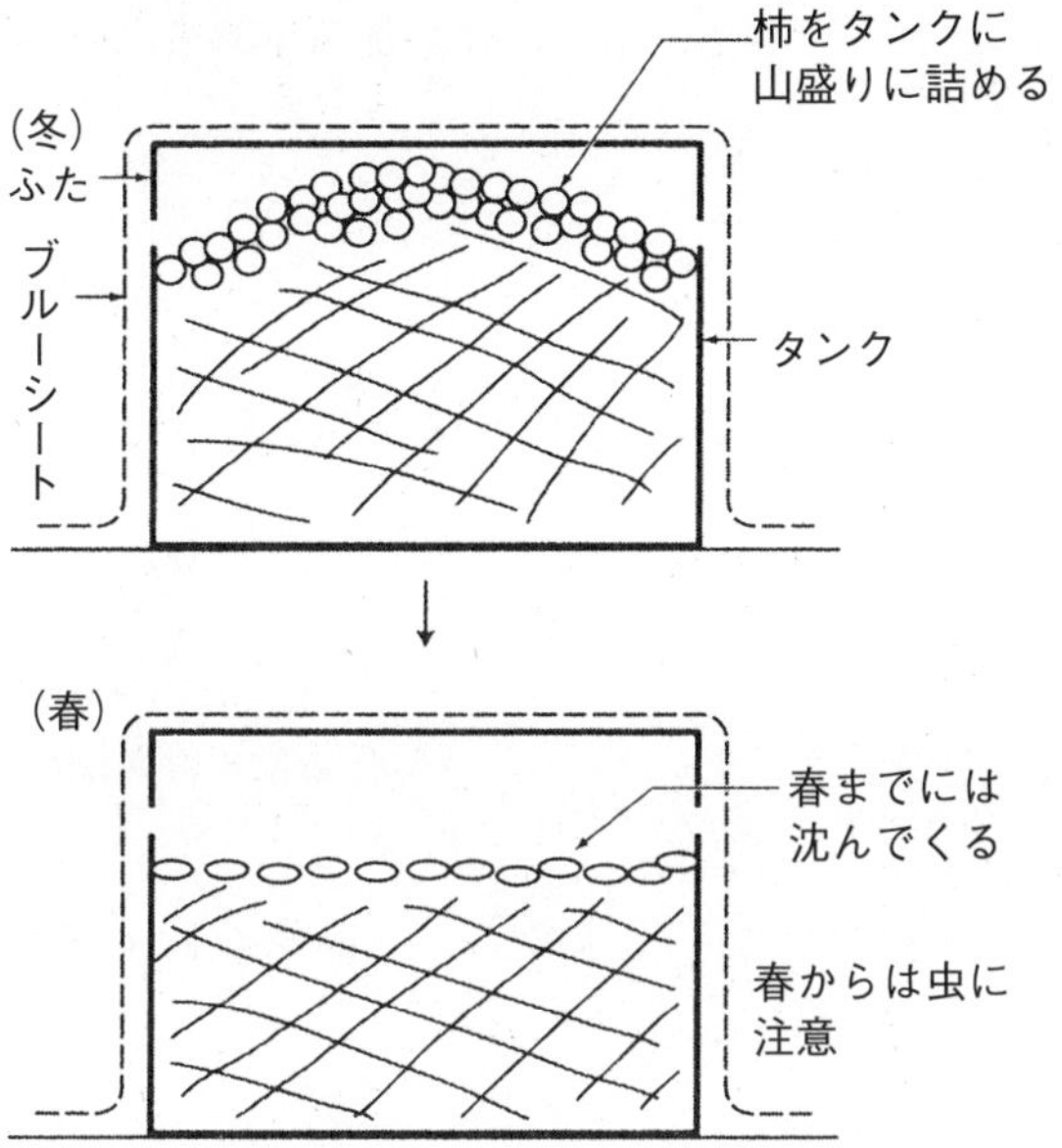
（冬）
ふた
ブルーシート
柿をタンクに
山盛りに詰める
タンク
（春）
春までには
沈んでくる
春からは虫に
注意

酢をつくっていくのである。だから、ヘタを取ったり皮を剥いたりする必要はない。仕込みのときは柿を丸ごと仕込むこと。これは柿のもっている酢になろうとする力と自然にある酢酸菌の力を生かして酢づくりをする場合のポイントだと思う。

私は発酵タンクとしてプラスチック製の一tタンクを使っている。仕込み時の手順は、軽く洗った柿をこのタンクに山盛りに詰め（約六〇〇kg）、タンクの蓋をかぶせる、という方法で行なっている。仕込み時期は十二月になるので、山盛りにしておいても虫がつくこともない。柿はだんだん潰れてくるので、冬のあいだにタンクの縁より下に沈んでしまう。（図２）

発酵当初はそんなに空気はいらないのだが、本格的に酢酸菌が活躍して酢をつくりだしてくると十分な空気が必要になる。酢酸菌は好気性の菌で、空気が大好きなのである。しかし、空気が大好きだからといって外気に対して開けっぴろげでは、虫が発生して腐ってしまう。仕込み時期の冬に山盛りでも冬のあいだに沈んで蓋が閉められるようにしておけば、虫の発生を抑えることができる。さらに、保温も兼ねてタンク全体をブルーシートで覆っておく。この方法で五年ほど行なっているが、これまで大きな失敗はない。

柿酢づくりはお天気に左右されるのがつねである。天候の加減で一年で風味豊かな柿酢ができることもあれば、七～八か月と比較的短期間に熟成が進むこともある。あるいは、二年近く経ってもなかなか酸っぱくならないこともある。

柿の仕込みが十一～十二月という寒い時期だから、酢ができるのは早くても、翌年の夏を過ぎてからになる。遅ければふた夏越すこともある。仕込み時の気温が高ければ早く仕上がるし、寒ければ時間がかかる。冬場に発酵タンクにビニールハウスをかける、電熱線を通したタンクを使って冬場でも保温してやる、タンクの外側を断熱材で覆って温度を確保する、といった手立てをとれば仕上がりも早くなるのだが、コスト・手間がかかるので当加工所では行なっていない。

もっとも温度は高ければいいというものではなく、夏場の気温より高くしては酢酸菌の活動が鈍ってしまう。発酵タンクの置き場所は、屋外なら暖かいところで少し陽が当たるくらいがちょうどよい。

手づくりの柿酢づくりでは、薄暗い蔵はタンクの置き場としては不適当である。蔵の中には光も入らないので、かめの温度が上がらない。そのため発酵するだけの温度が得られない。当然のことながら、なかなか酢にならない。

発酵・熟成

発酵の過程で液面に白いコンニャク状のものができる。当加工所で一tタンクで仕込んだような場合は、このコンニャク状のものは一cmくらいの厚さになる。

図3　時間の経過と柿酢の酸度の変化（イメージ図）

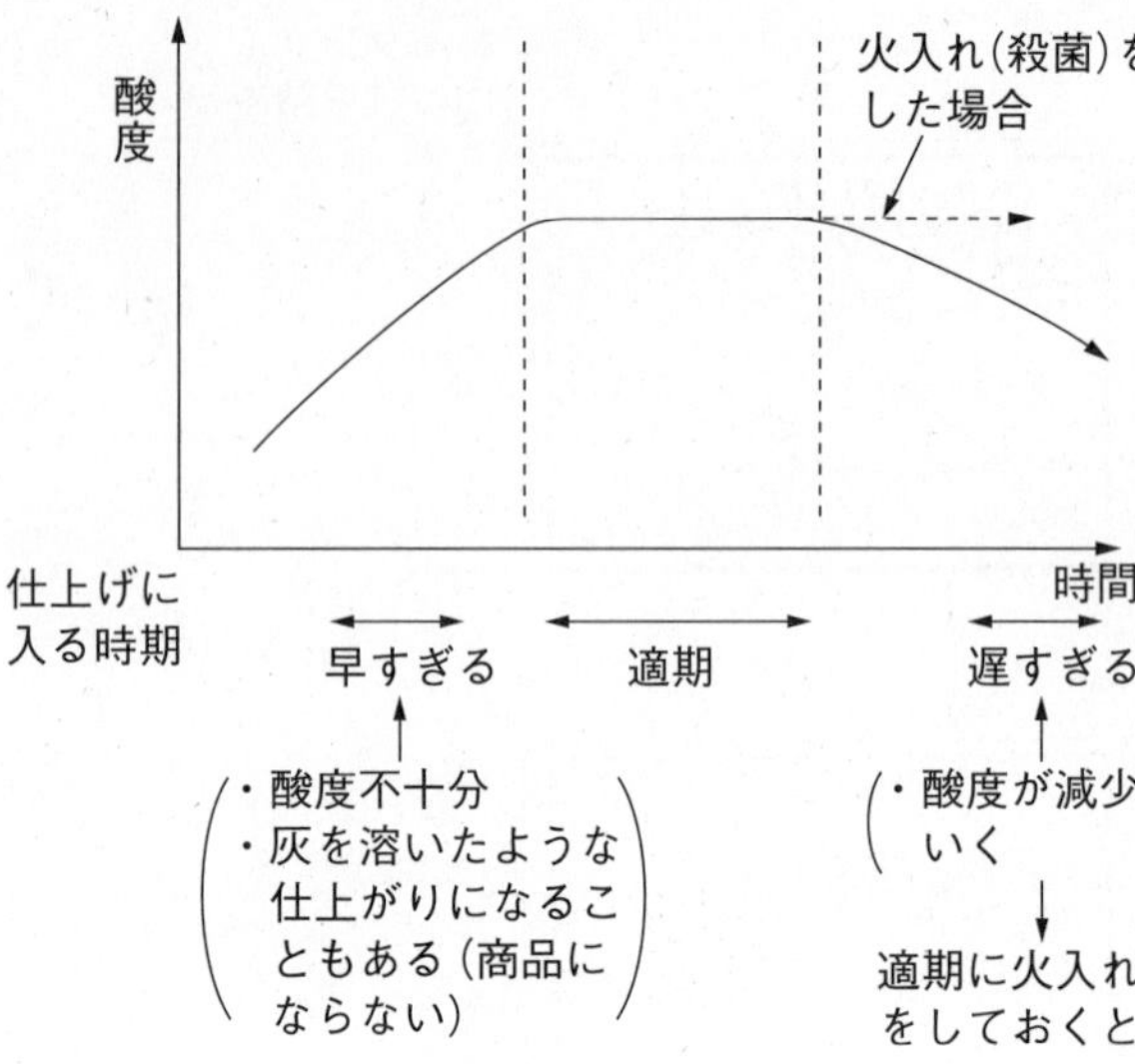
酸度
火入れ（殺菌）を
した場合
時間
仕上げに
入る時期
早すぎる
適期
遅すぎる
・酸度不十分
・灰を溶いたような
仕上がりになるこ
ともある（商品に
ならない）
・酸度が減少して
いく
適期に火入れ（殺菌）
をしておくと防げる

そのいっぽうで、おりもタンクの底にたまるようになる。このおりは果物の渋味や不溶性の繊維質やペクチン質だが、果実酢はこのおりがいつまでも出てくる。商品化にあたってはこのおりを上手に除くことが大切なポイントになる。

柿を仕込んだあとは、そのまま静かにして放っておくこと。酢酸菌は空気を好むから空気に触れさせよう、よくかき混ぜてやれば発酵も進むだろう、と考えてしまいがちだが、そのような手立てが発酵を妨げ、ひどいときには酢にならない。

発酵・熟成中に虫がわくことがある。発酵して表面に浮いてきた皮やヘタは、タンクの中の浮遊物となる。これに虫がつくことがある。そんなときはその部分を取り出して廃棄する。多いのは、タンクの蓋の縁にショウジョウバエが卵を産むことだ。これも見つけしだい、その部分をごみとして取り除くことが大切だ。虫がつくということは雑菌も入りやすいということであり、つねに気をつけて見回りをすること。タンクの中をかき混ぜるような手入れはしないが、タンクのまわりにはつねに目配りをしておくことが肝心である。

仕上がりの判断

柿酢ができてきたかどうかは、液面に白いコンニャク状のものができ、それがだんだん厚くなってくることで判断している。この白いコンニャク状のものができてくると、その下に柿酢ができてきた証拠と考えてよい。

さらに発酵が進むと、この白いコンニャク状のものの厚さは一㎝くらいになってくる。このようになってはじめてタンクの中の柿酢のようすを見ればよい。この白いコンニャク状のものが見られないうちは、柿酢づくりはまだまだということである。

浮遊物の下にたまっている透明な液体が柿酢である。年によって、タンクによって発酵の進み方はちがうのでタンクごとに確かめる。確認のために浮遊物をのけるときは慎重に、下の液と混ざらないようにする。

酢酸発酵が進み、適当な酸度の果実酢ができあがったら、くみ上げて製品に仕上げる。酸度の進み方のイメージを図3に示す。

仕上げに入るためには、柿酢ができて十分な酸度になっていなければならない。柿酢ができるまでに、通常は一年くらい、寒い日が多ければ二年近くかかることもある。工場での製造とちがうので、毎年同じ時期に柿酢ができるわけではない。だから、いつ仕上げに入るかは、仕込んで半年くらい過ぎた頃から、ときどきタンクの蓋を開けて白いコンニャク状のものができているかどうかを確かめるようにする。そして、最終的には液をなめて、十分な酸味が出てきたら仕上げに入るようにする。

このタイミングがずれると、柿酢にならないことがあるので注意する。仕上げに入るタイミングが早すぎると、灰を溶いたようなくすんだ液になり、味も悪く、とても商品にならないことがある。色合いは柿渋のような感じで、こうなると、一年おいても二年おいても酢にはならない。

以前、このような失敗をしたことがあって、そのときは半年さらに置いたものの酸味も増加しなかったのでタンク一本分、つまり一t分を廃棄したことがあった。

反対に、仕上げに入るタイミングが遅すぎると、今度は酢が水に返っていくことがある。これも以前に経験したことだが、一升びんに入れて取ってあった柿酢がいつの間にか水のようになっていたことがあった。これは殺菌をしていなかったために、柿酢を分解してしまうような菌が働いたためではないかと考えている。

殺菌・二段ろ過

酢として十分な酸っぱさになったら、発酵タンクの浮遊物を取り除き、中の柿酢をくみ上げる。このとき、タンクの表面には浮遊物が漂い、底にはおりが積もっている。そのため、くみ上げるときは底のおりを巻き上げて不純物が混ざらないように注意してくみ上げる。一tタンク山盛りの柿約六〇〇kgから三〇〇ℓほどの柿酢ができる。

くみ上げた柿酢は、そのままではおりなどがまだ十分に分離されていない。そのまま製品にしたのでは、やがておりがびんの底にたまるようになる。そこで、まずくみ上げた柿酢をステンレス製の煮釜に入れて、八〇℃まで加熱する。熱を加えることで柿酢中のおりが分離してくる。このおりをしっかり取り除くことがびん詰め後のおりを減らすポイントである。熱を加えないと、柿酢中のおりが溶けたままの状態でろ過器を通ることになり、しっかり取り除くことができない。

もっとも、あまり熱を加え続けては柿酢が揮散してしまうので、八〇℃に液温が上昇したらそこで加熱を止めるようにする。

ステンレス製の煮釜で八〇℃まで加熱しておりを分離したら、ろ過器にかける。分離した細かなおりもこのろ過でかなり取り除くことができる。

りんご酢やブルーベリー酢ならこの一度のろ過でおりを除くことができるのだが、柿酢の場合はこれだけでは不十分である。

そこで当加工所では、ろ過した柿酢を再びタンクに戻して一か月ほどそのまま静置・熟成させている。この一か月のあいだにおりを下げた柿酢をくみ上げて、二回目のろ過をする。

柿酢の場合は、このように二回ろ過をしないと、びん詰めしてからもおりがかなり出てきてしまう。「二段ろ過」をすることで、はじめておりが気にならない、グレードの高い柿酢をつくることができる。

びん詰め

二回目のろ過をしておりを除いた柿酢を加熱して殺菌し、びんに詰める。殺菌の温度は八〇℃になったら止めて、すぐにびんに詰め、キャップをして、冷水の入ったステンレス水槽で冷却する。長く加熱を続けると酢が揮散してしまうので注意する。ろ過した後、加熱殺菌、びん詰め、キャップ、冷却という工程は一連の作業として進める。

びんが冷えたらラベルを貼って製品になる。キャップはねじ切り式のTE（タンパーエビデンス）バンド付きのプラスチックスクリューキャップを使い、手作業でキャップをしている。このキャップは、いたずら防止のために開発されたもので、キャップの下の部分に帯状の切れ込みが入っていて、キャップをしてしまえば、次にキャップを開けたときには、その帯状の部分がねじ切れるようになっている。

食品加工総覧第七巻　果実酢　二〇〇六年より

私の人生柿サマサマ

丸ごと柿酢生活

久留飛《くるび》富士恵　広島県尾道市

柿の話を聞いた翌日、五十本の苗を注文

無知な自分、七四歳の今、毎日が元気で楽しく、仕事のできる幸せを感謝しています。

振り返れば、平成元年十一月三十日、町の村おこしの講演会に参加したことがはじまりです。そのときの話では、わが町広島県尾道市御調《みつぎ》町は柿の里で知られているので、柿の樹を植えれば間違いないとのこと。翌日、さっそく西条柿の苗五十本を農協に注文しました。そのことを主人にいうと、「バカたれ、『桃栗三年柿八年』いおーがー。八年もせにゃあー、柿はならんのに、わしゃー植えんぞ」。

しかし、一週間後のある日、勤めていた縫製工場から帰ると、主人が「苗が来たけえ全部植えたぞ」と。

それから柿の樹は年々増え、今では四〇aの棚田（休耕田）に二〇〇本以上。二万～三万個の実をつけてくれています。

主人には、植えた責任と愛着が生まれたのか、姿が見えぬといつも柿畑。一日一回は柿の樹と話をしないと気が治まらず、赤子のようにかわいがっています。おかげさまで今年も収穫の秋を夢見ています。

干し柿づくり

四年目の秋、赤い実がついたときのうれしさ、ずくし（熟柿）を食べたときの美味しさ、この感動が年々歳々と私に夢と知恵を与えてくれました。最初は渋抜きに挑戦し、ご先祖様と親戚中に贈っていました。

そんなある日、福島県の親戚からあんぽ柿が送られてきました。食べもしないうちから自分でも作ってみたくなりました。あんぽ柿の本場、福島へ飛行機で二回も勉強に。新婚旅行気分でルンルン……。

福島で多くの人に助けられ、お知恵を借りたおかげで、今では立派な干し柿ができ、皆様に喜ばれています。この干し柿がきっかけで出会いもありました。老後、田舎暮らしがしたいといって大阪から引っ越してきた夫婦が、私のうちに干し柿の手伝いに来てくれます。

柿酢

柿酢づくり

ずくしが捨てられ、泣いているのを見たときのことです。子どもの頃、母が柿酢を作って酢の物などに使っていたことを思い出し、私も挑戦してみることにしました。作り方も知らぬまま、ずくしを樽に入れ発酵させていたとき、『現代農業』の果実酢特集に出会い、

とても参考になりました。

現在、柿酢は地元のお酢やさんの協力を得て、道の駅で販売しています。私の柿酢の特徴は、ずくしだけでなく、あんぽ柿を作るときに剥いた皮も全部混ぜていることです。柿は皮と身の間に栄養分と酵素が多いと聞いたからです。

この柿酢は、わが家の健康管理にも大活躍。飲んでよし、調理にまろやかこのうまさ。野菜ジュースに混ぜてもいいですし、牛乳に混ぜれば飲むヨーグルト。それから、梅やラッキョウを漬けるのも、ちらし寿司も全部、柿酢です。おかげで、糖尿病に悩まされていた私も元気ピンピン。三〇〇以上あった血糖値も一七〇まで下がりました。主人もはじめは、いつものように「柿酢なんて」と馬鹿にしていましたが、今では気づくとビンが空になっています。

搾りカスで作った堆肥

それから柿酢は農業利用もできます。一〇〇〇倍ぐらいに薄めて、ジョロで野菜にかけてやると、虫がいなくなります。

柿酢の搾りカスは、米ぬかとEM菌と混ぜればすぐに発酵して良質の肥料になりますので、柿の樹に戻してやります。すると葉っぱが青々とするようで、樹自体も強くなり、去年は二〜三回の予防ですみました。

休耕田に植えた柿

柿は本当に捨てるところがなく、柿酢を作るときに出るコンニャク（酢酸菌の菌膜）でさえ利用できます。乾燥肌でかゆいところに塗れば、かゆみが止まります。顔に塗ったり、お風呂に入れれば美容によく、「七十を超えてもシワひとつないのはすごい」と驚かれます。

それから、酢の代わりにこのコンニャクを切り刻んだものを使って酢の物もできますし、生ゴミに入れておけば、ウジが湧きません。今度、このコンニャクも商品化できないものか、考えているところです。まさに私の人生柿さまさま。毎日が楽しみです。これからもがんばります。

（広島県尾道市御調町）

二〇〇七年十一月号　私の人生カキさまさま、丸ごと柿酢生活

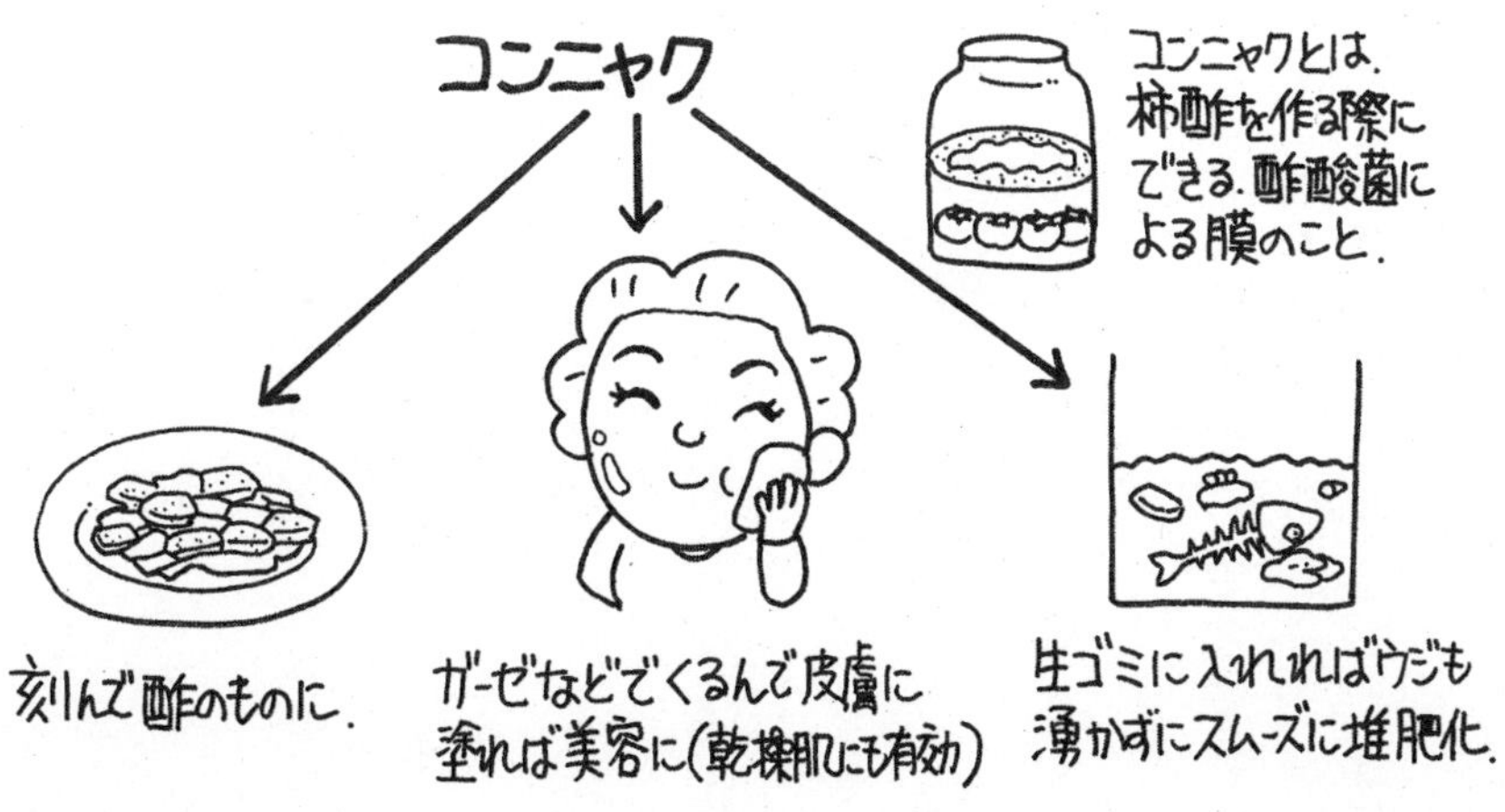
コンニャク
コンニャクとは、柿酢を作る際にできる、酢酸菌による膜のこと。
刻んで酢のものに。
ガーゼなどでくるんで皮膚に塗れば美容に（乾燥肌にも有効）
生ゴミに入れればウジも湧かずにスムーズに堆肥化。

図1　福山黒酢の製造工程

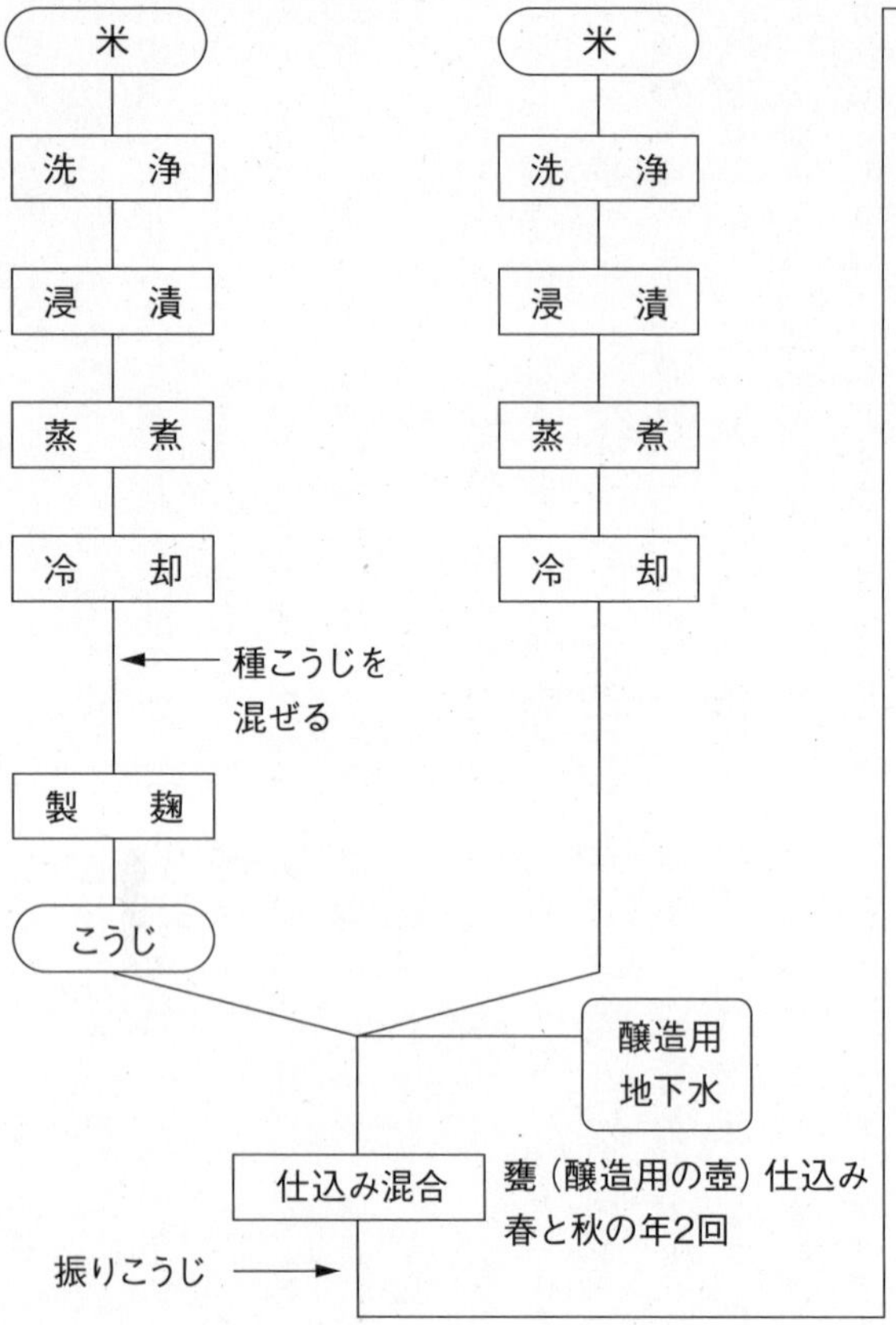
米
洗　浄
浸　漬
蒸　煮
冷　却
種こうじを混ぜる
製　麹
こうじ
米
洗　浄
浸　漬
蒸　煮
冷　却
醸造用地下水
仕込み混合
甕（醸造用の壺）仕込み
春と秋の年2回
振りこうじ
発酵熟成
ろ　過
殺　菌
びん詰め
検　査
製　品

表1　福山黒酢の配合例（蟹江，1981）

米こうじ	3.3kg（元米・3升）
蒸し米	6.0kg（元米・6升）
汲水	32ℓ（1斗8升）
振りこうじ	0.4kg（元米・2合）

穀物酢—福山黒酢

水元弘二（鹿児島県工業技術センター）

伝統的な米酢の製法—福山黒酢

伝統的な米酢である福山黒酢の製造（図1）は、まず麹づくりに始まる。

洗浄…米を洗う。

浸漬…水に約三〇～四〇分浸ける。

水切り…水切りを約九〇分行なう。

蒸煮

冷却…約四〇℃に蒸し米を冷やしたら、種麹を混ぜる。

製麹…もろぶたに盛り込み麹をつくる。三四～三七℃に湿度を保ち、三日間かけてつくる。この麹を三日麹という。

蒸し米…麹米と同様に米を蒸煮処理し、冷却する。

仕込み混合…甕（醸造用の壺）に、麹、蒸し米、水を仕込む。上から振り麹を入れる。甕に蒸し米や麹を入れるときは箱型ジョウゴを用いる。仕込み時期は春と秋の年二回。

発酵熟成…酢酸発酵終了後に、仕込甕のもろみを熟成もろみ甕に移し、熟成させる。野天で長時間かかって糖化作用、アルコール発酵、酢酸発酵が同一の壺の中で進行する。熟成期間は最低六か月以上。

②1か月後。振りこうじは自己消化して酢酸菌増殖を促進

③3か月後。振りこうじは完全に自己消化し酢酸菌が全面を覆う

①仕込みから2～3週間後。振りこうじが再度増殖し麹蓋を形成

図2　「福山の黒酢」づくりの道具

①シキ

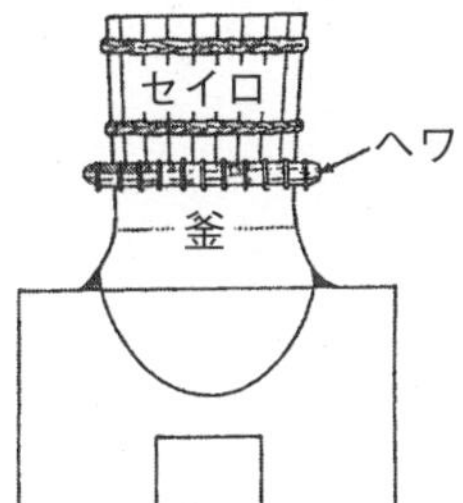

②セイロ（セイロ：容量2石。釜：容量1石）

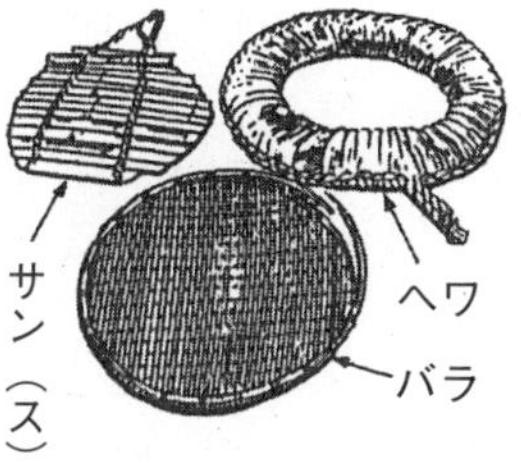

③サン（ス），バラ，ヘワ

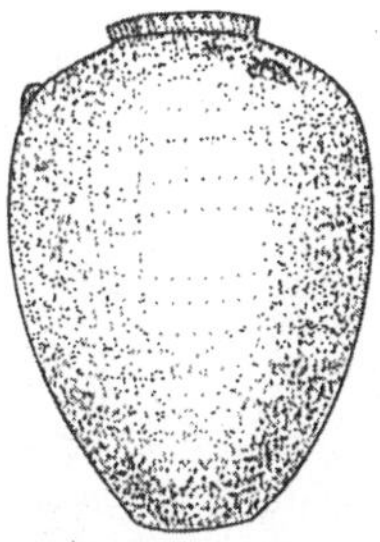
④仕込甕
（高さ62cm，口径18cm）

⑤熟成もろみ甕
（高さ75cm，口径89cm）

⑥しぼり袋（深さ84cm，口幅29cm），タンゴ（杉板製。深さ38.5cm，口径34.5cm），ジョウゴ（杉板製。上径26.7cm，下径12.0cm，高さ29.7cm），カタテギ（杉板製。深さ18.5cm，口径21.5cm）

ろ過、殺菌…熟成後、ろ過し殺菌する。達温約六〇℃で一〇～一五分加熱殺菌。

びん詰め…びん詰めして出荷する。

最近では各地区に生活改善センターや農村婦人の家などが設置され、味噌、菓子やジュースなどの加工用の蒸し器、自動製麹装置やびん詰用加熱滅菌装置などが整備されている。これらの設備は食酢製造にも利用できる。

一般的な米酢の加工法

昭和四十年代、食品製造に効率的な化学工業的手法が導入され、米酢も原料米の糖化→アルコール発酵→酢酸発酵の三段階で行なわれるようになってきた。原料米は政府米のはぜ米を用いている。また、玄米や外米なども利用されてきている。

これら原料処理の第一段階としてまず米麹をつくる。米麹には、以前は味噌用の麹を用いていたが、現在は多くは酒造用の麹を用いている。

出麹の時期は酒造用よりやや延長し、ひねた麹（麹室の中に長くおいて酵母の生育を促し、十分胞子のついた麹）がよい。

蒸し米に対して麹三〇％を使用して、汲水（仕込み用水）量は総米量の二～三倍とし、六〇℃前後の温度で糖化を行なう。これを直接またはろ過したものに酒精酵母を加えアルコール発酵を行なう。

発酵が終わったら、必要に応じてアルコールを添加し、もろみのアルコール濃度を一定に調整し、種酢（生きた酢酸菌を大量に含んだこされていない酢）を加えて酢酸発酵を行なう。

粕酢の加工法

酒造期の秋から冬に、清酒の副産物である圧搾粕を木製桶や、ホウロウ製、ステンレス製の槽中に、空気を遮断した密閉状態で二～三年貯蔵する。白色の酒粕はあめ色になる。この間に、粕中の未分解物の澱粉質類やたんぱく質から、粕中の酵母、酵素によりアルコールや可溶性成分の糖分、有機酸やアミノ酸、窒素分がつくられてくる。この熟成酒粕を一定量の水と桶に汲み込み、よく撹拌して混合し、六～七日放置する。この間に一日一～二回撹拌して混合する。この操作中に酵母、細菌や酵素の働きによってアルコールと酸が増加する。

酒粕と水の割合は、目的とする製品の品質により算出する。たとえば酒粕一kgに対して、高級品をつくる場合は汲水一・九ℓ、中級品には二・二ℓ、並品には二・四ℓが標準とされている（正井、一九八一）。

安全・衛生管理のポイント

食酢の主成分である酢酸は強い抗菌作用をもっている。最近では、食中毒菌に対する抗菌効果が高いことが体系的に解明されてきている（表2）。食酢自体は通常四％以上の酢酸を含んでおり、これまでに食酢自体が原因した食中毒の事例の報告はない。しかし、食酢の品質劣化をきたす有害微生物は存在する。

食酢の種類にもよるが、びん詰めした食酢が開栓後しばらくすると、透明であった食酢が混濁して白濁することがある。白濁の原因は、酢酸菌、乳酸菌の一種が増殖して起きる現象である。食酢の加熱殺菌不足によってこの現象を起こすことが多い。再度六〇～七〇℃の湯煎で殺菌するとよい。殺菌後冷やして静置しておくとその菌は底に沈澱し、液上部は透明になる。食酢自体は、微生物の二次的汚染や人体に対する危害度のきわめて低い食品といわれている。

最近は、食環境の変化に伴い、調味を施した調味酸味料（合わせ酢で代表される加

表2　病原菌に対する各種調味料の殺菌効果（中山，1981）

	チフス菌	パラチフスA菌	パラチフスB菌	疫痢菌	赤痢菌	大腸菌
醤　油	いずれも5時間では生存，24時間後には死滅している					
赤味噌	5日間生存	同左	4日間生存	5日間生存	3日間生存	4日間生存
ソース	5時間以内に死滅	1時間以内に死滅	40分以内に死滅	2時間後に死滅	5時間後に死滅	同左
食　酢	10分後死滅	同左	同左	30分後死滅	25分後死滅	30分後死滅
梅干汁	30分では生存しているが，2時間後にはいずれも死滅					

工酢）が急速に普及してきている。これは食酢を主原料として他の食材を加えて調合した製品である。副素材を加えることにより酢酸の濃度は低くなるため食酢の抗菌性は低下するし、副材料に付着する有害微生物、汚染微生物の影響を受けやすくなる。

　その防除方法を考慮し検討する必要がある。一般的には、従来の加熱殺菌や食塩、酸、アルコールなどの添加が考えられる。賞味期間の問題もあり、試作した加工酢を三〇℃の高温器内に入れて保存試験を繰り返し行なう。保存試験では、加熱殺菌の温度、殺菌時間、有機酸を添加してpH測定をして、それぞれの最適条件を把握する。

素材の違いと加工方法

　酢をつくるには、その素材に澱粉質、糖類が含まれていることが条件である。従来の米・麦などの穀類や果実を利用する酢づくりは常法どおりの製法でよい。しかし、酢の原料や加工酢に新しい素材を利用する場合は、その素材の加工適性試験を行ない、酢、加工酢に適するかどうかを試験する。たとえば、その素材の澱粉質・糖質の含量など、機能性成分の耐酸性（耐食酢）、色素の変化、香りが酢酸とマッチするかなどの試験をし、目指す商品のコンセプトどおりの条件が満たされることがポイントになる。

参考文献
藤野武彦監修、一九九七、『驚異の「天然つぼ酢」』、講談社
蟹江松雄監著、一九八九、『福山の黒酢―琥珀色の秘伝―』、農文協
正井博之、一九八一、醸造酢、食の科学、六三
水元弘二、一九八五、市販米酢について、鹿工試年報
水元弘二、一九八八、黒酢タイプの市販酢について、鹿工技研究報告書三号
中山武吉、一九八一、加工酢、食の科学、六三
柳田藤治、一九八一、果実酢、食の科学、六三
柳田藤治、一九九九、食酢、醸協、九四（一）

食品加工総覧第七巻　穀物酢　二〇〇〇年より抜粋

コンニャク菌でつくる「ナタデカキ」

長野県上田市　神津　公

私も十年ほど前から柿酢を作っていますが、平成十二年に作ったものは、翌年にほとんど「コンニャク」になってしまいました。その経緯をお伝えしようと思います。

エタノールで殺菌消毒したら、コンニャク大発生

平成十二年はわが家の柿が豊作だったので、収穫後しばらくして柔らかくなってから、プラスチック製の蓋付き一〇kg用缶二四個に、約二〇〇kgの柿を分けて入れました。直径約二・五cmの木の棒で突き砕いた後、ドライイーストを二g／kg加え、よく攪拌して蓋をし、空気を遮断して、まずはアルコール発酵させました。その後ときどき攪拌。柿の甘みがなくなった時をアルコール発酵の終点とすればよいのですが、柿に含まれるペクチンの粘度が高く、ドロっとして濾過しにくいため、サラっとさせるのに約四か月放置してから濾布で濾過しました。

そしてここからいよいよ酢酸発酵に移ります。濾液を缶に戻し、ガーゼで覆って放置しました。ただ、この方法だと雑菌が入ってカビが発生し、失敗したことがあったので、このときは消毒用エタノールを手にも布や容器にも噴霧して徹底的に滅菌しました。

例年通りそのまま放置してから、翌年六月二十一日に一個の缶のガーゼを取って見たら、厚い膜ができていたのでびっくり仰天。今年はエタノールで滅菌もしたし、きれいな酢ができていると思っていたのに…。他の容器を見ても同じ状態だったので、急いで以前から付き合いのあった信州大学工学部の天野良彦助教授に連絡し、見ていただくことになりました。

コンニャクは酢酸菌が作ったバクテリアセルロース

観察の結果、膜は酢酸菌の一種である *Acetobacter xylinum*（アセトバクター・キシリナム、現在の分類では *Gluconacetobacter xylinus*）によって作られたバクテリアセルロースであることがわかりました。菌種についてはまだ確定していませんが、滅菌に用いたエタノールを栄養源にして（アルコールであるエタノールは酢酸菌のエサになる）、コンニャクを作る種類の酢酸菌が繁殖したので

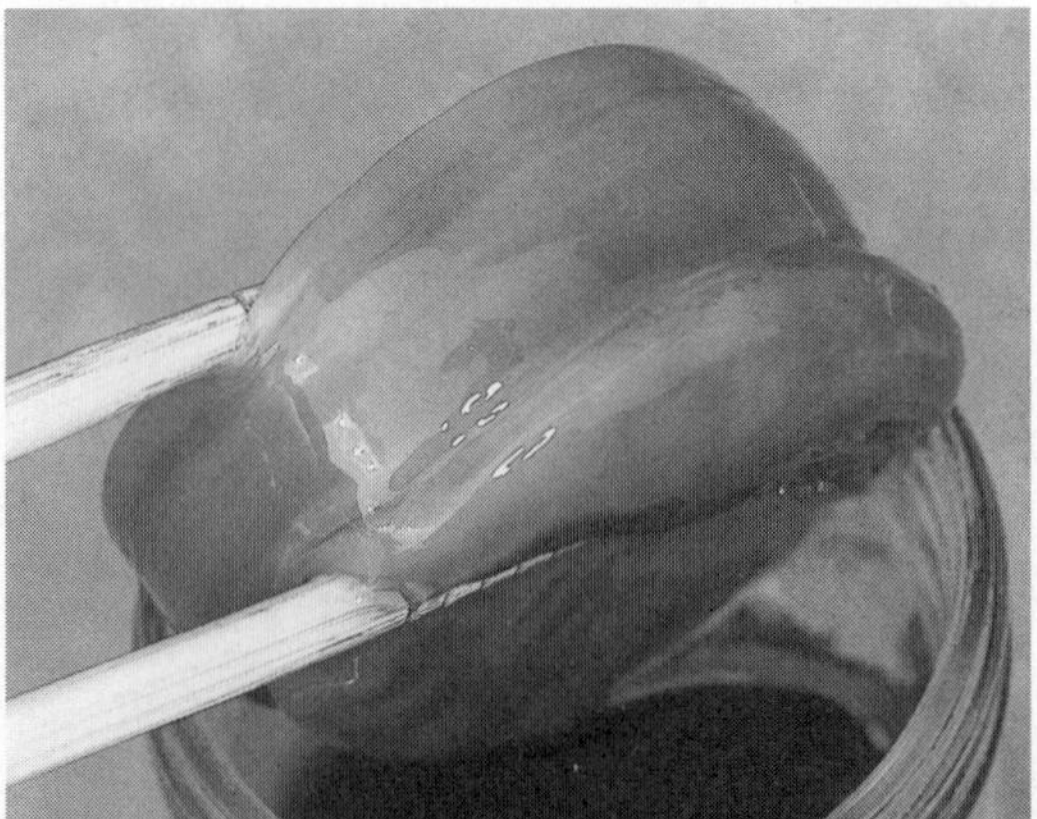

「コンニャク」の正体は、バクテリアセルロース
（撮影　赤松富仁）

はないかということです。

文献によると、コンニャク状の膜を作る酢酸菌は、食酢製造工程でしばしば汚染菌として現れ、「コンニャク菌」という呼び名で非常に古くから知られていることがわかりました。

以前、ブームになった、「ナタデココ」は、この *A. xylinum*（キシリナム）のバクテリアセルロースを作る働きを利用した、フィリピン発祥の伝統食品です。「ナタ・デ・ココ」は、フィリピンのタガログ語で「ココナッツの浮遊物」を意味します。それは、ココナッツジュースに酢酸菌（ナタ菌とも呼ばれる）を加えて発酵させると、表面に浮かんでくるかのように発生するものを指すからです。

ナタデココならぬナタデカキ

「ナタデココ」ならぬ「ナタデカキ」

そこで私は、柿からとれた「コンニャク」を加工したものに、「ナタデカキ」と名付けました。コンニャクの厚さはいろいろですが、色はあま（亜麻）色で弾力があり、色も食感も鶏肉に似ています。この膜を適当な大きさに切り、色をきれいにするために水酸化ナトリウム溶液中で沸騰するまで加熱しました。その後一週間ほどは、一日に二〜三回水を交換しながら水に浸しておくと、灰白色のコリコリした食感のナタデカキができ上がります。それを沸騰水中で滅菌して水を切り、沸騰させたシロップを加えて瓶に詰めたものがナタデカキ製品です。ナタデカキは、不溶性食物繊維で、便のかさを増やして便秘を予防、改善する効果があります。

廃棄用シロップからもコンニャクができる

近年、微生物セルロースのもつ微細な網目構造に注目が集まり、各方面で有効利用する開発研究が活発に進められています。たとえばソニーでは、網目構造と結晶性をスピーカーの音響用振動板に応用し、すでに高性能ヘッドホンとして市販しています。

長野県埴科郡坂城町の果実加工業者・デイリーフーズ株式会社では、海外からシロップ漬けの果実を輸入していますが、糖廃液の処理費に年間約一〇〇〇万円かかって困っているそうです。そこで、柿酢から菌を採取し、その菌で廃棄用シロップからセルロースを作ろうという試みを、信州大学工学部との共同研究で着々と進めているそうです。

私もささやかな試みとして、このセルロースに牛乳パックのパルプを加えてハガキを作り、数人の方に近況を伝えました。

二〇〇三年十一月号　柿酢の「コンニャク」からつくった「ナタデカキ」

酢酸発酵について

酢酸菌の酸化発酵

酢酸菌は、自然界では、おもに植物の果実や花の蜜に生息している。果実や花蜜では、乳酸菌や酵母の働きによって糖からアルコールが生成する。酢酸菌は、これらの糖やアルコールを栄養源にして生息しているが、アルコールを急速に酸化変換して、糖酸（有機酸）を生成する。

酢酸菌のつくる強い酸のために他の微生物は死滅するが、酸が多量に蓄積すると酢酸菌自身も生息することが困難になる。ところが、酢酸菌は、一定時間後に強酸性の環境下において、自らが生成した糖酸（有機酸）を利用できる機構を有している。そのために、酢酸菌は、下図のような二段階の生育の過程をたどる（松下一信氏ら）。

酢の製造過程で、熱殺菌のタイミングを逃すと酸度が下がってしまうのはこのためだ。

酢酸菌の菌膜

酢酸菌は、糖やアルコールが溶けこんだ液体に生息する。アルコールを酸化するために多くの酸素を必要とするが、溶液中には十分な酸素が存在しない。そこで、これを解決するために、酢酸菌は、水より軽い菌膜をつくって、水面に浮かぶという性質を持っている。

伝統的な酢の製造法では、この菌膜を水面に安定して形成させるために、静置する方法がとられてきた。

古来より酢の製造に利用されてきた酢酸菌の一つである *Acetobacter aceti*（アセトバクター・アセチ）は、強いアルコール酸化能や酢酸耐性の性質を持っている。*A. aceti*（アセチ）が生成する菌膜は、グルコースやガラクトースなどの多糖類でできた薄い膜で、静置法では、この菌膜を醪の水面にそっと浮かべて移植する。

「コンニャク菌」について

酢酸菌の一つである *Gluconacetobacter xylinus*（グルコンアセトバクター・キシリナス）は、「コンニャク菌」と呼ばれ、酢の製造過程では有害菌とされてきた。*G. xylinus*（キシリナス）は、強い酢酸過酸化能（酢酸資化能）を持ち、バクテリアセルロースからなる厚い菌膜を生成するためである。

一方、フィリピンでは、*G. xylinus*（キシリナス）が生成するバクテリアセルロースは、伝統的な食品（ナタデココ）に利用されてきた。近年では、純度が高く、植物セルロースにはない性質をもつバクテリアセルロースは、新素材として注目されている。

酢酸発酵の時間の経過（引用　山口大学農学部応用微生物学研究室）

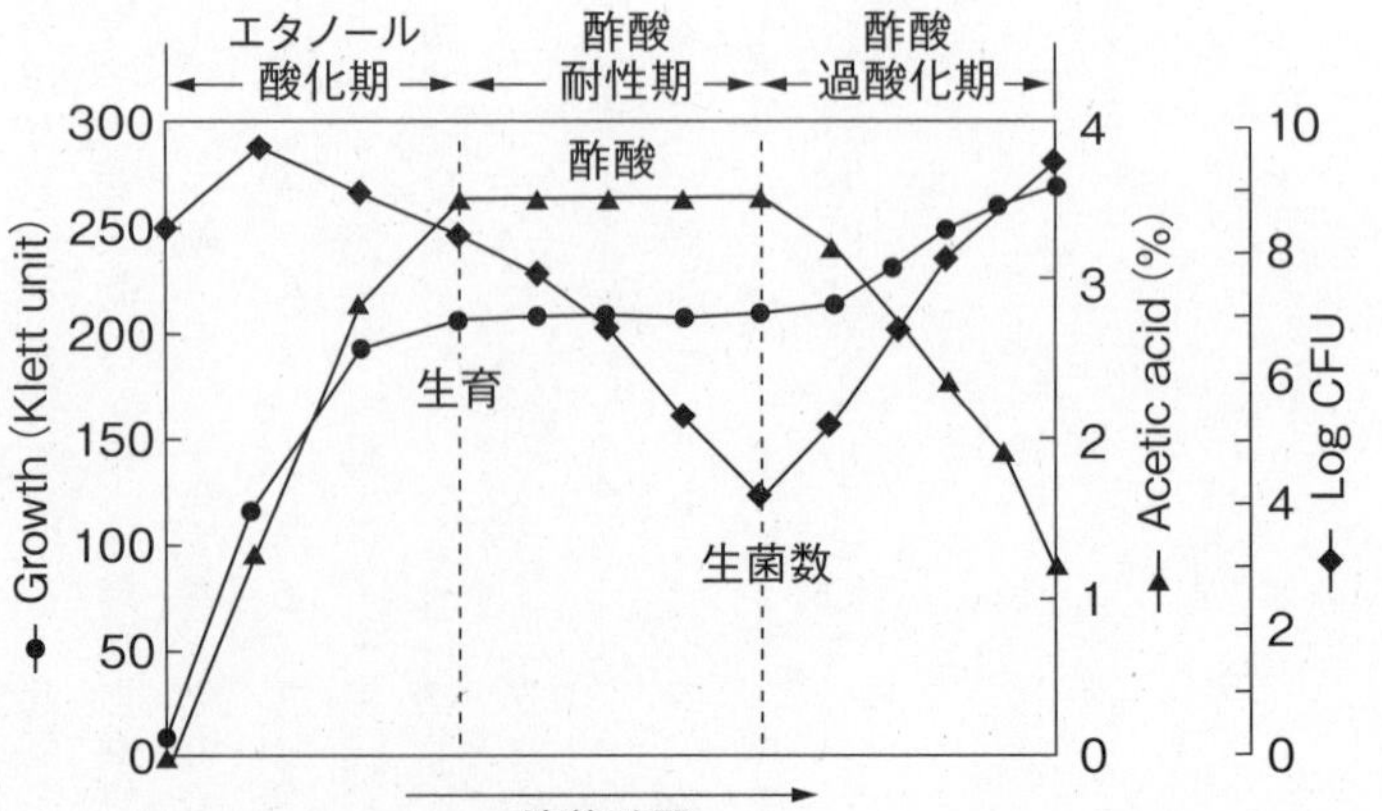

A. xylinum NCI 1004の生育に及ぼす酢酸と塩化ナトリウムの影響

		酢酸濃度（%）							
		0	0.25	0.5	1	2	3	4	5
塩化ナトリウム濃度（%）	0	1.3[a]	1.3	1.3	1.3	1.4	1.3	1.3	0.08
	0.1	1.3	1.3	1.3	1.2	1.3	1.2	1.2	0.06
	0.25	0.85	1.0	0.82	1.2	1.3	1.3	1.3	—
	0.5	0.60	0.87	0.80	1.1	1.3	1.2	0.24	—
	1	0.20	0.47	0.61	0.44	—	—	—	—
	2	—[b]	—	—	—	—	—	—	—
	3	—	—	—	—	—	—	—	—
	4	—	—	—	—	—	—	—	—

a, growth（O.D. at 600nm） b, no growth

A. xylinum NCI 1004の生育に及ぼす食塩の影響（米酢）

NaCl（%）	Incubation time at 30℃（days）								
	0	1	3	5	7	14	21	28	
0	$1x10^4$[a]	$5x10^2$	$5x10^4$	$4x10^4$	$2x10^4$	$2x10^6$	$9x10^5$	$4x10^5$	(0.41)[b]
0.5	$1x10^4$	$5x10^2$	$7x10^3$	$9x10^3$	$2x10^4$	$2x10^5$	$3x10^5$	$1x10^6$	(0.52)
0.7	$1x10^4$	$9x10^1$	$4x10^4$	$1x10^4$	$1x10^4$	$7x10^4$	$4x10^4$	$8x10^5$	(0.57)
1.0	$1x10^4$	<10	$6x10^3$	$5x10^3$	$3x10^3$	$1x10^4$	$2x10^3$	$4x10^3$	(0.16)
1.5	$1x10^4$	<10	<10	<10	<10	<10	<10	<10	(0.00)
2.0	$1x10^4$	<10	<10	<10	<10	<10	<10	<10	(0.00)

a, viable cells/ml b, growth （O.D. at 660nm）
編集部注 *A. xylinum*は、現在は*Gluconacetobacter xylinus*に分類されている

各温度での *A.xylimum* NCI 1004 の生残曲線（米酢）

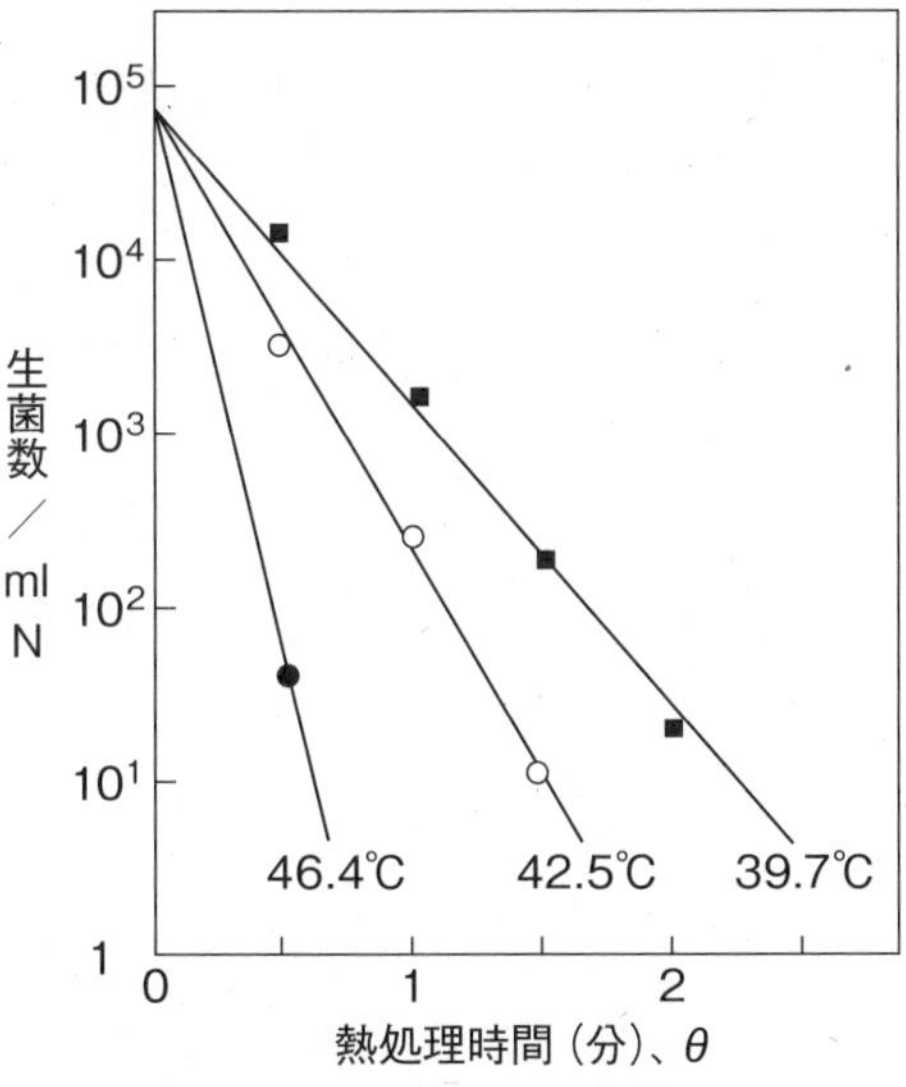
10^5
10^4
10^3
10^2
10^1
1
生菌数／ml N
46.4℃
42.5℃
39.7℃
0
1
2
熱処理時間（分）、θ

（表と図は、『食酢の HACCP 手法導入マニュアル』全国食酢協会中央会より引用）

酢の製造過程では、ほとんどの微生物は、*A. aceti*（アセチ）などが生成する強い酸のために、溶液中で生存することができないが、*G. xylinus*（キシリナス）は、同じ酢酸菌であるために、除去することがきわめて困難である。

食酢の製造過程では、塩分と高温によって*G. xylinus*（キシリナス）の繁殖を抑えられることが知られている。

左表のように、*G. xylinus*（キシリナス）は、酢酸濃度五%、塩分濃度○・二五%以上の溶液中では生息することができない。酢酸濃度四%では、塩分濃度一%で生息不能となる。

また、*G. xylinus*（キシリナス）は、四○℃近い高温下では、生育が衰える（左図）。ただし、このような高温の環境ではカビなど別の微生物が繁殖しやすくなるために、厳重な管理が必要となる。伝統的な製法である福山の黒酢では、仕込みの際に、もろみの表面に老麹（ひねこうじ）を浮かべて、日当たりの良い場所に静置する。これは、高温によって*G. xylinus*（キシリナス）の繁殖を抑え、高温下で発生しやすいカビや産膜酵母などの雑菌の繁殖を、水面に浮かべた老麹で抑える工夫と思われる。

（本誌・本田進一郎）

酢酸菌

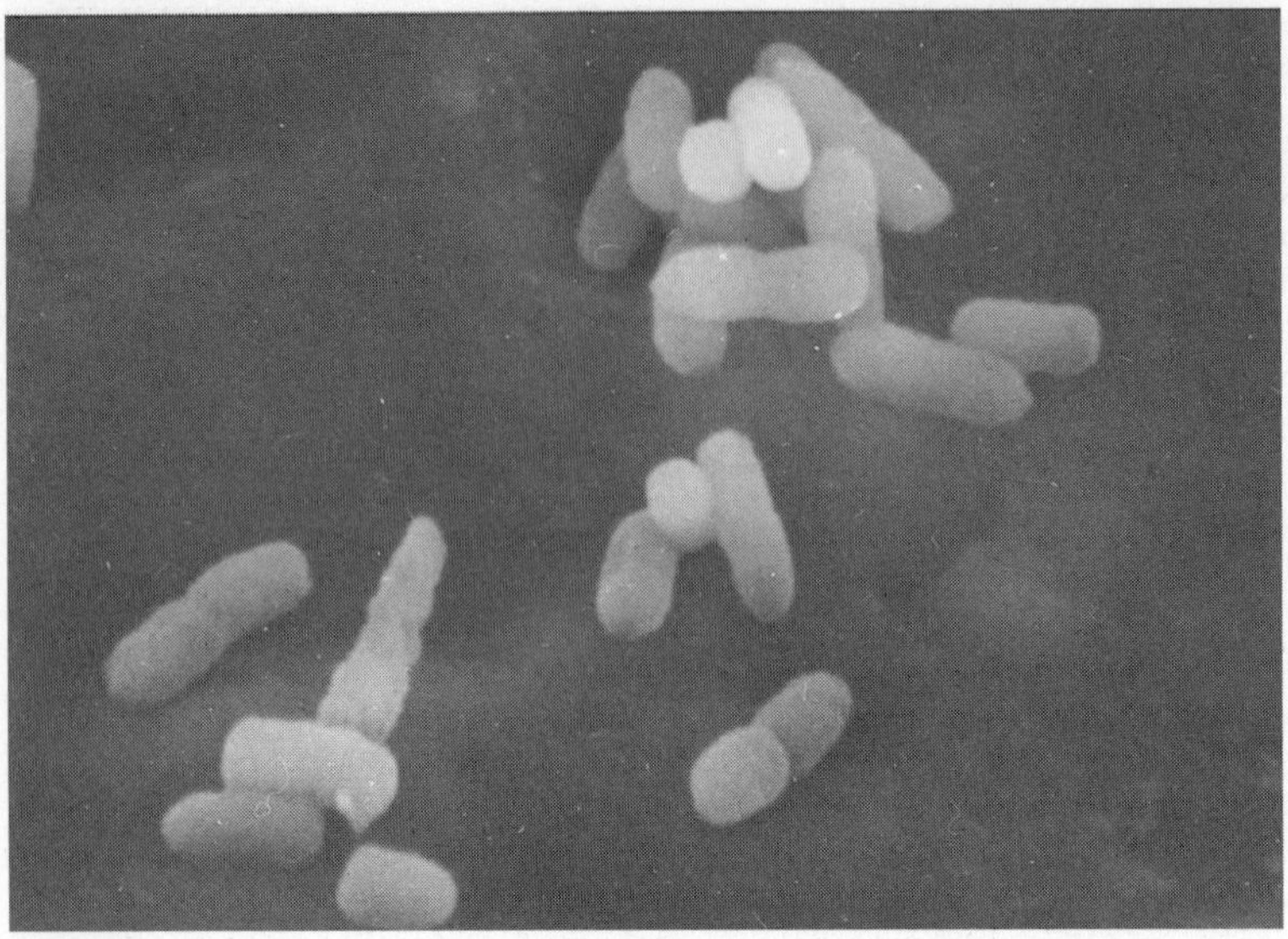

酢酸菌

柳田藤治（東京農業大学）

酢酸菌がつくる食酢

酢酸菌は好気性菌であり、菌体は桿菌で、球菌は存在しない。大別するとアルコールを酸化して酢酸にする*Acetobacter*（アセトバクター）属と、主としてグルコースを酸化してグルコン酸をつくる*Gluconobacter*（グルコノバクター）属に分けられる。

酢酸菌を利用してつくられる食酢は酸性調味料として広く世界で使用されている。世界では穀類、ワインやりんごを原料とした麦芽酢、ワインビネガーやりんご酢が、マヨネーズ、ドレッシング、ソースやピクルスなどの副原料として使用されている。

日本では、麦芽酢、ワインビネガーやりんご酢の洋酢のほかに、米や酒粕を原料として米酢、黒酢や粕酢がつくられ、すし、酢の物、合わせ酢や漬物に使用されている。

製造法は、農家でつくる壺酢の規模から、大きな桶や箱型の発酵槽でつくる静置法と、好気性の性質を利用して原料液と空気を細かい泡にして撹拌接触させ、短時間で発酵製造する深部発酵法とに分けられる。静置発酵法は伝統的な方法であり多品種、少量生産方式で、農村規模での生産方式であり、良質の製品が得られる。

少量生産、特に農村の澱粉質や糖質、果実などを使用し、その原料に適した独特の食酢をつくり、味や香りの異なった漬物や加工品に利用し、土産や健康飲料を開発し地域活性化の一因を担っている。

酢酸菌の加工特性

酢酸菌は好気性菌で、生育に酸素を必要とする。静置発酵では液面上に薄い膜を張る。それが菌体で、表面の気液面を介して酸素を取り込み、酸化して食酢をつくる。食酢は酒とともに誕生し、酸性調味料として味付けに使われてきている。

原料としてはアルコールを含むものはいずれも食酢をつくることができる。穀類などは、麹または糖化酵素源でいったんその構成糖分に分解し、酵母によるアルコール発酵により原料と

表1　日本農林規格（JAS）による食酢の分類と規格値

分類			主原料の使用量	酸度	無塩可溶性固形分
醸造酢	穀物酢	穀物酢	穀物の使用量を1ℓ中40g以上使用したもの	4.2%以上	1.3〜8.0%
		米酢	穀物酢であって米の使用量を1ℓ中40g以上使用したもの		1.5〜8.0% (0〜9.8%)[1]
	果実酢	果実酢	果実の搾汁の使用量を1ℓ中300g以上使用したもの	4.5%以上	1.2〜5.0%
		リンゴ酢	果実酢であってリンゴの搾汁の使用量を1ℓ中300g以上使用したもの		1.2〜5.0%[2]
		ブドウ酢	果実酢であってブドウの搾汁の使用量を1ℓ中300g以上使用したもの		1.2〜5.0%[2]
	醸造酢	醸造酢	穀物酢・果実酢以外の醸造酢	4.0%以上	1.2〜4.0%
合成酢	合成酢		醸造酢の使用割合が60%以上であること（業務用は40%以上）	4.0%以上	1.2〜2.5%

注　1）糖類・アミノ酸および原材料の項に規定する食品添加物を使用していない米酢に適用
注　2）果実酢で原材料として1種類の果実のみを使用したものには適用されない

なり得る。一方、含糖物、たとえばワインやりんごなどの果実は搾汁し、酵母によりアルコールに変える。これらの操作ではできるだけ原料の特性を残すように心がける。たとえば果汁の香りや糖分を残したりして特徴ある製品をつくる。表1に食酢の種類を示す。

機能性

酸っぱいものを見たり飲んだりすると、食欲を起こし、胃液の分泌を促し、食物の消化をよくする。飲んだ食酢により腸の蠕動を促し便秘を改善する。飲料にするときは食酢を五倍から一〇倍に薄め飲みやすくするように糖類などを加える。

運動するとグリコーゲンが分解され、疲労原因物質の乳酸が蓄積する。その疲労回復には食酢と同時に糖分をとるとよいといわれている。その理由は乳酸を除去しグリコーゲンの補充を行なうことができるからである。食酢を長期間にわたって摂取すると糖は穏やかに分解吸収され、肝臓における脂肪合成の抑制を行ない、糖尿病と肥満防止効果がある。食酢は抗アンジオテンシン物質を含み血圧降下作用もある。

酒を飲むとき、前後に酢を飲んでおくと徐々にアルコールが体内に吸収され穏やかに代謝分解されるので、悪酔いや二日酔をしない。食酢には血流改善効果やバーモンド酢のような栄養補給効果もある。

以上の理由から、種々の飲料素材として使われた機能性飲料が市販、注目されている。

おもな加工品

穀物酢…米、酒粕、麦芽や穀物類が原料になる。夾雑物を取り除き、浸漬または撒水し、蒸煮し、澱粉を分解しやすくする。日本では米酢や穀物酢が一般的で、酢の物やすしに使用され、外国では麦芽酢がマヨネーズやドレッシングの原料として使われる。穀物酢の製造法を図1に示す。

酒粕は大きな容器に詰め込み六か月から一年以上熟成させ、酒粕中の未分解物を分解熟成させ味や香りをよくする。水やお湯で熟成酒粕を抽出し、そのまま、またはアルコールを添加し酢酸発酵させる。この製品はすしなどに多量に使われる。

果実酢…代表的なものにワイン酢とりんご酢がある。ワインやりんご酒を酢酸発酵させてつくる。果実の色、香りや糖を利用し、料理、マヨネーズやドレッシングの副原料として外国では多量に使われている。ワイン酢は、ぶどう酒と同じく赤ぶどう酢と白ぶどう酢が

図1　穀類原料を用いた食酢製造法

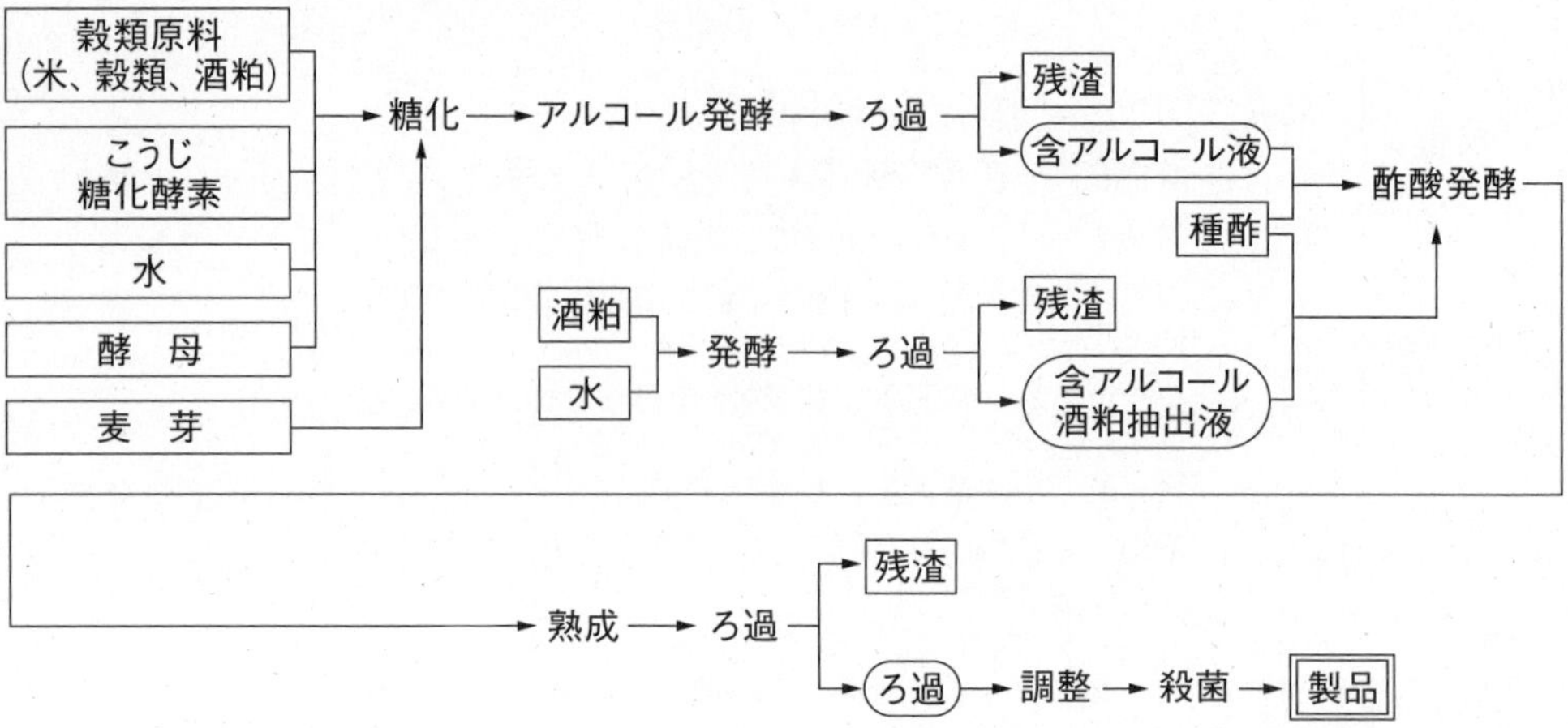
穀類原料
(米、穀類、酒粕)
こうじ
糖化酵素
水
酵母
麦芽
糖化
アルコール発酵
ろ過
残渣
含アルコール液
種酢
酢酸発酵
酒粕
水
発酵
ろ過
残渣
含アルコール
酒粕抽出液
熟成
ろ過
残渣
ろ過
調整
殺菌
製品

ある。香りや色、味に特徴があるので、色の薄いものには白ぶどう酢を、味が濃くて色のあるものは赤ぶどう酢を生かして使う。

アルコール酢と蒸留酢…アルコール酢はアルコールに少量の酒粕抽出物を加えたり、酢酸菌の栄養源となる窒素源や炭素源を加えて酢酸発酵をさせてつくる。蒸留酢とは食酢製品を蒸留して高濃度の酢としたものである。いずれの食酢もソース、マヨネーズやドレッシングの原料として使われる。

速醸法

海外では、アセテーターやボーティターという撹拌方式で空気を細かい泡として酢酸菌と接触させ、酸化の効率を飛躍的に上昇させた速醸法で、味の淡白な製品を多量につくる。近年、日本では合成酢などの代わりに、この醸造食酢を増量剤として、静置発酵法でつくったこくのある食酢と混合して出荷している。高酸度を必要とし、プレーンな食品の素材として使われる。

酢酸菌の種類

バアジー（Bergys）の系統的分類法の初版では、酢酸菌は *Acetobacter*（アセトバクター）属と *Gluconobacter*（グルコノバクター）属に大別される。

***Acetobacter* 属**…*Acetobacter*（アセトバクター）属は一属四種で、形は円形から桿菌で、運動性のあるものは極毛か周毛をもち絶対好気性で、エタノールを酸化して酢酸を産生し、酢酸を水と炭酸ガスに酸化分解する。この菌は花、果実、蜂蜜、酸、テキーラ、梅酒、ワイン、りんご酒、ケフィール、発酵酵母、食酢発酵容器、野菜、タンニンリキール、畑の砂や運河の水などから分離される。またこの菌はパイナップル、りんごやナシの果実や根を侵して紅色素を生じて腐敗させることでも知られている。

Acetobacter 属には以下の四種が知られている。

A. aceti（アセチ）
A. liquefaciens（リクイファシエンス）
A. pasturianus（パスツリアヌス）
A. hansenii（ハンセニイ）

静置発酵法で酢酸発酵をつかさどる主要な菌としては、*A. aceti* と *A. pasturianus* が多く分離される。食酢の菌は良好な発酵経過を経たものの一部を種酢として使用するのが普通である。発酵中に酸が生成され、その酸度に馴養され（馴らして増殖させる）高濃度の酸をつくる優良菌が得られる。

***Gluconobacter* 属**…*Gluconobacter*（グルコノバクター）属は一属一種で、細胞は卵型から桿菌で、運動性があるものとないものがあり、運動性のあるものは三〜八本の極毛をもつ。エタノールを酢酸にするが、酢酸や乳酸を酸化して炭酸ガスと水に分解することはない。高級アルコールを酸化して強力にケト体に変換する。全菌がグルコースから2-ケトグルコン酸を生成する。この菌は花、庭の土、パン酵母、蜂蜜、果実、りんご酒、ビール、ワイン、ぶどう酢、南アフリカのバンタビール、パーム樹液やナシから分離される。

グルコン酸は爽快な酸で、食酢や蜂蜜などの食品中に含まれ、飲料や豆腐の凝固剤などに使用されているが、近年この酸は途中で分解されず、大部分が大腸まで達し、ビフィズス菌の栄養源になることが解明され、新たな機能性が見出された。この酸を多く含む食酢の製造の開発が注目されている。

菌株保存機関を下記に示す。

LAM：東京大学分子細胞生物学研究所バイオリソーシス研究分野 LAMカルチャーコレクション
（〒一一三-〇〇三二東京都文京区弥生一-一-一、TEL〇三-五八四一-七八二八、FAX〇三-五八四一-八四九〇）

JCM：理化学研究所微生物保存施設
（〒三五一-〇一九八　埼玉県和光市広沢二-一、TEL〇四八-四六七-九五六〇、FAX〇四八-四六二-四六一七）

NBRC：独立行政法人製品評価技術基盤機構生物遺伝資源センター系統保存科
（〒二九二-〇八一八　千葉県木更津市かずさ鎌足二-五-八、TEL〇四三八-二〇-五七六三・〇四三八-五二-二三八一、FAX〇四三八-五二-二三二〇）

保存・増殖の留意点

標準の保存培地（GYC）は、蒸留水一ℓに酵母エキス一〇・〇g、Dグルコース五〇・〇g、炭酸カルシウム三〇・〇gと寒天五〇・〇gを溶解する。

改良カルシウム培地は、蒸留水一ℓに酵母エキス五・〇g、エタノール二〇・〇gと寒天二〇・〇gを溶かす。

マンニトール培地（MYP）は、蒸留水一ℓに酵母エキス五・〇g、マンニトール二五・〇g、ペプトン三・〇g、炭酸カルシウムと寒天二五・〇gを溶かす。

これらの培地は保存用で、酸により菌の死滅を防止するために炭酸カルシウムを加えてある。菌が十分に繁殖したら四℃の冷蔵庫に保存し、一か月に一度植えかえる。凍結乾燥法で処理した保存株は一〇年も保存が可能であり、このほかに液体窒素を用いる方法もある。増殖培地としては上記の培地から炭酸カルシウムを除いたものを使用する。増殖培地として窒素源の種類や濃度などに留意する必要がある。

その他の利用

殺菌剤…非食品分野への食酢の利用は、農薬（殺菌剤）としての利用がある。植物病原細菌や糸状菌に対し抗菌活性を示した。イネの種子伝染病害の防除効果について検討した結果、明確な効果が得られた。

混合飼料…その他の非食品分野への利用としては、有害土壌菌の殺菌や、アミノ酸など栄養源補充の土壌改良剤としての利用、牛や豚などの混合飼料に混入する試みが行なわれている。

微生物セルロース…今一つの分野としては *A. pasturianus* に含まれる *A. xylinum*（キシリナム）が微生物セルロースを産成するので、セルロースの代替物質の用途が考えられる。

（編集部注　*A. xylinum* は、現在は、*Gluconacetobacter xylinus* に分類されている。）

食品加工総覧第十二巻　酢酸菌　二〇〇二年より

あっちの話こっちの話

おいしくて長持ち！漬け物の塩抜きはオカラで

川畑小枝子

冬が長い新潟県神林村のお母さんたちは、春から夏にとれる野菜や山菜は何でも塩漬けにして保存しておきますが、塩漬けした野菜を冬にどう使うかによって、塩抜きの方法を変えているそうです。

味噌汁の具にしたり、すぐ料理に使う場合は普通に水で塩抜き。しかし、味噌漬けや粕漬けにする場合には、水を使わずに酒粕を使うのです。そのほうが長持ちするし、味も水っぽくならずおいしいそうで、一週間くらいで塩気が抜けます。

さらに、漬物名人、山崎トクさんの場合はなんと、オカラで塩抜きします。やり方は酒粕と同じですが、オカラは豆腐屋で三〇〇円くらいで買えるので、酒粕より断然安い。

塩気が抜けるまで十日間くらいと少し時間がかかりますが、その後に味噌や酒粕で本漬けするときオカラを洗わずにそのまま一緒に漬け込むと、大豆のおかげか味もまろやかになっておいしいそうです。

塩抜き後とり出して
味噌、酒カス(味つけ)
などと漬けます
5cm
5cm
酒カスまたはおから
塩漬け野菜

柿と白菜が合う！柿を使った白菜の漬け物

朽木直文

「このあたりじゃ、なーんにも珍しくないわよ」という福島県保原町の菅野愛子さんから、柿を使った白菜の漬け物のつくり方を教えていただきました。菅野さんの住むあたりでは、当たり前のようですが、ところ変われば珍しいその漬け物のつくり方は——。

まず、白菜を四つ切りにして軽く塩漬けします。あまり塩加減を強くしないこと。これを取り出して水切りし、今度は完熟した柿を白菜の間に重ねるように入れていきます。そうすると、柿は自然にすり込んだようになります。重石は載せずとも三日過ぎた頃にはもう出来上がり。

コツは一週間以内で食べられる量ずつつくること。あんまりたくさんつくると、味が変わってしまうそうです。なんでも、柿の香りと風味が白菜になじんで、食べる人の郷愁を誘う漬け物らしいのです。

菅野さんは、この他にも柿の切り干しもつくっており、「漬け物」に「干し柿」にと、見事に柿をムダなく生かしていました。

一九九八年十一月号　あっちの話こっちの話

ハクサイ
カキ

Part 4

麹づくり

黒麹利用・甘酒など

米麹づくり　和歌山市（撮影　千葉寛『聞き書　和歌山の食事』）

麹はもっとも馴染みの深い微生物でしょう。蒸した米に麹を加えて、お米のでんぷんを糖化させた飲み物が「甘酒」。さらに酵母を加えて嫌気条件でアルコール発酵させたのがどぶろく。ＰＡＲＴ４では、米消費拡大の助っ人になってくれそうな「甘酒」、そして素材の自然の甘さを引き出した漬け物、さらにいろんな素材による麹づくりの技を取り上げました。

麹漬

（紹介者）
山形県酒田市
池田 姚子

③ 米は普通のごはんより固めに炊き、むらしてかきまぜ、50度くらいになったら麹とまぜる。

④ ③が冷めてから塩をまぜ、明ばんにころがしたナスに振り込む。2～3倍の重石をして、水が揚ったら軽くする。

⑤ 1月頃から食べ始めるが外皮がむらさき色で、中が真白だったら上出来といえる。

うすく切った方がよい。

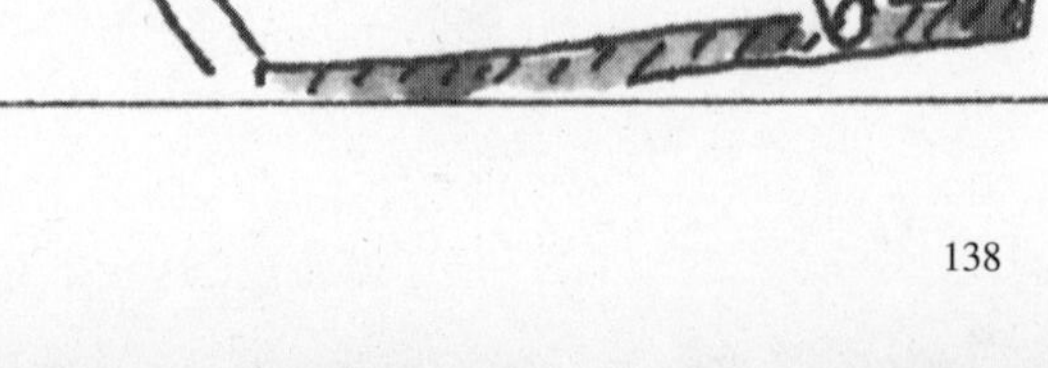

え・竹田京一

ナスの

昭和30年頃までナスの三升漬は、多忙な農家にとって大変重宝した漬物だったようです（塩、米、麹 各一升）。

しかしうす味嗜好の現代では、塩からい漬物は敬遠されがちです。しかし冬期間に食べるナス漬の麹の風味は、何ともいえぬ郷愁が誘われるものです。

減塩を目指したものの何回も失敗しましたが、一昨年やっと成功いたしましたので、ご披露します。お茶漬にぴったりで、都会の親戚にも喜ばれました。

漬ける時期が早いと腐敗することがありますので、漬ける時期はナスの身がしまった秋の彼岸前後がよいとされています。

〈材料〉

ナス――――1Kg
（中くらいの大きさ）
塩――――250g
米麹――――180g
米――――280g
明ばん―10〜15gくらい

❶ 中ナスのヘタをとらずにそのまま洗ってザルに上げる。

❷ 厚目の紙を広げた上で、すりこぎ、またはビール瓶などで、明ばんのかたまりを潰し、水分のある中にナスを一つずつ、明ばんにころがして、二日くらい陰干しする。
（少し褐色になるところも見られるが、漬けると色が出てくるので心配はいらない）

ふかし漬け

秋田県大仙市
富樫厚子

③ 漬け床をつくる
ふかした米
塩
砂糖
麹
材料をいれて
よく混ぜあわせる。
④ ナスと漬け床を
交互に漬け込む
はじめはしっかり重石を
のせるが、水が上がったら
軽めにする。
ナンバンを
上にのせる
ナス
漬け床
雑菌が入るのを
防ぐため、最後に
上から焼酎を
1合くらい
かける人もいます
冷暗所で60〜90日
置いたら できあがり
え・近藤泉

ナスの

米やこうじをふんだんに使って、甘くもあり塩辛くもある独得な風味を作り出す 秋田県南の米作地帯の 伝統的な発酵食品です。
下漬けすることなく ただちに漬け床に漬けるという方法も 特徴的だと思います。
私の地域では「ふかしナス」と呼んでいます。

〈材 料〉
- 丸ナス・・・・・4kg
  (手の平で握れるくらいの大きさ)
- 米・・・・・・・1升
- 麹・・・・・・・1升
- 塩・・(10月末)2合～(9月中旬)4合
  (漬け込む時期によって変える)
- 砂糖・・・・750g～1kg
- ミョウバン・・・・少々
- ナンバン・・・・5本くらい

(丸ナスがなければ
ふつうのナスでもできる.)

① 米をふかす

洗って30分くらい水に浸けた米を ふかし器に入れ、やや硬めにふかす。米のにおいがただよってきたら火をとめて冷ましておく。

② ナスの下ごしらえをする

丸ナスに 塩少々とミョウバンを加え、オケを振りながらよく混ぜる。

こうすると 漬けても ナスの色が きれいに保たれる。

ニシン漬け

北海道 森町

政田トキ

❷ こうじに 昆布、ニンジン、トウガラシを混ぜる。

こうじ
トウガラシ
ニンジン
昆布
(1cmくらいに切る)

こうじ は、ぬるま湯を湿らせる程度に加えてやわらかくする。

❸ 本漬け

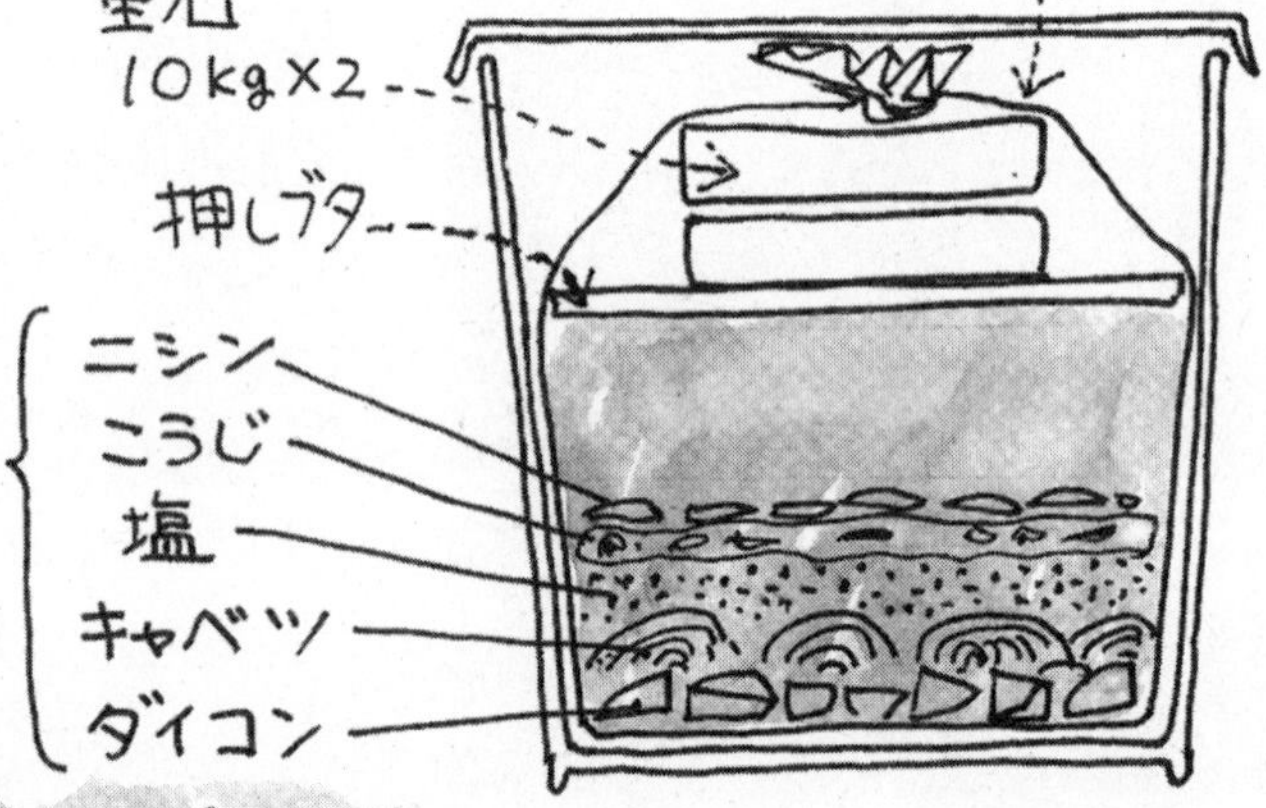
漬物用ビニール袋
重石
10kg×2
押しブタ
ニシン
こうじ
塩
キャベツ
ダイコン

この順番でくり返し重ねる

水があがってきたら重石を半分に減らす

北海道では、12月はじめ頃に漬けると、ちょうどお正月に食べ頃になります。
それより暖かい時期に漬ける場合、長く置くと酸っぱくなってくるので、こうじの量を少なめにして1週間くらいで食べます。

え・近藤泉

キャベツの

こちらでは 冬になると必ず ニシン漬けを作ります。家によって作り方は いろいろです。 私は キャベツを多く使ったものが食感もよくて好きです。 なるべく寒くなってから 長い時間をかけて漬けるほどおいしくなります。

〈材 料〉

ダイコン	6kg
キャベツ	4kg
ニンジン(小ぶり)	3本
身欠きニシン	15本
こうじ	800g
塩	300g
昆布	約24cm
トウガラシ	100g

① 材料を切る。

ダイコン

皮をむかずに使う

4つ割りして
乱切り

ニンジン

皮をむいて使う

4つ割りして
乱切り

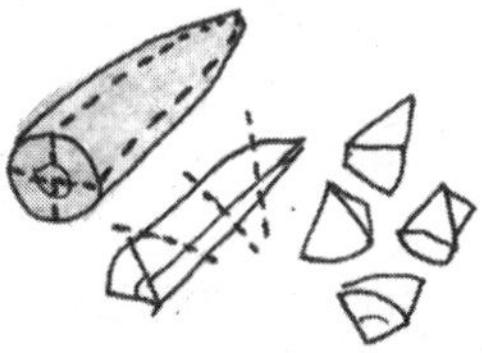

身欠きニシン

米のとぎ汁に
1〜2晩
浸してから

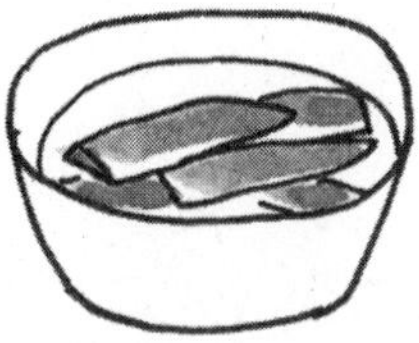

3cmに
ブツ切り

キャベツ

8つ割りして
芯を取る

小さく切らない方がおいしい

こうじ漬

岩手県一関市
斉藤フジ子

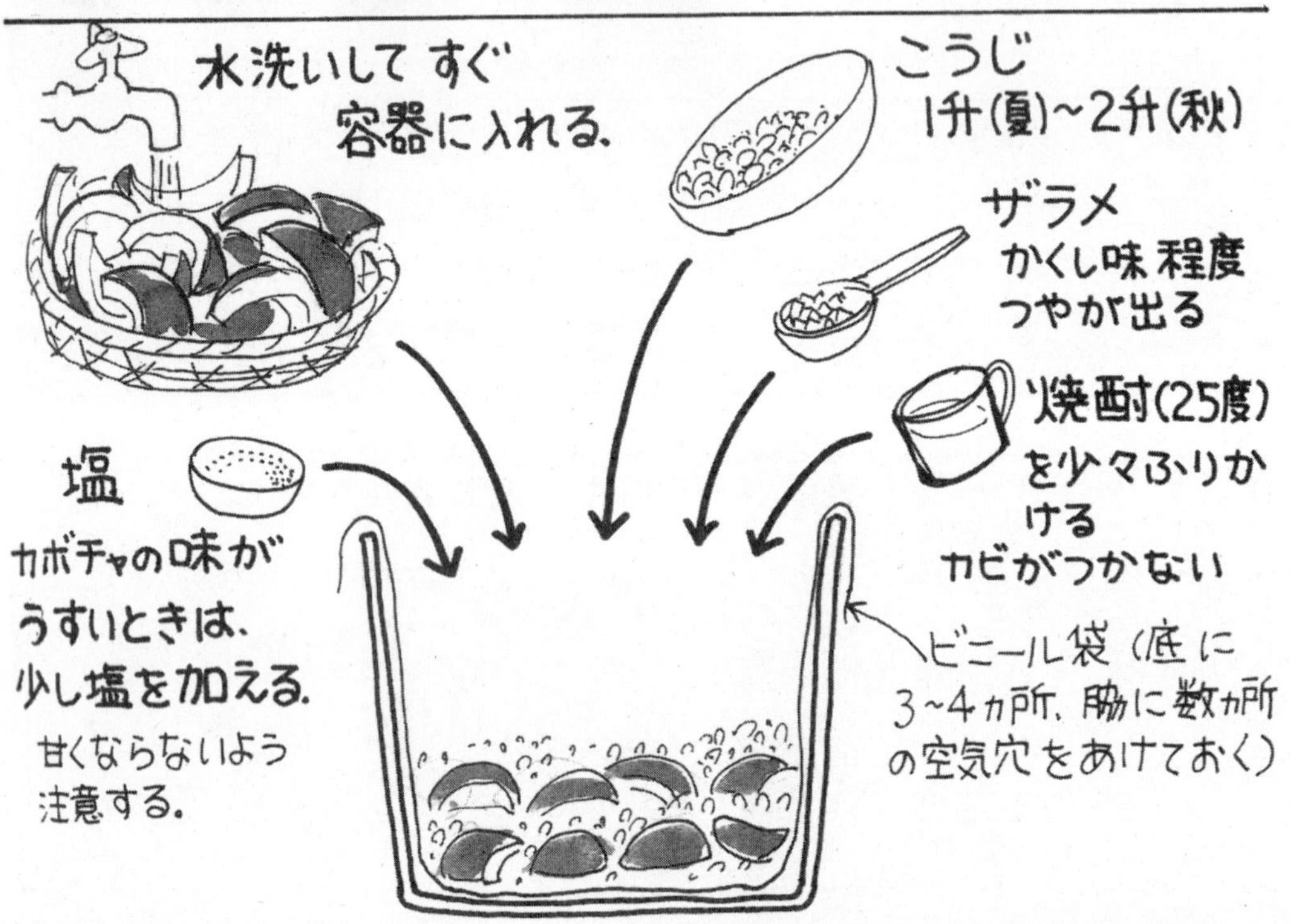
水洗いしてすぐ
容器に入れる。
こうじ
1升(夏)～2升(秋)
ザラメ
かくし味程度
つやが出る
焼酎(25度)
を少々ふりか
ける
カビがつかない
塩
カボチャの味が
うすいときは、
少し塩を加える。
甘くならないよう
注意する。
ビニール袋(底に
3～4ヵ所、脇に数ヵ所
の空気穴をあけておく)

③ カボチャを並べたら こうじをパラパラふってよくなじませ、ザラメを軽くふる。 またカボチャを並べ、何段か重ねたら強く重石をする。

④ 水があがったら重石を軽くして、1ヵ月ぐらいで味がなじむ。

〈材料〉
うらなりカボチャ……約3kg
こうじ…1升(夏)～2升(秋)
ザラメ・焼酎………少々
塩…………必要に応じて
量はいつも"目づもり""手づもり"ですが
それでおいしくできます。

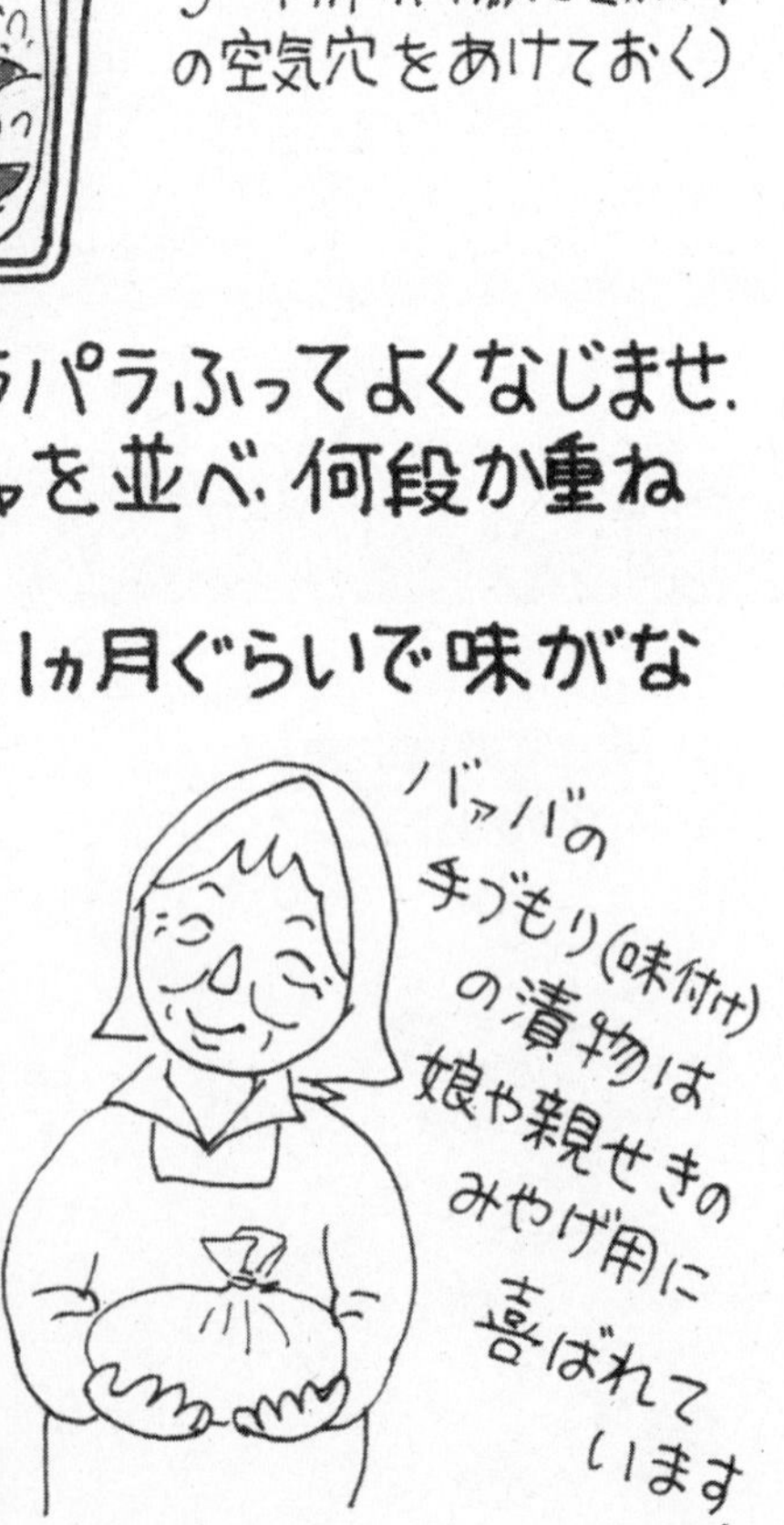
バァバの
手づもり(味付け)
の漬物は
娘や親せきの
みやげ用に
喜ばれて
います。
え・近藤泉

うらなりカボチャの

これまで捨てていた うらなりのカボチャを ひと工夫して漬けてみたら、パリパリッとしておいしく、漬け物の盛り合わせにも色どりよくて、家族やお客さんにも好評です。お盆のお赤飯 ともよくあいます。

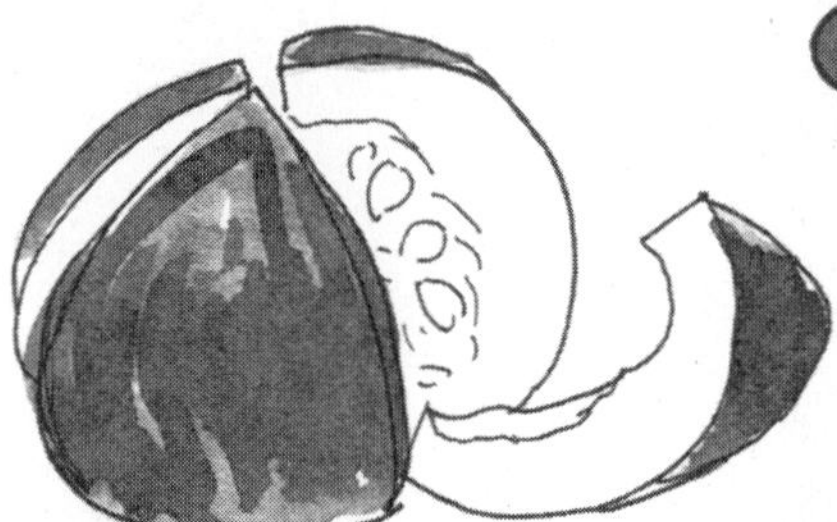

❶ カボチャは4つ割りにして種をとり除く。

皮が硬くなる前の、実が黄色くなった頃のカボチャ。

❷ 3%ぐらいの塩水に下漬けする。

3日(夏)〜10日(秋)ほど。

これをそのまま食べてもおいしい。

健康食　甘酒をつくる

山口県防府市　石野十郎（故人）

甘酒　佐賀県有田町（撮影　岩下守『聞き書　佐賀の食事』）

甘酒は合理的な健康食糧

「甘酒」はデンプンが糖化されたものですから、「甘酒つくり」とは胃袋の仕事（デンプンを胃酸で加水分解して糖化する）を、ご飯を食べる前にすませてやることにほかなりません。したがって、甘酒は胃袋の負担を非常に軽くしてやることができる健康食品です。そのうえ、「甘酒つくり」に試用した麹が持っていた「デンプン分解酵素、タンパク分解酵素」の残存も期待されますから、食後の一杯の甘酒は「消化医薬」を飲むようなものです。そのうえ、食後の満腹感も得られ、エステの一助にもなります。

準備する器具・容器

蒸し器（セイロ）　米の量に応じて適当な大きさのものを使用します。

保温容器（または魔法瓶）　今回は内鍋容量三・五ℓの真空保温調理鍋を使用しました。魔法瓶でもよいのですが、「仕込み」「撹拌」の際不便です。

温度計　必ず用意する。農業用の棒状温度計でよい。デジタル温度計があれば何かと便利。

計量カップ（メスシリンダー）　ヤカンだけでもよいが、なるべく正確な仕込みをする習慣をつける。

用意する材料

米麹　五〇〇g（市販の乾燥米麹。市販の新鮮な米麹があれば申し分ありません）

白米　四五〇g（三合）

塩　五～一〇g（ぜひ天然塩を）

甘酒つくりの手順

①白米の水洗　白米をよく洗って、たっぷりの水に浸ける。米を蒸す前日の夕方までに行なう。浸漬時間は長すぎても米が必要以上に吸水する心配はありません。

②水切り（脱水）　翌朝早くザルに打ち上げて水切りします。打ち上げた米は中窪みに

甘酒つくりの手順

米麹　500g
白米　450g
塩　5〜10g

お米の水洗
↓ 水洗後、たっぷりの水に浸漬（蒸す前日の夕方までに）
水切り（脱水）
↓ （洗濯機で脱水するといい）
蒸し
↓ （蒸気が米を通って噴出し始めてから40分）
蒸し米と麹の混合
↓
仕込み（甘酒もろみつくり）
↓
攪拌
↓ （仕込み後約2〜3時間後軽く）
糖化熟成
（約8時間で完成。冷却して2〜3日おくと風味が出る）

します。金網のザルは水が網に膜を張り、水切りが悪いのでザルの底に乾いた布巾を敷き、水分を吸い取らせるとよい。

また打ち上げた米を直ちに洗濯ネットに入れ、電気洗濯機で脱水すると大変良好な蒸し米が得られます。脱水をお薦めします。

③蒸し　セイロ鍋（釜）の水が沸騰してから、水切り米を入れたセイロをのせます。鍋の水は鍋の水位表示線を越えてはいけません。

蒸す時間はセイロの中の米を通過した蒸気がセイロの外に噴出を始めてから約四〇分間です。

この間に、約三ℓの熱湯を沸かし、保温用気の「内鍋」に注ぎ、内蓋もして外蓋をしめ、容器全体を余熱しておきます。

米麹には準備した塩を添加混合しておきます。

④蒸し米と麹の混合　蒸し終わったら余裕のある容器にセイロから取り出し、シャモジで手早くほぐし、七〇～六〇℃に冷めたら、米麹を投入し、急いでできるだけ均一に混合します。

⑤仕込み　余熱中の保温容器の熱湯はヤカンに取り出し、容器内の内側に蒸し米と麹の混合物を投入します。

次に、ヤカン内のお湯をすばやく六五～七〇℃に調節し、内鍋の混合物に注ぎ込むと「甘酒もろみ」となります。表面水位が、米粒の表面より五～一〇㎜高くなるまで注ぎます。仕込み作業はもろみの温度が五五℃より下がらないよう注意します。

保温容器の外蓋をして仕込み完了です。

⑥攪拌　仕込み後、約二～三時間したら、シャモジで軽く攪拌します。決して米粒を練り潰してはいけません。もろみが固すぎて困難ならば、六〇℃の湯を少量追加して少し緩めてやります。

乱暴に混ぜかえすと米粒が形状を失い、糊味が出て、糖化を阻害し風味も悪くなります。

⑦糖化熟成　使用する白米と麹の量がおよそ等量ならば、約八時間もあれば糖化します。糖化（保温）中の甘酒もろみの温度は約五五℃に保たれるのが理想的です。保温容器は暖かいところに置き、できるだけ冷めぬように留意します。コタツや電気毛布を利用するのもよいでしょう。一〇時間も経過すれば内鍋を取り出して冷却して結構です。二～三日おくと風味が出てきます。

＊

甘すぎるはずですから、適宜薄めて召し上がってください。お好みに応じ、ショウガ、レモン汁、梅しそ、コーヒーなど多彩な風味に工夫するのも楽しいことでしょう。なお、市販の米麹を使用した場合は、飲むとき念のため沸かしてください（殺菌を兼ねて）。

一九九六年一月号　健康食・甘酒をつくる

黒米、ソバ、大麦…なんでも麹に

千葉県長柄町　岡部弘安さん

文・山浦信次

こげ茶色に薄茶色、黒紫に赤紫と、色とりどりの味噌が、採りたてキュウリの緑を引き立てる。食べてみると、サッパリ味でおいしいのは大麦味噌、甘味が強く深い旨味があるのは黒米味噌、口の中に香りが広がるのはソバ味噌、ちょっとくせのある味は、大豆・黒米・大麦・キビ・アワの入った五穀味噌。色の豊かさとともに、味もじつに多彩で、味噌の楽しみがグンと広がりそうだ。

古代米で味噌づくり

多彩な味噌をつくっているのは、千葉県長柄町で水田畑作農業を営む岡部弘安さんと関加代子さんなど加工仲間の人びと。岡部さんは十年ほど前に古代米の実りの美しさに感動して栽培を始め、今では黒米三種、赤米四種などをつくり、経営の柱にしている。玄米で売るほか、もちや味噌などの加工にも取り組む。

黒米の紫色の色素に含まれるアントシアニンなど、穀物の機能性成分を毎日食べる食品に豊富に取り込むことが、岡部さんたちの最大のねらいである。

それには、世界に誇る日本の食文化で、健康食品の代表でもある味噌にするのが一番だ。その味噌づくりに欠かせないのが、麹である。「穀物であれば麹にならないことはないと思って」という岡部さんだが、実際、麹を育てるのは苦労してきた。以下、そのポイントを教えていただいた。

表面に麹菌がつきやすいよう傷をつける

まず大変なのが殻を取り除く作業だ。とくに大麦（皮麦）とソバは殻がとれにくいので苦労した。

結局、大麦は県内で製粉・精米の長い経験を持つベテランの業者を探しあてて、委託している。

ソバの実を殻から取り出す「丸抜き」は、籾摺機や精米機でいろいろ試したり、北海道のソバ味噌産地に問い合わせるなどしたが、今なお模索中である。

次に、麹菌が食いつきやすくするためには、玄米や玄麦の表面に細かな傷をつけてやる前処理が有効である。

大麦は殻をとる際、粒の表面に少し削り傷がつくよう業者に頼んでいる。

黒米は、色と機能性成分を大事にしたいから、あまり精白したくない。そこで、岡部さんは「ぬか九〇％を残す胚芽玄米」としてい

変わり麹からつくった色とりどりの味噌。右下が黒米100％麹味噌、右上が五穀味噌、中が黒米30％麹味噌、左上がソバ味噌、左下が大麦味噌（山浦信次撮影、以下、Y）

る。精米機の圧力を低くして一〇%くらいのぬかを取り除く。

なお、黒米のぬかには色素が多いので、麹用黒米を蒸かす前の吸水の際には、布袋に入れたものを一緒にひたし、色づけとしている。

黒米の玄米（右）を低圧でゆっくり精米機にかけて「ぬか90%胚芽玄米」（左）にすると菌のつきがいい（Y）

黒大麦は殻をとるとき、玄麦の表面に細かな傷をつけてやると（左）菌のつきがいい（Y）

蒸した黒米を人肌に冷まして麹菌を茶漉しでまぶす。麹菌は2回にわけて振ると均一になる（小倉かよ撮影、以下、O）

麹菌をまぶしたら発酵器へ（左が大麦、右が黒米）。温度は38℃ほどに設定。発酵器に入れた翌日の午前と午後の2回かき混ぜる（O）

黒米はもち・うるちブレンドで

はじめ、黒米麹はもち米一〇〇%でつくった。しかし、もち性でんぷんのせいか、発酵が進むにつれて、驚くほど甘い汁が出てきて、ベチョベチョになってしまった。甘酒には最適だったが、味噌にするには、品質的には支障なくとも、仕込みのときに扱いにくかった。

そこで、もち黒米とうるち黒米を半々くらいにブレンドして麹にしている。

吸水と蒸かす時間のこつ

蒸かす前の吸水作業も重要だ。

時間は黒米と大麦が一昼夜である。黒米は研ぐと色が落ちてしまうので、さっと洗って流す程度にする。また、吸水させている間、水に溶け出した色素は下に沈殿するので、途中で一回上下混ぜ返して、全体に色が回るようにする。

ソバは、初めて麹をつくったとき、米麦と同じように水につけておいたらぬるぬるになって失敗した。吸水が早いので、漬ける時間は数時間と、ごく短くてよい。

蒸かしは、黒米・大麦・ソバともあまりかわらない。だが、黒米などは小一時間だが、大麦はそれより一〇～二〇分長くかけている。

麹が完成、仲間で楽しみ味噌づくり

蒸かしたら、人肌に冷まし、一斗に対して二〇gの麹菌を茶漉しで振りかけ、手で揉むようにして混ぜる。麹菌は使う量の半分ずつ振りかけ、二回にわけて作業すると均等に混ぜられる。

ここまでくれば、あとは三八℃に設定した発酵器に入れて、機械にまかせられる。機械に入れた翌日は水分や温度の調整のために、午前と午後の二回かき混ぜに行く。いい香りがただよい、夕方には完璧にできてくる。紫色の黒米に雪が降ったように白い菌糸が回っ

ソバ殻をとって、ソバの実（丸抜き、写真左）にするのに苦労した（Y）

できあがった黒米麹に塩と煮大豆を混ぜる

ているのは実に美しく、食べると甘くておいしい。はりあいを感じるひとときだ。

　岡部さんたちは、この麹のほとんどを味噌に使う。発酵器に入れるのを一日目としたら、二日目に大豆を水に浸す。三日目に

吸水したソバの実。すぐこのように糸を引くので、浸漬は数時間でよい（O）

煮た大豆にソバ麹、塩を混ぜたところ。薄茶色の味噌になる（O）

味噌の材料をミンチにかける。柔らかさ加減は大豆の煮汁で調節する（O）

は麹を発酵器から上げ、大豆を煮て味噌づくりである。

　大豆五kgに対して、黒米あるいは大麦かソバのいずれかの麹を五kg、塩二・三kgの配合である。麹に塩を混ぜ込んで、煮た大豆とともにミンチして、桶に仕込む。あとはおいしい味噌ができるのを待つばかり。

　とびきり甘い黒米麹は少し残しておいて甘酒にし、仲間で賑やかにやるのも楽しい。

地元穀物の魅力アップ

　岡部さんたちによる麹づくり・味噌づくりは、最近、長柄町の地域産業振興の一環として位置づけられた。同じく地元の穀物を活かした、商工会によるパン・クッキー、個人の方によるケーキづくりとともに、「ながら夢工房」が立ち上げられた。

　これまでも、町の都市・農村交流センターの直売所では黒米（こちらもぬか九〇%胚芽玄米）が人気で、センター内のレストラン「里の味」では、岡部さんの黒米の粉を混ぜた手打ち黒米うどんを出している。きれいな色とともになめらかなコシ、コクのある味が喜ばれている。

　こうした地元の穀物の魅力は、麹づくりで加工を広げることによって、いっそう高まっていく。

ながら夢工房　連絡先　長柄町産業課　ＴＥＬ　〇四七五―三五―四四四七

二〇〇四年十二月号　黒米、ソバ、大麦…なんでもこうじに！

白菜の麹漬

針塚藤重（針塚農産）

漬物の材料と、袋詰めされた麹漬

日本の伝統食品である麹は、優れた健康効果をもっている。第一に麹には強い還元作用がある。老化して弱った、酸性状態の頭皮や毛穴、肌などを還元して、活力を取り戻す効果がある。第二に血圧を正常にする。麹菌のつくる特殊機能性物質に、「アンジオテンシン変換阻害酵素」がある。これは味噌や酒粕に含まれている物質で、特殊なたんぱく質でできており、血圧を正常に保つ働きがある。第三には、消化促進作用がある。麹菌は非常に優れた消化酵素を生産する。炭水化物を分解するアミラーゼ、たんぱく質を分解するプロテアーゼ、脂質を分解するリパーゼなどである。ちなみに高峰譲吉博士は、一九〇九年に麹菌からタカジアスターゼを開発して世界中に売った。第四に麹はガンを予防する。秋田大学医学部の滝沢行雄教授らは、麹菌のみが生産するアスペラチンという物質が、ガン細胞の増殖を抑える効果があることを見出した。

わたしは、このような素晴らしい麹の効用を野菜漬に生かしている。麹と昆布、唐辛子、みりん、白醤油、白ザラ糖（結晶が大きく糖分が一〇〇％近い純粋な砂糖）を加えて、米麹発酵漬物をつくり出した。「白菜の麹漬」「きゅうり糀漬」「キャベツ糀漬」などを、銀座三越デパートで毎日販売している。そもそも江戸の昔から、練馬大根のべったら漬や、北海道のニシン漬、かぶらずし、小ナスの麹漬など、麹漬の名産品が全国でたくさんつくられてきた。米麹を使った発酵漬物には、必ずまた食べたくなるという不思議な力もある。

材料

白菜…それぞれの家と土地にあったものということになると、それぞれの家で選抜を繰り返してきた固定種がいちばんである。私は米も漬け菜も農産加工の主流となるものは長い時間をかけて自分で育種してきた。種苗メーカーから品種検定も委託されているから品種には敏感になる。白菜で現在いちばん注目しているのが中国から導入した「青慶」という品種である。病害虫に強く、外葉も軟らかくておいしく食べられる。外気温がマイナス一〇℃になっても青々としてグリーンを保つ強さをもつ。つぼみ菜としても利用でき、花茎の辛味もうまい。

　白菜も高齢化社会に向く品種が出はじめた。二〇〇五年の秋に出たミニ白菜の「ワワ菜」(トキタ種苗)が好評である。中国で育種されたもので、「ワワ」とは赤ちゃんというほどの意味である。大きさも一個一〇〇〜二〇〇gと小ぶりで、少人数の家庭や高齢者世帯向きといえる。葉肉が薄く軟らかく、加工すると味がしみ込みやすい。これまでの白菜は多肥傾向で苦味も出ることがあったが、このミニ白菜は少肥ですみ、甘味があっておいしいという評価である。麹漬にして春先に販売しはじめたが、いずれの即売会場でも好評を博し、伊勢丹などデパートにも出荷するようになった。

麹菌…種麹は秋田今野商店から白色二号菌を取り寄せている。白色二号菌の特徴は、アミラーゼ力価とプロテアーゼが強く、ペクチナーゼの力は弱い。したがって、野菜類のペクチンはしっかりと保つことができるので、テクスチャーのよい、歯切れのあるおいしい漬物となる。

米…くず米や小米、青米でもよい麹ができるからうまく利用する。不作や異常気象の年には米を麹にして生かしたい。麹があれば酒まんじゅう用のどぶろくもできる。また雑穀類やふすま、おからを使っても麹はできる。麹のつくり出す酵素の働きによって、パンづくり、ふかしまんじゅうなどもできる。

塩…塩は自然塩を使う。海水由来の自然塩がよい。

製麹《せいぎく》

　麹を上手につくるには、まず何をおいても麹菌の性質を十分心得てかかることが必要である。麹菌はカビ類の一種で、米や麦のように炭水化物を多く含んだ穀類や、大豆のようなたんぱく質に富んだ食品の上に非常によく繁殖する。面白いことに生の穀類には繁殖しない。したがって、米や麦は強い蒸気で一時間ほど、しっかりと蒸す。生蒸しはいけない。麹菌の生育条件の五つを守ることが大切である。

図1　白菜麹漬の工程

〈原料と仕上がり量〉
原料：白菜1,000kg、昆布30kg、トウガラシ30g、みりん30*l*、白ザラ糖30kg、白醤油30*l*、
仕上がり量：500〜600kg

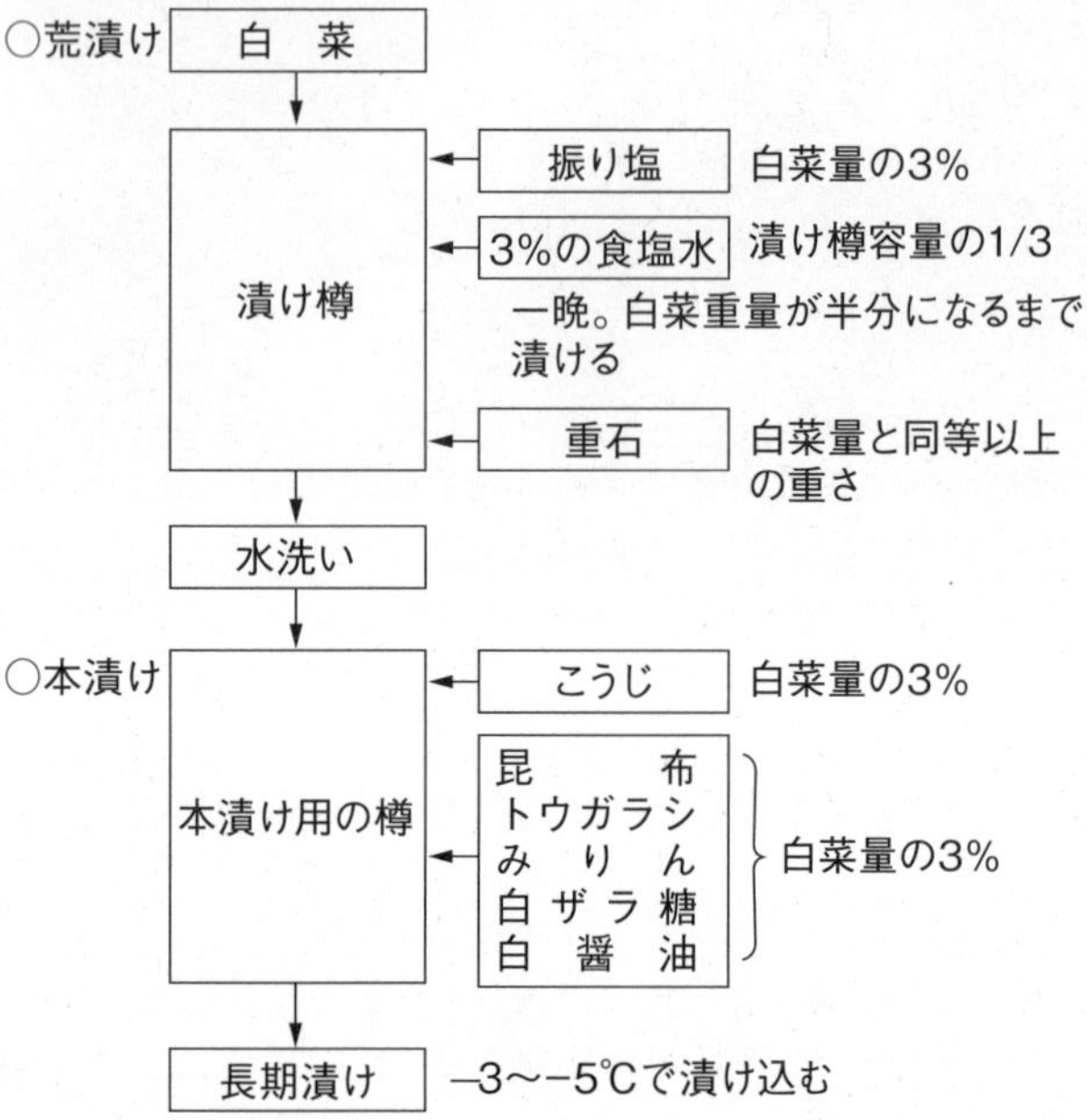
○荒漬け
白　菜
漬け樽
振り塩
白菜量の3%
3%の食塩水
漬け樽容量の1/3
一晩。白菜重量が半分になるまで漬ける
重石
白菜量と同等以上の重さ
水洗い
○本漬け
本漬け用の樽
こうじ
白菜量の3%
昆　布
トウガラシ
み　り　ん
白ザラ糖
白　醤　油
白菜量の3%
長期漬け
−3〜−5℃で漬け込む

①麹菌栄養物として炭水化物、たんぱく質、無機物などを利用しやすい状態にする。大豆、米は蒸煮し、小麦は炒熱破砕して、ほどよい水分、湿りのところで種麹を接種する。

②保温は、品温で三三〜三八℃の最適温度を保つ。

③保湿は梅雨のころの湿度ぐらいで、乾湿球温度計の差は二℃内外がよい。

④室内の換気をしやすくし、手入れ操作によって新鮮な空気（酸素）を供給する。

⑤雑菌の発生防止のために、麹をつくる場所、容器その他の使用器具の消毒、原料の処理、手入れ操作などを無菌的に行なう。

伝統的な米麹・麦麹のつくり方を示す。

浸漬…米・麦は搗精したものを水に浸す。この浸漬時間が重要である（表1）。温度と時間を守ること。米は手早く洗う。

浸漬中に米・麦の諸成分は水中に溶け出すので、長く浸けないことである。腐敗や変質のおそれもあるので、粒の心まで浸かればざるに取り上げて、しっかりと水切りする。そして蒸す前に、いま一度清水で洗いごみなどをとり、三〇分間水切りする。

蒸熱…米は強い蒸気で一時間蒸熱する。蒸気はけちらないこと。強く炊くために火燃しをしっかりとやることである。

蒸し麦はゴムのように弾力があって粒を床に投げつけたとき、ピーンと跳ね返って飛び上がるようなものがよい。蒸し米は上粘りしないで光沢のある状態に蒸し上げる。ご飯のように軟らかくなってはならない。

冷却…蒸し米・蒸し麦を冷ます温度は、夏は三五℃、冬は五〇℃、春秋は四〇℃とする。これを麹室に取り込む。

床もみ…蒸し麦は冷めたらすぐ種麹を加える。種麹を植えることを「床もみ」という。種麹は少々多めに使う。床もみは相当の力を加えねばならない（図3）。

表1　気温と米、麦の浸漬時間

気温	浸漬時間（時間）	
	米	麦
10℃以下	15〜24	4〜6
15℃	10〜12	3〜4
17〜18℃	6〜8	2〜3
20〜23℃	3〜5	1〜2
33℃以上	〜3	40分以内

図2　製麹中の品温管理

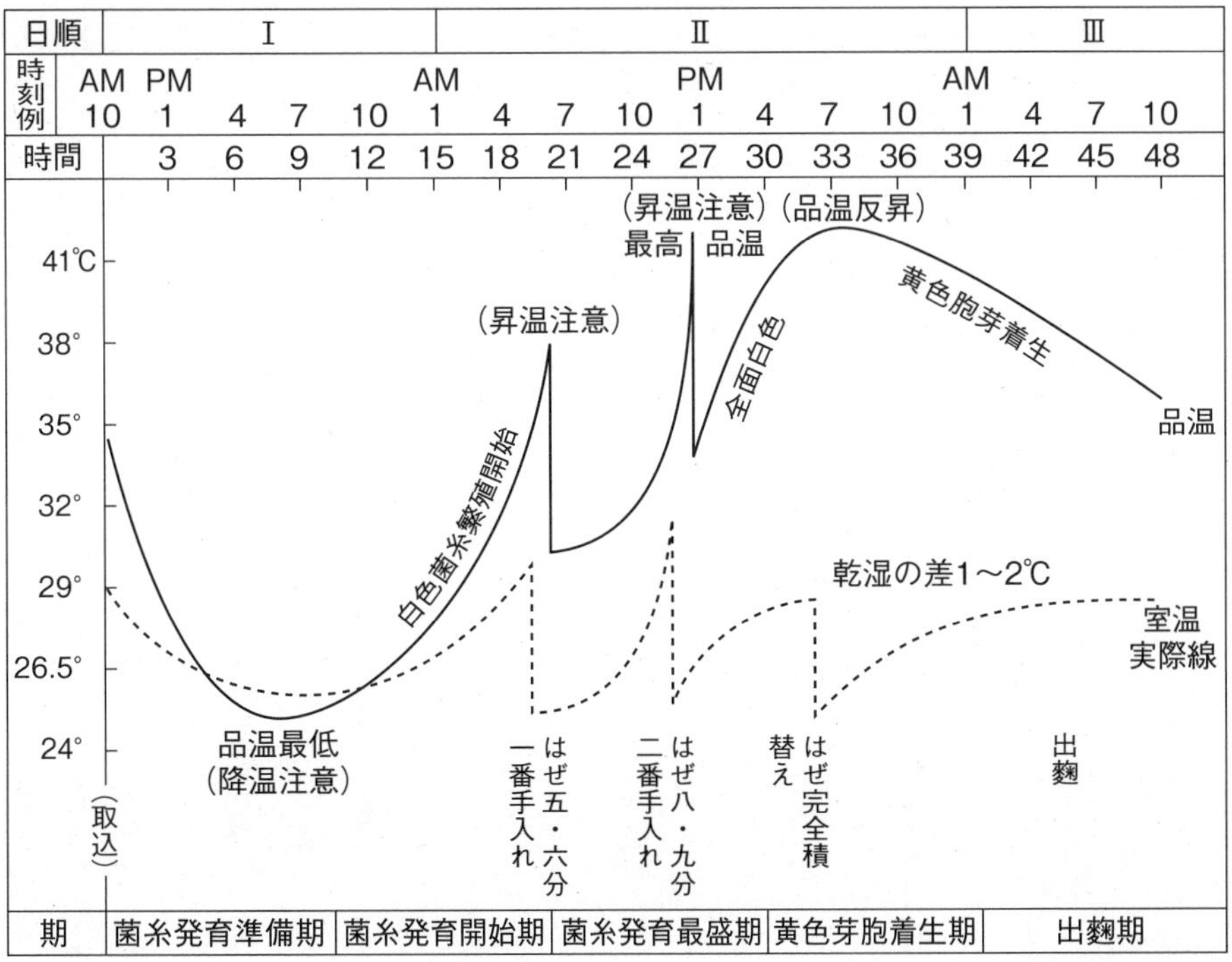
日順
Ⅰ
Ⅱ
Ⅲ
時刻例
AM 10
PM 1　4　7　10
AM 1　4　7　10
PM 1　4　7　10
AM 1　4　7　10
時間
3　6　9　12　15　18　21　24　27　30　33　36　39　42　45　48
41℃
38°
35°
32°
29°
26.5°
24°
（取込）
品温最低
（降温注意）
白色菌糸繁殖開始
（昇温注意）
（昇温注意）（品温反昇）
最高　品温
全面白色
黄色胞芽着生
品温
乾湿の差1〜2℃
室温
実際線
はぜ五・六分
一番手入れ
はぜ八・九分
二番手入れ
はぜ完全積替え
出麹
期
菌糸発育準備期
菌糸発育開始期
菌糸発育最盛期
黄色芽胞着生期
出麹期

（久田誠之助原図）

図3　床もみの方法（久田誠之助原図）

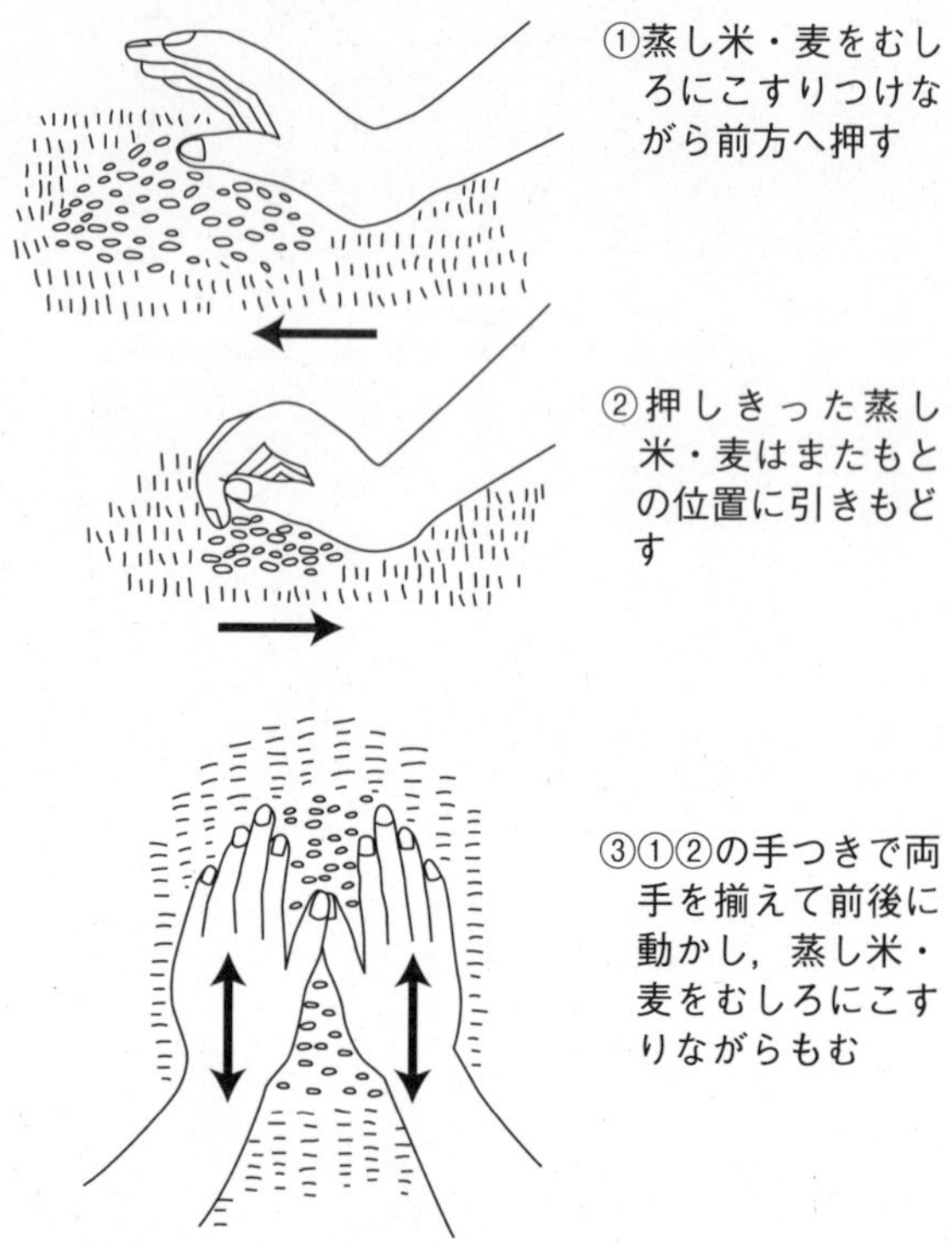

①蒸し米・麦をむしろにこすりつけながら前方へ押す
②押しきった蒸し米・麦はまたもとの位置に引きもどす
③①②の手つきで両手を揃えて前後に動かし，蒸し米・麦をむしろにこすりながらもむ

手入れ…取り込んで二〇時間経つと品温が三八℃くらいになる。そこで一番手入れをする。手入れ後の品温は三〇～三二℃である。二番手入れははぜわたり八～九分になり、全面が白くなる。品温が四〇℃にもなり、麹菌の発育がいちばん盛んなときなので、特に空気をたくさん与える手入れをする。品温は三二℃くらいにする。

積替え…二番手入れ後四～五時間経ったら、積替えをする。種麹を植えてから、麦では三三時間、米では四〇時間ほど経ったときではぜわたりが全面となりまっ白な状態になる。

出麹…麹は四八時間で出麹となる。

荒漬け

まず、漬け樽の三分の一に、三％の食塩水をつくる。ちなみに食塩濃度は、白菜、キャベツの場合が三％、大根は八％、本干し大根四％、長期保存漬物は二〇％である。野菜に付着する農薬などのほとんどの有害成分はプラスイオンなので、食塩のマイナスイオンで排除できる。この漬け樽の中に白菜を入れ、材料の三％の塩を霜降り状に振る。

重石をたっぷりとして一晩おき、翌日、取り出して水洗いする。重石が重要で、これによって早く水が上がり、漬物の中のあくが出る。重石は一tの白菜なら一t以上の重石をのせて、白菜が五〇〇kgになるまで漬ける。重石をすることで嫌気状態になるので、ラクトバチルスなどの嫌気性の乳酸菌によって発酵がすすみ雑菌がいなくなり、きれいな浅漬ができる。重石をしっかりした漬物を食べて食中毒など出たことはない。

注意することは、荒漬けの段階で初めから麹を入れないことである。必ず、荒漬けであくを抜いてから、よく水洗いして麹漬にすることである。

本漬け

本漬けでは、白菜量の三％相当の昆布、唐辛子、みりん、白ザラ糖、白醤油などを使う。このとき材料をケチらないことが大切である。白ザラ糖は乳酸菌や酵母の栄養になる。麹菌も抗菌力があるが、乳酸菌もバクテリオシンを代謝するので、発酵に保存性、栄養的保健治療的効果をもっている。

麹…白菜の麹漬には、麹は三％以上を入れる。ただ大量に入れすぎてはいけない。麹の酵素などは少量でも効果があるからである。

昆布…昆布は必ず入れる。昆布のグルタミン酸があると、米麹の酵素の働きでギャバ（γ-アミノ酪酸）ができるからである。良質な昆布をたくさん使うこと。昆布自体も麹の働きで軟らかくなるから、細かく刻んで食べるようにする。煮物にしてもおいしい。

唐辛子…唐辛子を入れると、辛味成分のカプサイシンが酸化を防いでくる。さらにドーパミンなどによるホルモン活性の効果も知られているのが唐辛子である。

みりん…みりんは、本みりんを使うと味がまろやかになる。荒漬けの乳酸菌がみりんのアルコールに作用して乳酸エチルエステルができる。これが、なんともいえぬ素晴らしい香りを生む。ついまた食べたくなり、麻薬以上の効果が期待できる。隠し味であり、いちばんのコツである。

白ザラ糖…白ザラ糖が入ると、糖が植物性乳酸菌のえさになる。また、たとえば四〇gの糖からは、麹の酵素や酵母の働きで二〇gのアルコールができる。漬物中のアルコールは、食中毒菌などを抑える効果もある。麹入り漬物は、大腸菌群などを陰性にするほか、優れた食品衛生効果が発揮されるものといえる。

麹

熟成

漬け込んだ白菜はマイナス三～マイナス五℃の低温でさらに漬け込む。この温度で漬け込めば、長期低温発酵漬物となり、低温乳酸菌および酵母の働きで旨味が増す。

包装

漬物の包装は水がもらないものであれば、何でもよい。瀬戸物の容器を使って評判になったこともある。木樽でも、プラスチックの樽でもよい。大切なことは容器に余裕があることで、たとえば一〇kg入りの容器なら三kgくらいの容量に抑えることである。容器に余裕があると漬物の扱いやすさがまったく違い負担感がすくない。

失敗経験に学ぶQ&A

Q　製麹中に納豆菌が拡がってしまった。

A　麹の温度を四二℃以上にして長時間経過すると、納豆菌が優勢に繁殖してしまう。温度の上がりすぎを防ぐことが、いちばん大切である。

Q　麹の色が黒くなってしまった。

A　過湿になって、クモノスカビ、ケカビ類（黒寝菌）が発生したのが原因と考えられる。麹の外観が黒色を呈するので、これを「黒寝麹」という。これらの菌は湿気を非常に好むので、麹室が過湿になるとこうした状態が見られる。

針塚農産　群馬県渋川市中村六六
TEL〇二七九―二二―〇三八一
FAX〇二七九―二四―五四二四

食品加工総覧第五巻　ハクサイこうじ漬　二〇〇六年

黒麹でクエン酸酢をつくる

千葉県山武町　永田勝也

黒麹（アスペルギルス・アワモリ）

九州などで焼酎に使われる焼酎用麹や、沖縄の泡盛焼酎に使われる泡盛黒麹（アスペルギルス・アワモリ）などの麹（以下、「黒麹」）は、クエン酸の生成能力が非常に高い点が他の麹と大きく異なる点だ。この黒麹で仕込んだ酢は「クエン酸酢」になる。

黒麹で酢を作るメリットは、白色の黄麹よりも雑菌が繁殖するリスクが少ない点だ。黒麹でもろみを仕込む際、黒麹が作ったクエン酸がpH四以下の酸性状態を維持するので、雑菌が繁殖しにくい条件下で発酵がすすむ。

黒麹で作ったもろみはクエン酸を生成しているので、できあがりは酸っぱく、とても飲めたものではない。そこでもろみを蒸留してアルコール分だけを取り出し、焼酎や泡盛とする。クエン酸は揮発しにくいので、もろみの中に残る。これをろ過・清澄すれば、焼酎や泡盛の副産物として「もろみ酢」もできる。うまくできたシステムだ。黒麹は、南国の酒づくりとクエン酸酢のために生まれた麹で、まさに「南方系の麹」といえるかもしれない。

黒麹づくり

味噌や清酒に使う「黄麹」とほぼ同じ段取りだが、次の点に注意。

①菌糸の生育が遅いので、初期の温度を黄麹よりも三〜五℃高くする。

②菌が生長し、クエン酸を生成する最適温度は三五〜三六℃なので、最終の手入れ（かくはん）後、三五℃以下にならないよう注意。麹づくり後半は菌糸が十分に回って急に温度が上がりやすいので注意。

③出麹の目安は四〇〜四五時間。その際、強酸味（クエン酸味）があるのがよい。クエン酸はレモン果汁と同じで揮発しないので、酢酸酢（米酢）のような強い刺激臭はない。

④菌種にもよるが、泡盛黒麹菌の胞子は真っ黒で衣服や敷き布につくと汚れるが、漂白剤で落ちる。

なお、焼酎に使われている焼酎用麹は、現在「白い麹」が使用されているが、これは河内源一郎氏が発見した泡盛黒麹の白色変異株である。これを使えば衣服を汚すことはない。

仕込み、発酵

①仕込み　材料をビンに入れて混ぜ、軽くふたをする。品温は二〇〜二五℃あればよい。日本酒の仕込み時のように低温である必要は

●材料

梅酒などに使う、8ℓのガラス瓶
黒麹……1.5〜2kgの米で仕込んだもの（麹になると約1.2倍になる）
水……5〜6ℓ
イースト……1g（パン用で可）

●焼酎用麹菌・泡盛麹菌の入手先

㈱ビオック
〒441-8087 豊橋市牟呂町内田111-1
TEL. 0532-31-9204
FAX. 0532-31-0316

㈱秋田今野商店
〒019-2112 秋田県仙北郡西仙北町刈和野248
TEL. 0187-75-1250
FAX. 0187-75-1255

ないが、直射日光の当たらないところにおく。一日一回軽くかきまわす。

②アルコール発酵させる　一～二日後に泡が出始めて発酵が始まる。同時に、もろみの中に、麹菌が作り出したクエン酸が溶け出してくる。

二～三週後、発酵が落ち着いて仕込み液がすっぱく感じられたらできあがり。出麹のときと同様、揮発性の酢酸のようなツンとくるにおいはなく、レモンのような味がする。

③搾る　発酵が一段落したら、もろみを搾る。家庭なら金ザルでこす程度でよいが、こした液はきれいに洗ったガラスビン等に入れる。

こしたあとの黒い液体は、いわば「黒麹もろみ酒」で、クエン酸とアルコールの両方が入っている状態。これを鍋に入れて加熱し、アルコールを飛ばす。アルコールは八〇℃で沸騰するので、煮立てなくてもよい。もろみ中のアルコールが蒸発したら「クエン酸もろみ酢」の完成である。保存性は悪いので、冷蔵庫で保存する。

④酢酸発酵　「黒麹もろみ酒」にさらに酢酸菌を入れるか、または一～二か月放置して自然の酢酸菌が入るのを待って（白く薄い膜が張ればＯＫ）酢酸発酵させれば、二～三か月後には「クエン酸・酢酸混合酢」になる。この「混合酢」は酢酸が入っているので保存性がよい。

泡盛などに使われている黒麹

クエン酸とアルコールの両方が入っている黒麹もろみ酒の状態。すっぱい酒、といった味

アルコール発酵を伴わずにクエン酸をつくる

イーストを入れないで、つまり、アルコール発酵をさせずに酢を作ることも可能である。一般の酢（酢酸酢）は、黄麹ででんぷん質を糖化し、その糖を酵母がアルコールに変え、さらにそのアルコールを酢酸菌が酢酸に変えるという過程だ。そのため醸造期間は大変長い。

だが、クエン酸酢のほうは、黒麹自体がクエン酸を生成する能力が高く、対糖率で六〇～九〇％もの高率でクエン酸を作る。そのため、醸造期間は酢酸酢よりも短い。また、アルコール発酵をさせないので、酒税法にも触れない。米から黒麹を作り、水を加えて純粋なクエン酸酢を作れば、文句をいわれる筋合いはないのである。

液内発酵法

アルコール発酵を伴わずに黒麹から直接、クエン酸を作る方法を紹介する。採取方法は大まかに三つに分類されるが、今回紹介する「液内発酵法」は黒麹、または黒麹菌を水の中で培養してクエン酸を得る方法である。ポ

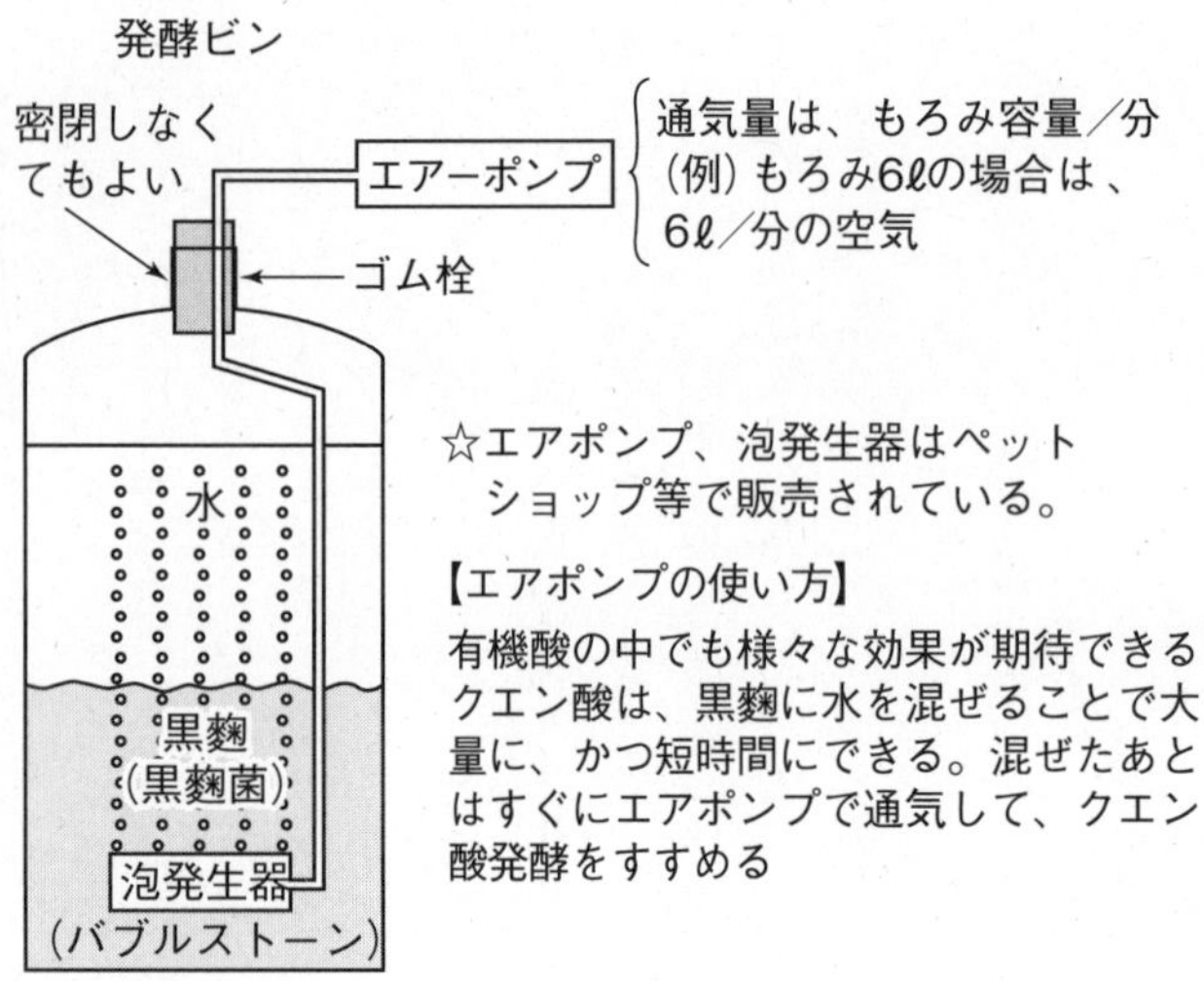
発酵ビン
密閉しなくてもよい
エアーポンプ
通気量は、もろみ容量／分
（例）もろみ6ℓの場合は、6ℓ／分の空気
ゴム栓
水
黒麹（黒麹菌）
泡発生器（バブルストーン）

☆エアポンプ、泡発生器はペットショップ等で販売されている。

【エアポンプの使い方】

有機酸の中でも様々な効果が期待できるクエン酸は、黒麹に水を混ぜることで大量に、かつ短時間にできる。混ぜたあとはすぐにエアポンプで通気して、クエン酸発酵をすすめる

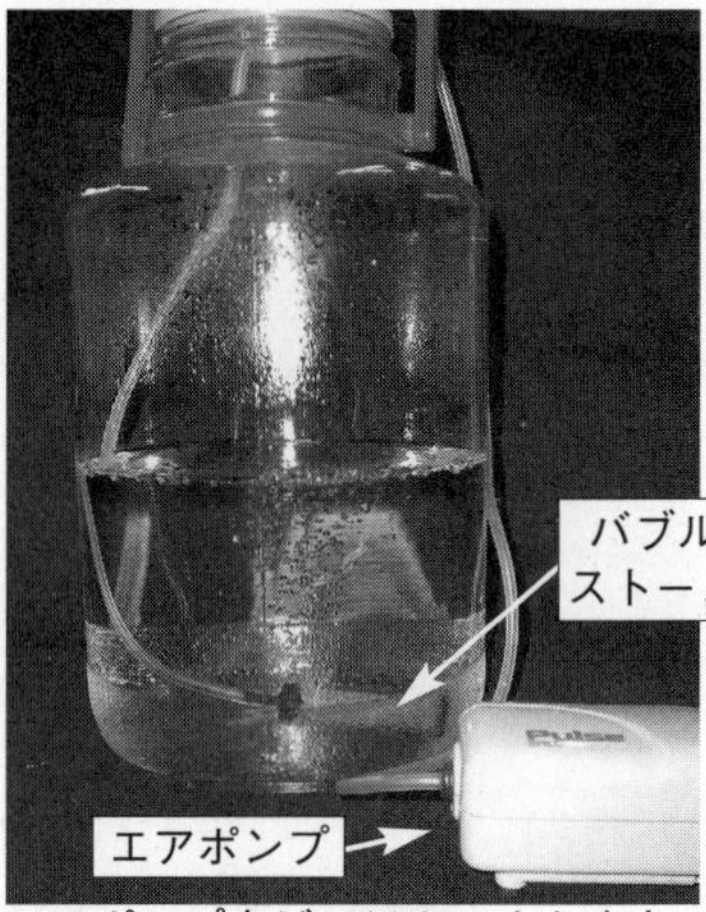
バブルストーン
エアポンプ

エアポンプをビンにセットしたところ（黒麹は入っていない）

イントは以下のとおり。

①アルコール発酵と違い、クエン酸発酵は十分な酸素を必要とするので、エアポンプなどで通気する（通気量は、もろみ量ℓ／毎分。上図）。

②もろみの品温は二五～三五℃とされているが、低いほうがクエン酸生成がよいといわれるので、私は二五℃前後の温度帯で行なっている。

③もろみがpH四以下であれば雑菌の汚染による失敗は少ない。

④原料の割合は、黒麹一kgに対し、加水量は三～五倍程度。麹にはすべての栄養素が含まれているので、栄養源の添加は必要ない。

材料…黒麹二kg（米重量。麹にすると約一・二倍になる）。水五ℓ。

①**仕込み**　麹をよくほぐし、水と一緒にビンに入れて、よく混ぜる。品温は二五℃前後の温度帯がよいので、冬は加温する。ただちに通気を行なう。

②**発酵**　仕込み後、二～四日で黒麹の胞子が発芽し、菌糸が伸長しはじめる。液内発酵における黒麹菌の生長には二つの形態があり、ほぼ同時に見られる。一つが、米粒のまわりの菌糸が生長してペレット状になり、泡とともにもろみの中を「巡回」するもの、もう一つがエアポンプから空気が出ている周辺で菌糸がマット状に生長しているものである。

クエン酸発酵がいつ終了するか見極めるのが難しいが、一四日前後で舐めてみてレモンと同等の酸味（六～七％）が感じられて酸が強く出ていると確認できたら発酵をとめる目安。条件によっては二〇日前後かかることもある。

③**ろ過**　もろみを金ザルでこす程度でよい。こした直後の液体は黒麹の胞子の色で黒色だが、冷暗所で放置すると胞子や雑物は次第に沈殿し、約一か月後には透明になる。市販の「黒麹もろみ酢」はオリびきされているので透明である。

発酵させている間、野生酵母が入ってしまうとアルコール発酵が始まることがあるが、保存性を高めるので好都合である。その場合、ろ過したあと、なるべく空気に触れさせて酢酸発酵させ、クエン酸と酢酸が混合した有機酸とする。

二〇〇四年三月号　黒こうじで黒酢を作ろう／
二〇〇四年六月号　黒こうじで手づくり有機酸

小型発酵器で米麹づくり

小清水正美（神奈川県農業技術センター）

米麹は昔からいろいろな方式でつくられてきた。大きく分ければ蓋麹法と厚層法（内部通風）とである。蓋麹法には小蓋法、中蓋法、大蓋法などがある。厚層法には風調機のない簡易法、断熱通風型、連続通風型、通風逆送型、回転円盤型、回転ドラム型などいろいろな方式があり、これに応じた装置もある。これら装置と手作業を組み合わせての麹づくりもあれば、完全自動化された麹づくりもある。ただ、上に紹介した方式や装置は大型であったり、熟練した技術を要したりするものが多く、技術が未熟であったり、小規模経営であったりすると手が出しにくかった。

最近は、簡易な温度制御装置を組み込み、一五～三〇kg程度の少量の麹をつくることができるような小型の発酵器が製造、販売されている。この形式の発酵器は、ヒーターによる加温と送風機による空気交換の機能をもっているが、冷却や除湿の機能はもっていない。この機能特性を理解して使わないと品質の良い麹はできない。

これらの発酵器は数社から販売されており、一五kgタイプで二〇～三〇万円程度である。このため、個人で買うよりも農業改良普及関係の事務所や地域の共同加工所などの公費、補助金などで購入できるところに導入されている。農家個人では麹づくりや味噌づくりを年間数回行なうところで購入している。この小型発酵器を利用した麹づくりを、以下に紹介する。

もちろん、麹は発酵器がなければできないというものではない。昔の農家では、むしろや稲わらを利用して、温度、湿度の管理をしながらつくっていた。また、自家用として、こたつや発泡スチロールの箱、厚手の紙袋を利用してもつくれる。麹づくりに必要なのは、各工程の温度と湿度の制御だといってもよい。農家が利用している小型の育苗機でも温度と湿度の管理がうまくいけば麹はできるし、簡単なヒーターを設置した簡易な発酵器を手づくりすることもできる。

材料

米…どのような米であっても麹の原料となる。しかし、麹をつくりやすいのは粘りの少ない米で、粒の大小はあまり問題にならない。粘りのある米は蒸した後のほぐれが悪く、ほぐす作業に苦労する。ほぐれが悪く蒸し米がだんご状になると、麹菌の繁殖（まわり）が悪くなる。こうなると麹の力が蓄積できず、麹に求められる本来の力が発揮できない。麹として好ましいのは、粘りの少ない米を原料とし、酵素の力があるパラパラとしたほぐれの良いものである。粘りのある米を原料にしたときは、蒸し米のほぐしに多大な労力を必要とすること、水抜けが悪いので水分の多いべちゃつく麹となることを覚悟のうえで、利用するとよい。

原料になる米には、米選時に出るくず米も利用できる。古米、古古米も虫の発生がなく、精米後に異臭がなければ使うことができる。くず米を軽く精白すると小さく砕けた米や米粉が出てくるが、小さな砕米や粉は蒸し米にすると糊状に溶けて、べたつく原因となるのでふるい分けし、みじん粉や米粉として別な用途に利用する。

砕け米を使うときの注意事項は、水切りを十分に行なうこと。米粒が小さいので、米粒と米粒の間に水が残りやすく、水切りが悪いままに蒸すと水分の多い蒸し米となり、塊になりやすいので注意する。

種麹…市販されている種麹には米味噌用、麦味噌用、醤油用、甘酒用などいろいろの特性をもったものがある。

市販されている種麹は専業向けにつくられているので、米味噌用は米味噌に、麦味噌用は麦味噌に適している。だからといって、米味噌用種麹では麦味噌用の麹や甘酒用の麹ができないというものではない。それぞれの種麹の特性を知り、たんぱく質分解酵素や澱粉分解酵素などの活性の強さを知ることが必要である。また、種麹によって製品の色も変わる。これらのことを理解して使い分ける知識と技術をもつことが必要となる。要は、種麹を購入、使用するにあたって必要な情報を得ておくことである。

発酵器…小型発酵器の製造メーカーは多くない。どこまでを小型発酵器というのかその区分は明確ではないが、農家レベルで味噌を仕込む場合には六〇ℓ入る容器（昔でいうなら四斗樽）を単位とする。仕込み割合は目的とする味噌によって異なるが、近年は大豆と麹を同量、塩一二%という割合の味噌が多くつくられている。このときの麹の必要量は一五～一六kg、味噌として仕込む量は五五kgくらいになる。味噌づくりのマニュアルでは麹の量を記したり、米として一五kgと記すこともある。いずれにしても、この量が麹製造の一単位となることが多い。

しかし、一五kgの麹をつくる機械は少ない。最低でも六〇kgを単位とするものが多く、数社が一五kg用の発酵器を製造するにすぎず、価格は高い。購入後の減価償却や製品コストへの反映を考えると個人が年一回の味噌づくりのために購入するという加工機器ではない。

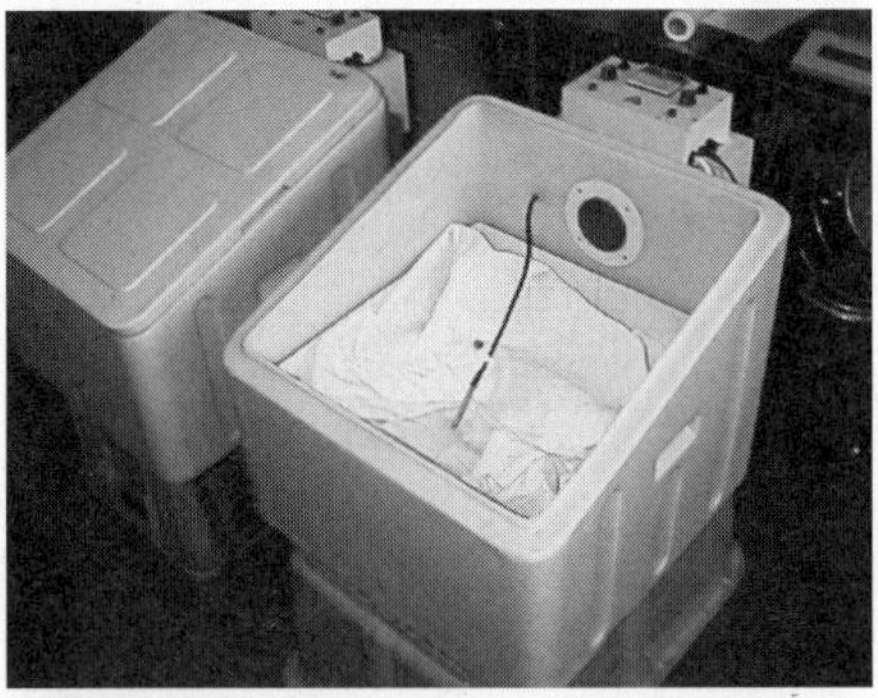
小型発酵器

稲の育苗器も利用できる

発酵器は温度と湿度が制御できる環境を整えるだけと考えれば、いろいろな施設、道具類を組み合わせることで、麹づくりの環境整備はできる。温度の制御ならば温室、農業用ハウス、育苗施設なども機能をもっている。湿度調節は加湿ならば水蒸気を加えることで可能であるが、麹づくりでは加湿よりも水分除去が重要になる。水分除去は強制的に除湿装置を使って強制的に行なう必要はなく、外気との交換程度で可能な調整となる。

上記の簡易な装置は、小型であるなら手づくりすることも困難ではない。木のもつ保温機能や水分調節機能などの特性を利用してつくるとよい。現在はプラスチック製品万能ではあるが、昔の麹づくりは木の特性を最大限に利用した麹室や麹蓋が用いられてきた。

製造工程

米麹づくりの工程を図1に示す。

洗米…米は手早くよく洗い、ぬかや異物を完全に除去する。ざるに米を入れ、ざるの外側にざるよりも大きい容器を受けにして、米に水を注ぎ入れながら水洗いし、ざるを引き上げて水を換えると手早く水洗いができる。

浸漬…米は組織が緻密なので、やや浸けすぎるくらいのほうがよい麹できる。吸水の程度は吸水した米粒を指先でつまんで強くひねると砕けるくらいがよい。当然、米の大きさ、水の温度、環境の温度により吸水時間が変わる。自然環境に近い作業場ならば、冬季で一七～二四時間、春先や秋口では一二～一七時間である。室内などで空調が整っているなら、水温と室温をチェックし、その温度が冬季の作業か春先の作業か、どの季節に該当するかを判断して浸漬時間を決める。

くず米を利用するときはその状態によるが、米の粒が小さいので、吸水が悪くなる低温条件や冬季でも七～八時間程度である。

水切り…十分に吸水した米をざるに上げて、三〇分くらい水切りする。ざるに入れ、ただ静かに置いても水は切れてくるが、ざるの底の部分は水が残りやすい。水切り容器のざるが大きく、米の量が多く入るときは水切れが悪いので特に気をつける。大ざる一個で水切りするより、数個のざるに分けて水切りしたほうが水切り効率がよい。

水切りしている間や水切り後に米をガサガサ、乱暴に扱わない。水切りした米を乱暴に扱うと水洗いした米の表面がこすれあって削られ、新たな米粉ができる。この米粉が混ざった米を蒸すとより多くの水を吸い、余分な水としてでき上がった麹をべちゃつかせるもとになる。

蒸す…水切りした米を、蒸気が通りやすいように蒸し器に軽く置き入れ、蒸気を通す。蒸気の強さは最大にする。蒸気が強ければ、米の全面を蒸気が抜け、蒸し器の最上部から強く吹き出してから二五～三五分程度で蒸し上がる。蒸気が弱ければもっと長い時間が必要で、また、内部にとどまる水分も多くなる。蒸し米は「ふんわり」として心まで熱が通っていなければならない。蒸し加減の見分けは、米粒を指先でひねってみて、心がなくなり、もち状になればよい（この見分け方をひねりもちという）。蒸し時間は米の質、吸水加減、蒸気の強さで変わるので、ひねりもちで確認するのがいちばんよい。

蒸しすぎも米が水を吸いすぎるので、注意しなければならない。また、弱い蒸気で蒸すと、蒸気が米の中に水分として溜まるので、ベチャベチャとした蒸し上がりになり、麹菌を付けるときに米がくっついて作業性が悪くなる。

冷却…蒸し上がった米を蒸し器から取り出し、作業台の上で塊をほぐす。全体をかき混ぜながら、三五～四〇℃に冷やす。全体をかき混ぜるときは、下から上、下から上に大きくかき混ぜながら、塊をほぐすようにする。やみくもに、力任せにかき混ぜると米が潰れ、塊はほぐれず、もち状になってしまう。また、表面だけをかき混ぜると下部の米がなかなか冷えず、水分も多いままになる。

下から上に大きくかき混ぜることで、部分的な水分の多い少ないがなくなり、全体の水分も均一になる。

種付け…蒸し米をよくほぐし、種麹が全体に、均一に付くようにする。種麹を全体にパラパラと振りかけてもよいが、蒸し米の一部に種麹を振り、手のひら全体を使ってよくもみ込むこと。こうして種麹が多量に付いた蒸し米をつくり、これを全体に振りかける。米粒に傷を付けるようによくもみながら、全体

図１　小清水さんの米麹づくりの工程

《原料と仕上がり量》
原料：米（精白米）15kg，種麹（味噌麹用）15g，発酵器。出麹で 16～17kg の麹になる
仕上がり量：出麹はその時々によって異なり，良くできると 16kg くらいになるが，水分の抜けが悪いと 17～18kg となることもある

工程	内容
洗　米	米を水洗いする
浸　漬	水洗いした米を水に浸ける。マニュアルなどには季節によって水浸け時間を変えると記されているが，水温と環境の温度によって水浸け時間を変える
水切り	吸水した米をざるに上げる
蒸　す	米を蒸し器に入れて，心がなくなるまで蒸す その時々の条件が異なるので，時間管理ではなく，蒸し米の状態で管理する。熱のいちばんとおりにくいところの蒸し米を少し取り，ひねり潰して米内部の状態を確認する
冷　却	蒸し上がった米を蒸し器から取り出し，塊りをほぐして，35～40℃に冷やす 蒸し器から出した蒸し米は塊となっているので，そのまま冷えると内部に水分が溜まったままとなる。手早く塊をほぐして内部の水分を蒸発させながら冷却する
種麹を接種，混合	種麹は必要量を加える。種麹の量が少ないのは初発菌数が少なくなるのでその後の麹菌の増殖程度に影響する。極端に多くなければ問題ないが，経済性などを考えると無理に多く使う必要はない
発酵器に取り込む	種付けを終えたら，発酵器に取り込む。小型発酵器では種付けを終え，発酵器に取り込むときの温度に注意が必要 発酵器の温度設定が 36℃であるなら，種付け蒸し米を 36℃以上で取り込むと送風機が作動し，発酵器外の空気を取り込んで蒸し米の冷却を行なう。空気導入により，蒸し米の乾燥が進む。また，この時期は空気の導入は不要であり，取込み時の蒸し米の温度は 36℃以下でなければならない
発酵器の取扱説明により管理	
切返し	取込み後 18～20 時間。麹の塊りをほぐし，全体を攪拌，発酵器に戻す 蒸し米のときは粘りが強いものはほぐすことができなかったが，時間が経過することによって蒸し米表面の粘りがなくなるので，米を一粒一粒にほぐす。蒸し米が塊になっていると水分の抜けが悪くなり，空気の供給も少なくなるので麹菌の繁殖に不適当な環境となる
手入れ	切返し後 5～6 時間。全体を攪拌，発酵器に戻す
出麹	取込み後 42～44 時間。発酵器より取り出し塊りをほぐし，温度を下げる

を攪拌するが、蒸し米をもむときに力を入れて練り上げるようにしてはならない。練り上げるようにすると米が潰れもち状になってしまう。蒸し米を潰さないようにほぐし、種麹が全体に均一になるよう混合攪拌するのがポイントである。

取込み…種付けを終えたら、発酵器に取り込む。発酵器についてくる専用の敷布の上に種付けを終えた蒸し米を取り込む。取り込むときの温度は麹づくりの方式によって若干の違いがある。発酵器を利用するときは取扱説明をよく読んで、温度管理をすること。

発酵器の取扱説明によって管理をするが、私が利用した発酵器（ヤエガキ製）の場合は、三六℃以上で取り込むと、温度を下げるためのファンが回るようになっていた。外気が取り込まれ、蒸し米の底部から上

部に通気する。そのため底部の蒸し米の乾燥が進み、蒸し米がカリカリに乾いてしまうので注意が必要だった。加温設備がなかったり、加温能力が低いときには取込み時の温度は高めにするのだが、この発酵器ではサーモスタットにより、設定温度より高いと外気導入によって冷却される。温度がすぐに設定温度まで低下すれば問題はないのだが、設定温度まで低下するのに時間がかかると、乾燥した外気の影響で底部がカリカリに乾燥してしまう。設定温度が三六℃ならば三〇〜三五℃で発酵器に取り込むのが望ましい。

切返し…昔からのむしろや麹蓋を利用した場合、取込み後、切返し、盛込み、一番手入れ、二番手入れ、積替えなどいくつかの操作がされるのが麹づくりだったが、この発酵器では操作が簡略化されている。

取込み後、時間が経つと麹菌が繁殖し、全体の温度が上がり始める。一八〜二〇時間くらい経つと、米粒のつやがなくなり、麹の香りが漂ってくる。雑菌に汚染されることなく、蒸し米に麹菌が増殖を始めた証拠だ。雑菌、特に納豆菌のようなバクテリア（細菌）の繁殖には注意が必要だ。麹づくりの基本となる微生物管理における衛生管理の問題をおろそかにすると、この段階でトラブルが発生する。

蒸し上げたばかりの米の粘りが強く、種付け前によくほぐせなかった蒸し米もこの時点になると粘りが少なくなり、パラパラとほぐれやすくなる。しかし、水分が多く蒸し上がり、種付け前に水分を十分にとばせなかった場合には、蒸し米はこの時点でもべちゃつき、ほぐれが悪い。

切返し時の作業によって麹の塊がほぐされ、全体が攪拌されるため、全体の温度が均一に低下する。麹菌に十分な空気も与えられるため、麹菌の繁殖が促進される。

温度の低い環境で切返し作業を行なうと、米の温度が下がり、麹菌の増殖が停滞する。時間をかけて塊をほぐさなければならないときには、温度の極端な低下に注意する。

手入れ…切返し後五〜六時間したら、手入れを行なう。麹の塊をほぐすこともあるが、上下、全体を攪拌し、温度を均一にしながら、全体に空気を触れさせ、発酵器に戻す。外気・室内温度が低いなかでゆっくりと手入れ作業をすると、温度が下がりすぎ、発酵器に戻しても、なかなか温度が上がらない。極端に温度が下がらないよう、手早く行なう必要がある。

出麹…取込み後四二〜四五時間で麹が出来上がる。標準的な時間を目安に麹の状態を観察しながら判断する。また、重量でみると一五kgの米を使った場合、一六kgくらいの麹に出来上がれば良好と思われるが、一七kg、一八kgになると水抜けの悪いべちゃべちゃ麹になっている。

良い米麹とは、①味噌のタイプに応じた酵素力価があること、②麹菌以外の雑菌におかされていないこと、③はぜ落ちがなく、はぜ込みが深く、着色が少なく、明るい感じのもの、④麹としての芳香があり、異臭のないもの、⑤麹を握ったときふっくらとした感触のもの、である。

麹の保存…色の淡い味噌の場合は若麹がよいとされる。味噌に使う場合は出麹と同時に煮大豆、食塩と合わせて仕込むのが最良だが、すぐに味噌に仕込めない場合、食塩を混合した塩切り麹にすることもできる。ただ一週間くらいならば、ポリエチレン袋に入れ五〜一〇℃で冷蔵しても、酵素活性の著しい低下はないので問題なく使える。冷凍すれば数か月間、麹の酵素活性を落とすことなく保存することも可能である。冷蔵する場合も、冷凍する場合もポリエチレン袋に入れ、周囲からの汚染を防ぐとともに乾燥を防ぐことが必要である。

食品加工総覧第七巻　麹　二〇〇六年より抜粋

麹づくりの原理と加工方法

山下秀行（株式会社樋口松之助商店）

麹づくりの原理

清酒では、「一麹二酛《もと》三醪《もろみ》」、醤油でも、「一麹二櫂三火入れ」などといわれるように、麹は醸造におけるスターターとして最も重要であるとされ、その出来が品質を左右するといっても過言ではない。麹菌は菌体内・外に分泌した加水分解酵素によって、培地を溶かしながら、増殖に必要な栄養分を獲得して増殖する。この酵素の働きを利用したのが麹を使った発酵食品であり、培地としてはさまざまな穀物が考えられる。

麹菌は、一定の温度・水分・酸素量が保たれ、そこに栄養分があれば発芽し増殖を開始するが、単に穀物に麹菌が生えただけでは麹としての機能は不十分である。その性質を最大限引き出すためには、①麹菌が生育しやすいような原料処理や水分の調整、②増殖の際、麹菌は酸素を吸収し二酸化炭素を排出するが、そのままでは酸欠状態となり増殖が停止するので、それを除くための攪拌や手入れ、③その間発生する熱による品温の過度の上昇を防ぐための品温や湿度の調整など、さまざまな手助けが必要となる。

しかし、そこには、培養する基質（水分・原料の種類・原料配合比など）や、つくられる条件（製麹機械や作業工程などの製造環境）の違いなど、さまざまな要因が複雑に関与しているため、麹製造者は悩まされることになる。麹づくり（以下製麹という）の要点は、麹菌は生き物である、ということを認識し、「麹菌の成長に適した環境を整え、目標とする商品の製造に必要な酵素を生産させるために麹菌の均一な培養を行なうこと」であるといえる。

製麹方法

麹菌は増殖に伴い発熱する（最盛期の発熱量が保持されれば、酒造用麹の場合でも、麹の品温は一時間に約七℃も上昇することになる）ので、そのままでは品温が上昇し焼け麹となって増殖が停止する。製麹中に発生する熱を蒸し原料水分の蒸発潜熱を利用して除去し、麹菌の増殖に適した温度へと導くのが製麹操作の基本である。そのために考案されているいろいろな製麹方法の特徴を以下に示す。

麹蓋法…木製の麹蓋に約一・五kgと薄く盛る方法で、生産量が少ない場合に適している。麹の品温と室との温度差によって生じる自然対流を利用して品温制御を行なうので、その変化は緩やかであり麹にやさしいが、量が多くなると使用する麹蓋の枚数が増えるため作業が煩雑となる。また、均一な品温調整のために、定期的に手入れや積み替えをする必要があり、夜間の作業も要求される。

箱麹法…木箱の底にはすのこや、ステンレス製の金網が張り付けてあり、一〇～五〇kg

を一度に盛って製麹する方法で、麹蓋より枚数が少なくてすむ。その分麹の層が厚くなるので、開閉式の板や送風機によって底面からも通気が行なえるようにしてあり、品温制御できるようにヒーターを設置したものもある。

床麹法…箱麹を大きくしたもので、すべての操作を同じ床の上で行なう方法で、麹米一〇〇kg当たり四〜四・五㎡程度の面積が必要である。操作は箱麹とほぼ同じであるが、床期間は山に盛っておき、仕事のたびに麹の層を薄くしていく。

図1　麹蓋法による味噌用米麹のつくり方

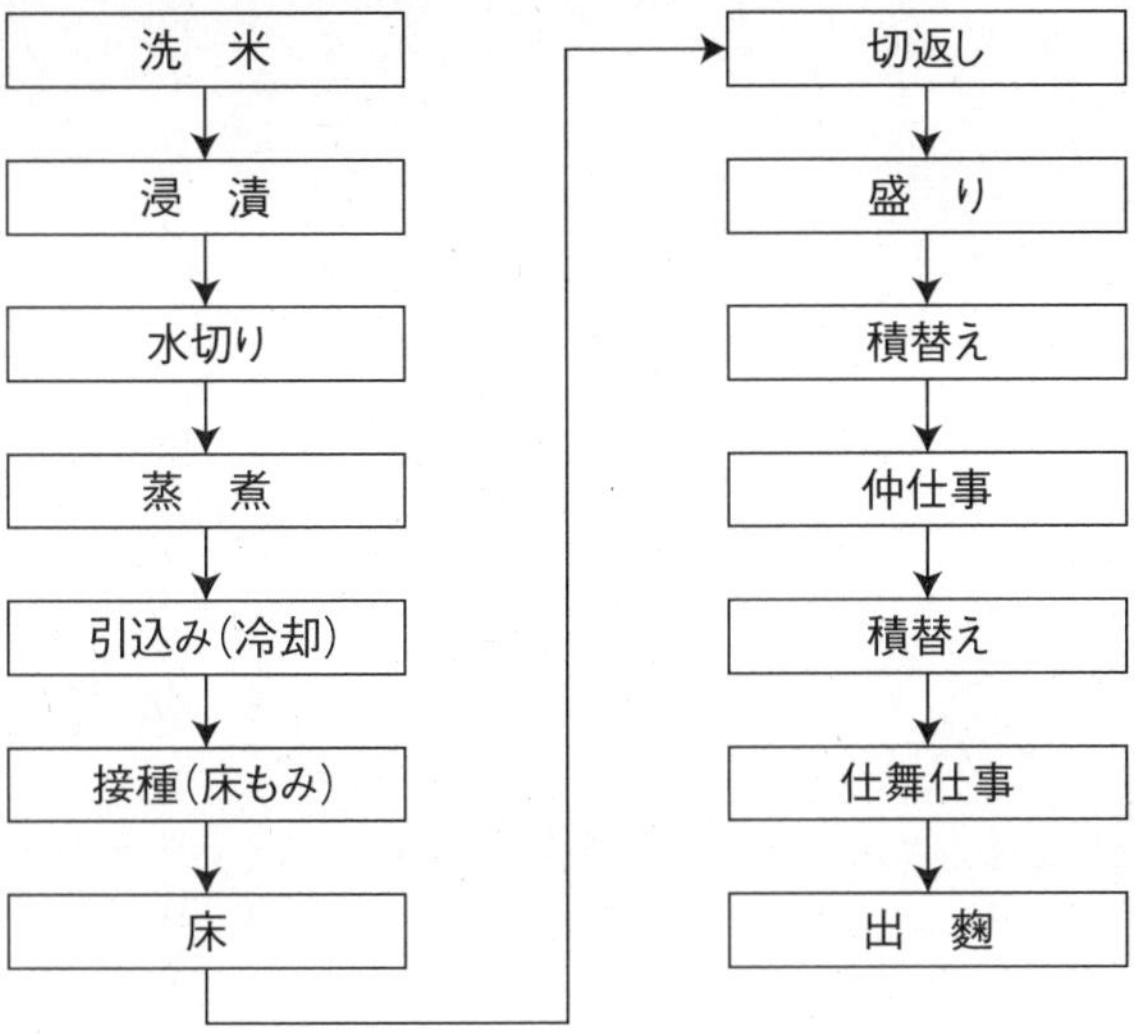
洗　米
浸　漬
水切り
蒸　煮
引込み（冷却）
接種（床もみ）
床
切返し
盛　り
積替え
仲仕事
積替え
仕舞仕事
出　麹

機械製麹…調温調湿した空気を強制的に麹層の下から送り込むことで、麹菌の増殖によって発生した熱を、蒸し米水分の蒸発潜熱によって除去し、品温制御する方法である。麹層を通過する空気は、麹菌の発熱によって温度が上昇すると含み得る水蒸気の量が増加するので、原料の水分は蒸発し減少することで品温は下がる。手入れ機も付いており、出麹まですべて自動で行なえるものもある。

単位面積当たりの麹製造量が多くなると麹層はかなり厚くなるため、送風量や温湿度によって調整するが、場所によるムラが起きやすい（麹層の上下、円盤の中心と外）という欠点がある。

麹蓋法による米麹のつくり方

酵素の生産を目的とする麹づくりのひとつとして、ここでは麹蓋法による味噌用米麹づくりについて述べる。麹づくりの工程は図1に示す。この麹づくりの工程に即して以下に要点を述べる。

洗米…米の洗浄と合わせて、原料米に混入した夾雑物やぬかを取り除く。

浸漬…蒸し米の水分を麹菌の増殖に適したものとするために、水に浸ける。米の種類や精米歩合、水温や白米水分によって吸水率や吸水時間が異なるので、入荷ごとに吸水試験を行なうことが重要である。

水切り…作業時間に合わせて設定すればよい。二時間以上置けば十分である。微細米や破砕米の場合、粒子間に水を保持しやすく蒸し米がべたつきやすいので、量が少ない場合は上下を入れ替えるなど工夫する。浸漬時間の短い米の場合は、時間を長く取り均一な吸水を図る。

蒸煮…原料米の殺菌と、麹菌が増殖しやすく、酵素作用を受けやすくするために行なう。蒸気が抜けてから、三〇〜五〇分程度蒸す。甑（こしき）で蒸し米の層が厚い場合には、蒸気が米の表面から抜けてきたらその上に米を置くという操作を繰り返す抜掛け（ぬけがけ）法で行なう。

引込み（冷却）…麹菌は、高温下では死滅するので、四〇℃以下まで冷却する。その際、敷き布など蒸し米が触れるところは殺菌し、冷却時に空中の浮遊菌などに汚染されないように作業環境はきれいに保つ。

接種（床もみ）…冷却した蒸し米に種麹を撒き、よくもむ。市販の種麹は、蒸し米やアルファ化澱粉などで再度増量してから使うようにする。また、均一に散布できるようにするために、種麹は何回かに分けて振る。もみ上げ温度は、三〇～三二℃とする。麹菌の増殖には三五～三七℃が有利であるが、この温度帯はバクテリアの汚染を受けやすい。製麹初期の品温は、その後の麹の品質を大きく左右するので注意する。

床…もみ上げから切返しまでの間は、麹の発熱はほとんどなく発芽の準備期間である。この間は布やビニールを掛けたりして、品温の低下と蒸し米表面の乾燥を防ぐ。

切返し…堆積した蒸し米の表面と中心部などの均一化を図るために塊をほぐす。品温低下を防ぐため、手早く行なう。近年は、省力化と発芽期の品温低下の影響を考えこの作業を省略するところも多い。

盛り…蒸し米表面に破精（はぜ）が三～四分みられるころであり、早い場合は四〇℃付近まで温度の上昇がみられる。よくほぐし、麹蓋に一・五～二・〇kgを小山状に盛る。このとき、端にこぼれた米粒は乾燥し破精落ちし麹にならないので、破精落ち防止器などを使う場合もある。麹蓋は、六～八枚ほど重ねて棒積みする。麹の勢いが弱いときには、全体に布を掛けたりして温度を保持する。

積替え…盛り後、三～四時間経つと、麹蓋間で品温差が出始めるので、上下を積み替えたり左右の向きを変えたりして品温の均一化を図る。

仲仕事…盛り後六～七時間経つと麹の品温が上昇し、三五～四〇℃となるので、水分の蒸散による品温の制御と酸素の供給を行なうために、手入れを行なう。実蓋（麹入り）の上に空蓋を置き急激な乾燥や温度の低下を防ぐ。このあと積替え作業が続く。

仕舞仕事…仲仕事後、五～七時間後に行ない川字形に凹をつける。四〇℃を超えることも多く、麹菌の増殖が最も活発な時期である。これ以後は、目的とする麹に応じた品温経過を取らせるため、麹蓋の空間を大きくしたり、空蓋を少しずらす操作を行ない、定期的に積み替える。また、室温や湿度の調整も行なう。

出麹…製麹時間は、四二～四五時間が一般的であるが、作業時間などに合わせて行なう。涼しい乾燥した場所で麹をほぐし薄く広げ、荒熱を取り除く。

麹の出来具合の判定

麹の出来具合の良し悪しを状貌から判定する方法として、破精（はぜ）具合をひとつの指標としている。しかし、良し悪しを見かけから判断するのはなかなか難しい。極端に悪い場合としては次のような場合がある。

①麹菌の胞子の均一接種が行なわれていない場合でありこれを「破精落ち」と呼ぶ。酒造用吟醸麹の場合、この「破精落ち」を意識的に行なうことがあり、これは「突き破精型」と呼ばれる。

②水分過多で表面が溶けたようになる「ぬり破精型」。

③水分が少ない、あるいは製麹中に乾燥、焼けて（温度の過上昇）、麹菌の菌糸が薄くしかみられない場合、などである。ある程度麹になっているものの差や、破精込み程度に関してはなかなか判断できないというのが現状ではある。

いろいろな手法による麹の検証もこころみられている。たとえば、麹に光をあてて、その透過のようすを調べるような方法も提唱されている。この方法に関しては破精回りの程度をみるにはよいが、破精込み量まではなかなかみられない。

麹菌の増殖や酵素生産に影響を及ぼす諸因子

麹菌を育て、目標とする品質の麹へと導くためには、麹菌の増殖や酵素生産に影響を及ぼす諸因子について知ることが肝要である。以下に、米麹に関するデータを中心に述べる。

菌種と菌株…麹菌の初期の増殖（立上がり）は、手入れの時期などの作業性を含め、その

図2　いろいろな種麹の増殖速度

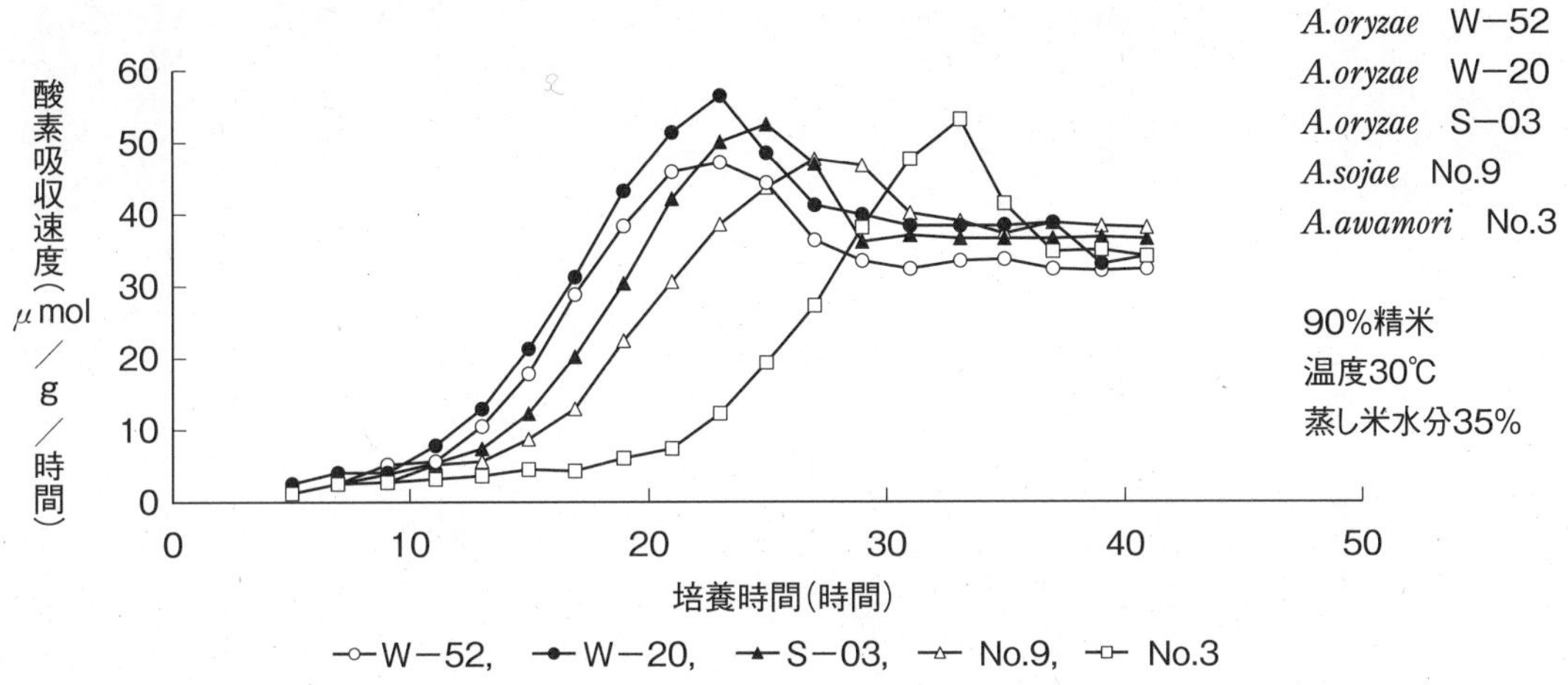
A.oryzae W−52
A.oryzae W−20
A.oryzae S−03
A.sojae No.9
A.awamori No.3
90%精米
温度30℃
蒸し米水分35%
酸素吸収速度（μmol／g／時間）
0
10
20
30
40
50
60
0
10
20
30
40
50
培養時間（時間）
W−52, W−20, S−03, No.9, No.3

図3　胞子の接種量と麹菌の増殖

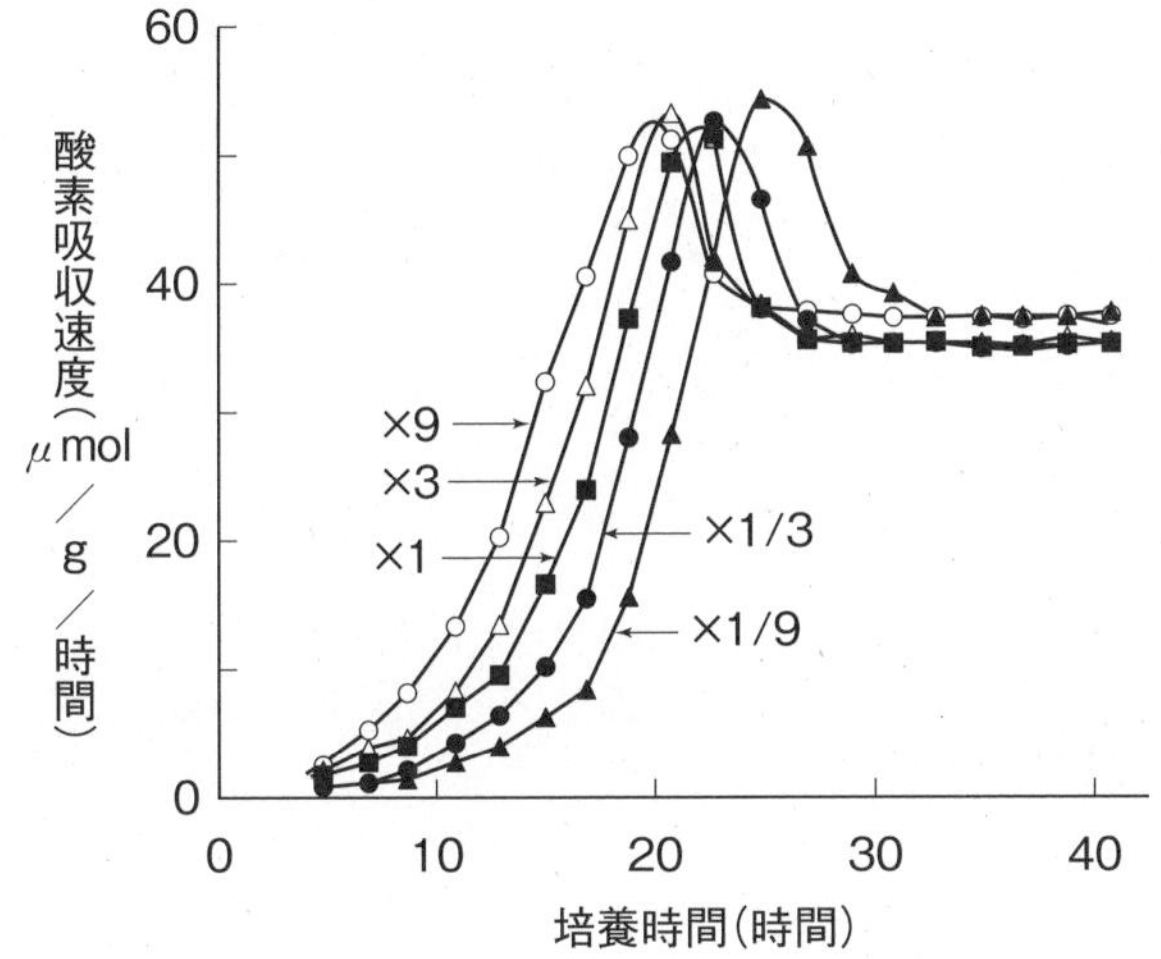
酸素吸収速度（μmol／g／時間）
0
20
40
60
×9
×3
×1
×1/3
×1/9
0
10
20
30
40
培養時間（時間）

後の順調な生育のためには非常に重要な管理ポイントとなる。麹菌はわれわれ人間と同様に酸素を吸って二酸化炭素を排出しながら増殖する。製麹初期（二十数時間目まで）は、酸素の消費量と菌体量との間には相関関係があることを利用して麹菌の増殖の速さを調べることができる。この方法で増殖速度を比較した一例を図2に示した。図中の曲線の立ち上がりが速く、その高さが高いほど増殖が旺盛であるといえる。これによっても麹菌の増殖は菌種や菌株によってかなりの差があることがわかる。米を培地とした場合、本格焼酎用*A. awamori*は極端に増殖が遅れ、醤油用*A. sojae*にも遅れがみられた。*A. oryzae*は全般に速かったが、同じ*A. oryzae*間でも増殖の速さは異なる。市販の味噌用種麹を基準として弊社保存株（六四株）を同一条件で培養し、一定温度に達するのに要した時間の差を比べると、最大で五時間程度の差が認められた。

温度・水分…麹菌は温度一五〜四五℃、水分二五〜四五％と広い範囲で生育可能であるが、米培地を用い温度を二五、三〇、三五、四〇、四二℃、水分を二五、三〇、三五、四〇、四五％と変えて培養した結果、増殖に最適な条件は温度三五〜四〇℃、水分三五〜四〇％付近にあり、そこから両端に外れると増殖が遅れることがわかった。

温度による影響をみてみると、冬場に温度維持ができない室において製麹初期に二五℃以下に冷え込んだりすると、麹菌の増殖がかなり遅れることが予想されるので、夏場より少し高めに引き込むなど調整する。また、蒸し米水分が三〇％以下では麹菌の増殖は極端に遅れるので、初発の水分管理には注意を要する。

胞子の接種量…胞子量を1／9、1／3、1、3、9倍と変えた試験において、胞子の接種量が多いほど麹菌の菌体が一定量に達する時間は短くなっていた（図3）が、これは胞子数が多いために総発熱量が多くなり麹の増殖が速くなったようにみえるだけで、胞子の発芽や菌糸の伸長速度が速くなったわけではない。しかし、胞子を二〜三割程度多く使用することは、冬場の冷え込み対策や大型製麹における種付け時間差がもたらす麹の品温差の解消には有効である。

原料の種類…麹菌の増殖速度は、原料の種類によって影響を受ける。窒素源の多いふすまや麦は米より増殖が速いため、初期に急激な品温上昇が起こりやすい。盛込み温度を低めにしたり、手入れ時期を少し早めにして対応する。

精米歩合…米を玄米のまま使用しても、浸漬や蒸煮の過程で表面の組織が破壊され麹菌は増殖するが、増殖や破精込みが悪く酵素活性も低い。米麹をつくる場合には、玄米を精米する必要がある。精米によって米は白くなり最終製品の見栄えも良くなるが、一方、ぬかの部分に含まれるミネラルなどの麹菌の増殖に大切な成分が除かれてしまうため、磨けば磨くほど麹菌の増殖は遅れる。

精米歩合が八〇%以下になると麹菌の増殖速度の遅れは極端に大きくなり（図4）、その結果、麹グルコアミラーゼ以外の酵素活性は低下する（図5）。吟醸酒用の麹には、α－アミラーゼに対するグルコアミラーゼの比が高いことが望まれるため、五〇%以下まで精米した米が用いられているが、その理由はこのデータからもわかる。

接種後の混合…麹のばらつきをなくすためには、胞子を均一に接種することが重要である。種麹を原料の上から散布しただけでは蒸し米表面に散布量の九八・九%が付着し、下層までは届かない。一般に、味噌用種麹の場合、原料二〇〇kg当たり粉状品を二〇〜三〇gを使

図4　精米歩合と増殖速度(温度30℃,水分35%)

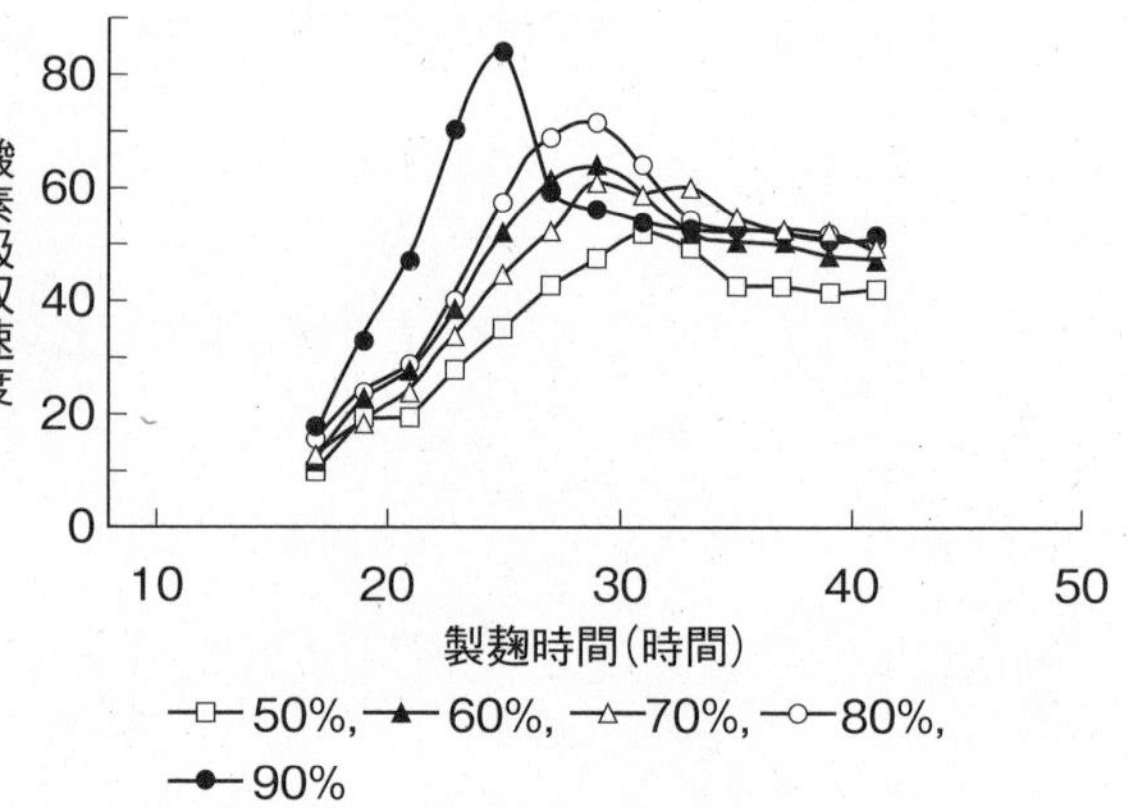

図5　米の精米歩合と麹の酵素活性

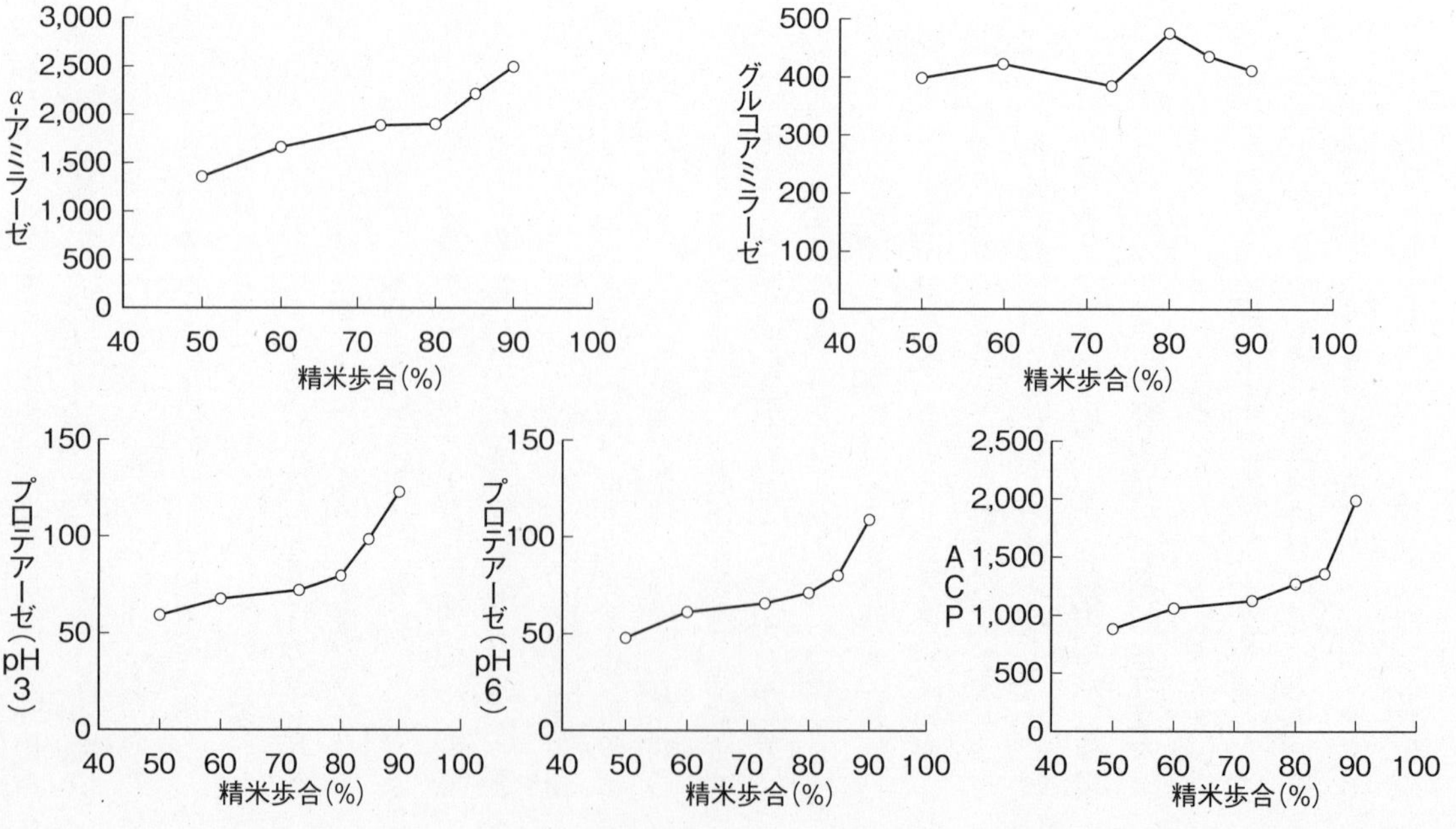

図6　接種後の攪拌数と麹菌の増殖

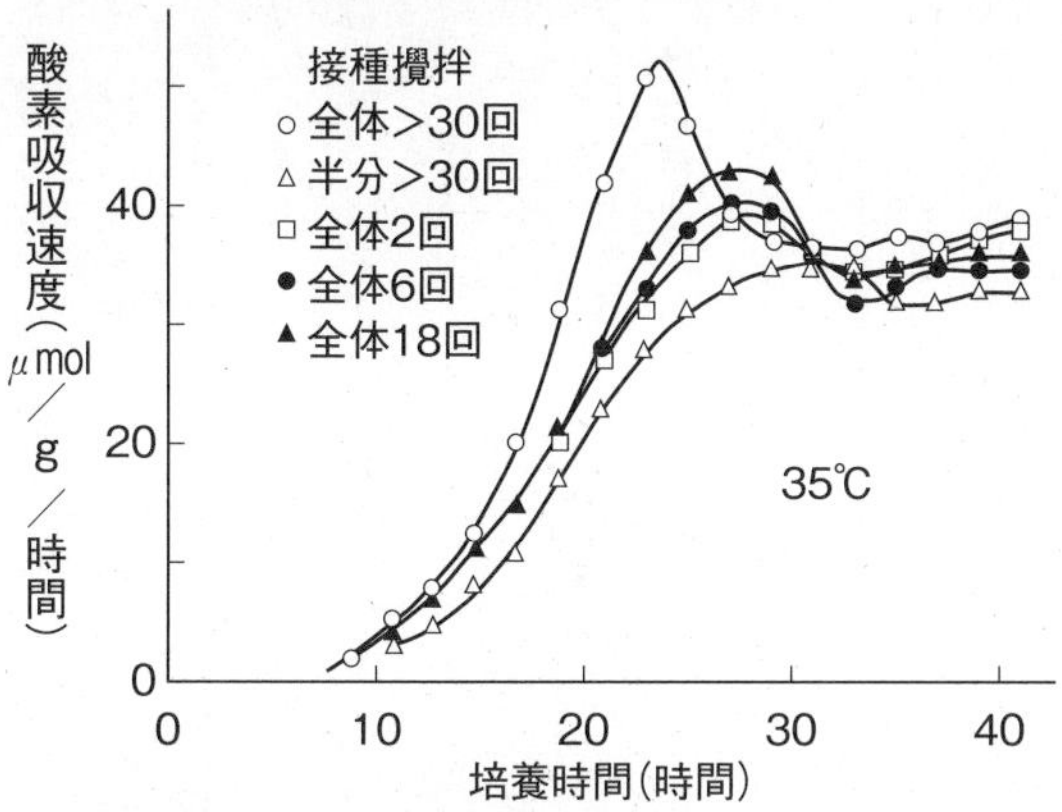

表1 接種後の混合度合いが麹の酵素力価に与える影響

混合方法	攪拌回数	糖化力	α-アミラーゼ	ACP	AP
全体	>30	28.0	1,440	9,400	6,300
半分	>30	20.8	990	5,000	4,500
全体	2	21.4	920	5,100	4,980
全体	6	23.6	1,010	6,200	5,520
全体	18	24.2	1,110	6,900	5,880

図7　酵素活性の経時的変化

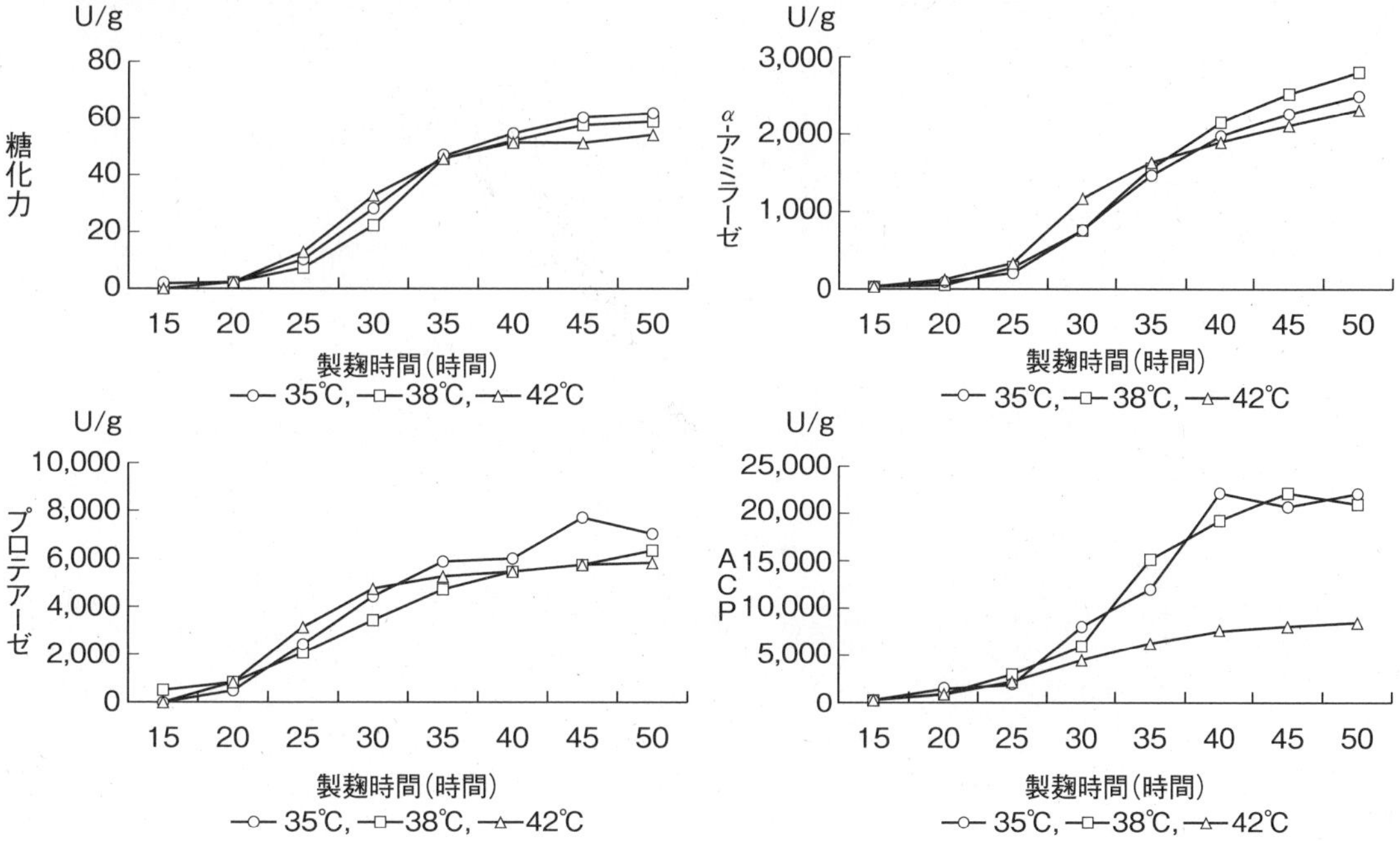

用するが、これでは量が少なく均一な散布が行なえない。

現場では、種麹を原料やα化澱粉などで再度増量したり、二、三回に分けて散布するなどの工夫がなされている。不均一な接種では増殖が遅れ（図6）、酵素活性も低下する（表1）ため、十分もむ（攪拌する）必要がある。

麹の品温経過と酵素活性の経時的変化…現在でも醤油麹では一部四日麹（盛込み日から出麹日までの延べ日数）としているところもあるが、三日麹が主流となり、製麹時間は短くなる傾向にある。麹中の酵素は種類によって生産に最適な条件は異なり、製麹時間に応じてその生産量は変化する。

図7に、米麹において三〇時間目以後の品温を三五、三八、四二℃としたときの、製麹時間と品温経過の影響を示した。α-アミラーゼ活性は三八℃、プロテアーゼ活性は三五℃が最大となっていたが、ACP活性（酸性カルボキシペプチダーゼ：たんぱく質をプロテアーゼで大きく切断したあと、アミノ酸まで分解する酵素）は、四二℃にすると極端に低下していた。製麹後半の温度経過についてみると、清酒麹では

アミノ酸を低くするために四〇～四二℃、味噌麹では、白味噌の場合は糖化力（澱粉をブドウ糖やオリゴ糖などの低分子の糖まで分解する力）を高くするために三五～三八℃、麹歩合の低い味噌の場合はプロテアーゼ活性を高くするために三五℃付近とされているのはこのためである。

また、α-アミラーゼ活性は製麹時間とともに麹の酵素活性は徐々に増加していたが、プロテアーゼは他の酵素と比べて、生産開始時間が早く四〇時間以後はほぼ一定となっていた。目的とする酵素の種類や量に応じた品温経過や製麹時間の設定が必要であることがわかる。

湿度…麹は、麹菌の発熱によって水分は飛散するが、環境湿度によってその度合いは異なる。図8に環境湿度は同じだが、容器の密閉度を変えたときの、麹水分の推移を示した。ガラスシャーレを用いて、製麹中の麹の水分の変化と酵素生産との関係を調べた実験で、ふたをしたままでは、ほとんど外気の影響を受けず乾燥は緩やか、ろ紙のみでは徐々に乾燥する、ふたなしでは麹はどんどん乾燥していくということがわかる。ふた→ろ紙→ふたなしと、水分の飛散が多くなるほど、麹菌の状貌は悪くなり、麹の酵素力価も減少していった（表2）。酵素活性を高くするためには、乾燥させすぎないようにすることが大切であるが、乾燥によって、酵素バランスを変えることができるため、吟醸酒用の麹づくりではあえてこのような製麹経過が採用されている。

細菌汚染…食品の製造は開放系で行なわれていることが多く、常に有害細菌による汚染の危機にさらされている。それらによって起こる食品の腐敗は食中毒の原因となり、時には死者を出すような大きな社会問題となることもある。味噌や醤油は、食塩を添加した安全な保存食品であり、微生物汚染による腐敗は起こりにくいことや、いろいろな微生物が複雑な味を醸し出していると考えられていることから、これまで微生物汚染についてはあまり問題にされていない。

発酵食品における微生物汚染は、主として、製麹工程中に進行することが考えられるのに、これまで、麹の微生物汚染があまり問題にされなかった理由としては、その汚染度が肉眼ではっきり認めにくいことや、それが直接製品に与える影響（味、香り、色）がその後の発酵過程ほど大きくないことが挙げられる。

麹を食品として扱う場合には、生菌数だけではなく、

図8　製麹法による麹水分の経時的変化

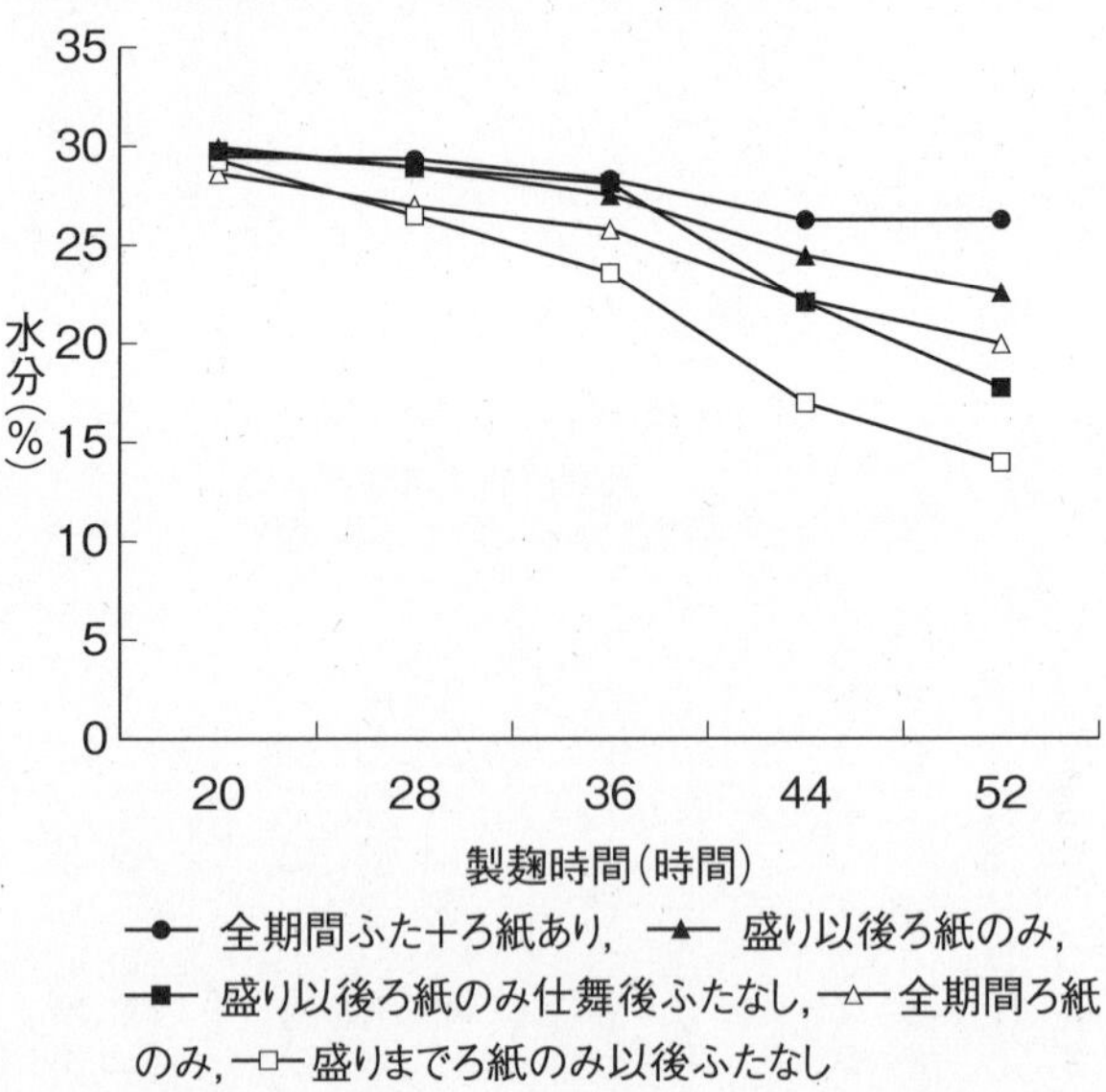

表2　環境湿度と麹の酵素力価（乾物換算値）

	麹水分	グルコアミラーゼ	α-アミラーゼ	G/α	ACP	AP	ACP/AP
全期間ふた＋ろ紙	26.3	278	841	0.33	8,532	4,079	2.09
盛り以後ろ紙のみ	22.8	222	596	0.37	6,895	3,787	1.82
仕舞以後ふたなし	17.7	176	461	0.38	6,784	3,606	1.88
全期間ろ紙のみ	20.0	152	383	0.40	5,460	3,385	1.61
盛り以後ふたなし	14.0	59	137	0.43	3,215	2,600	1.24

図9　味噌用米麹の品温経過（例）

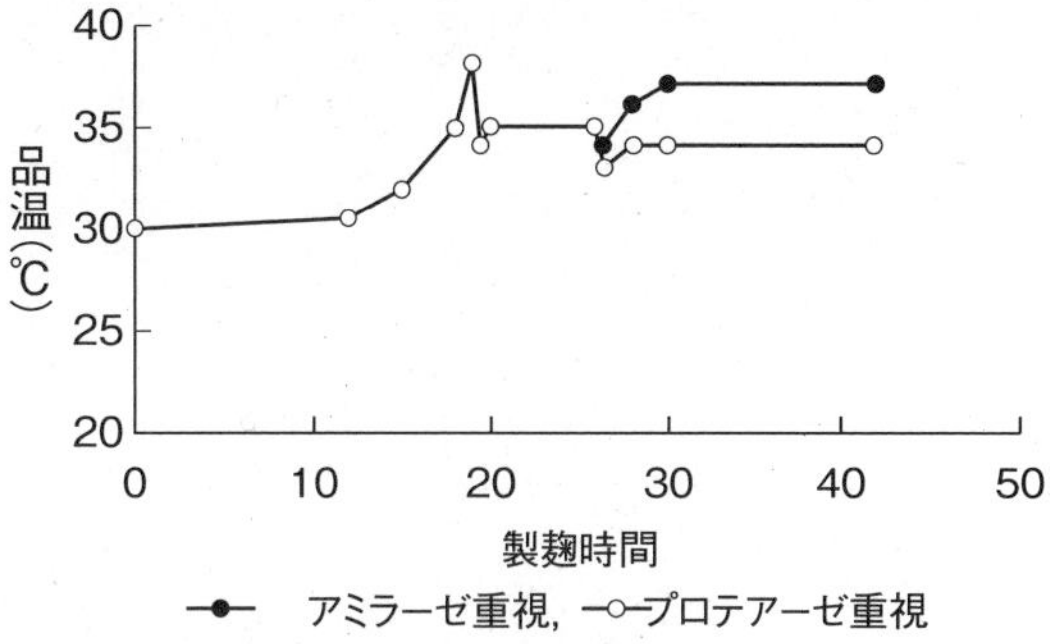

図10　一般酒用麹の品温経過（例）

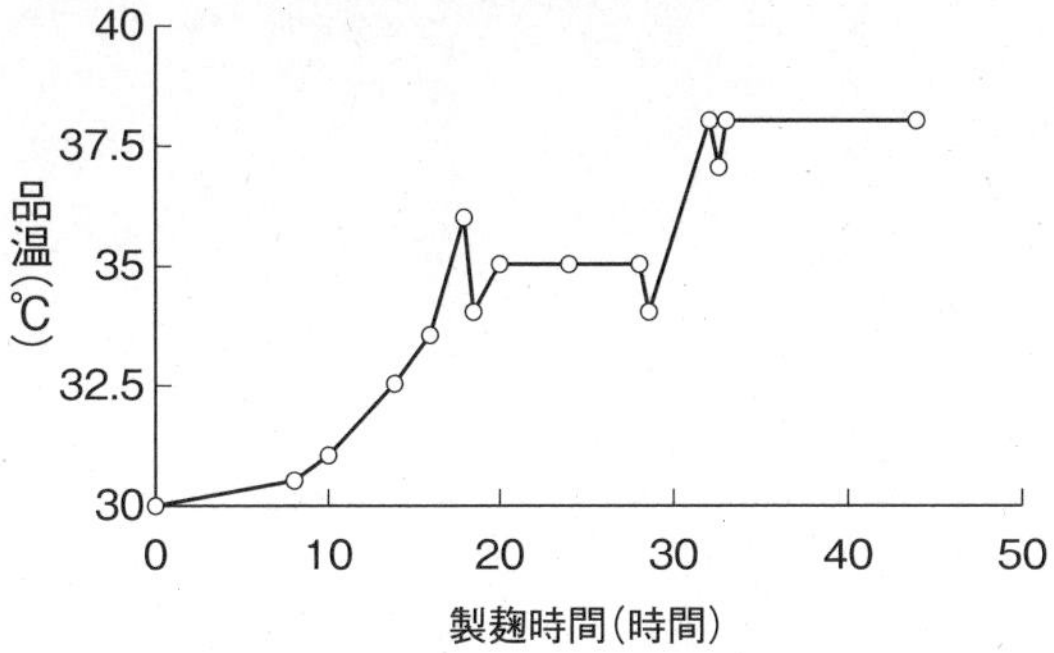

図11　本格焼酎用麹の品温経過（例）

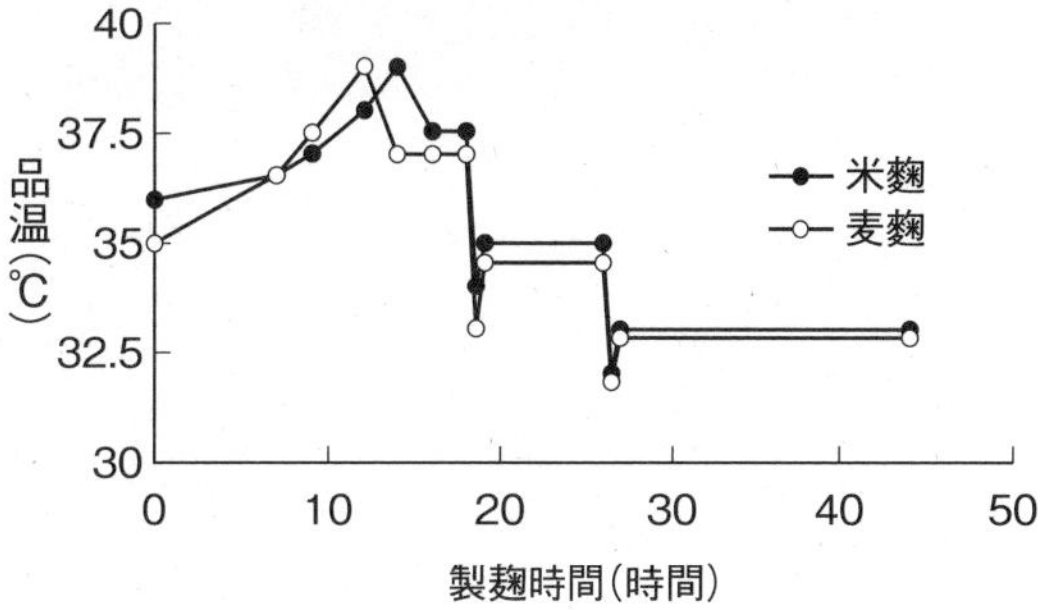

図12　濃口醤油用麹の品温経過（例）

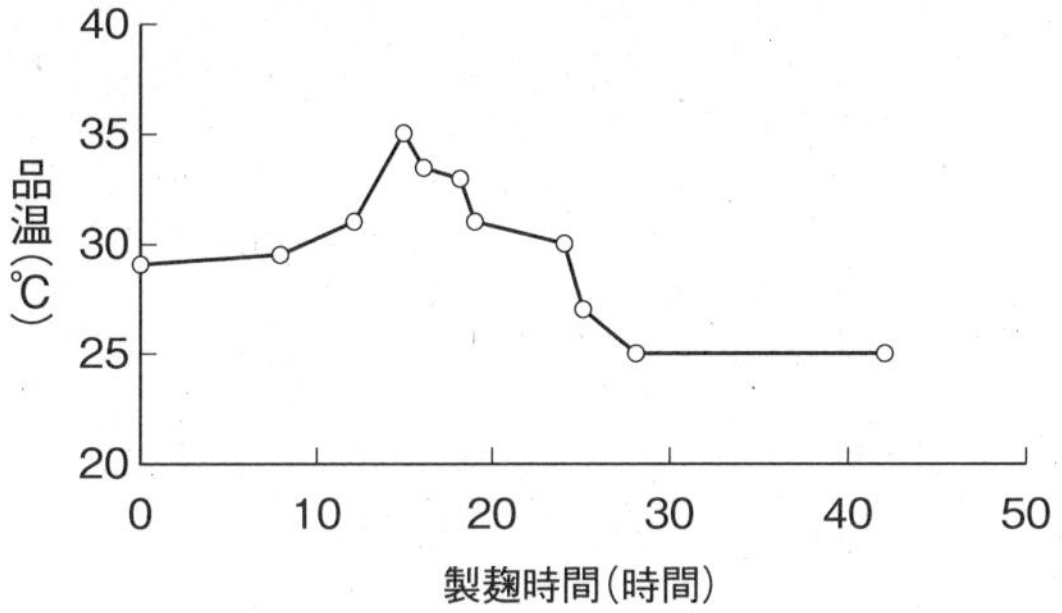

図13　豆味噌用麹の品温経過（例）

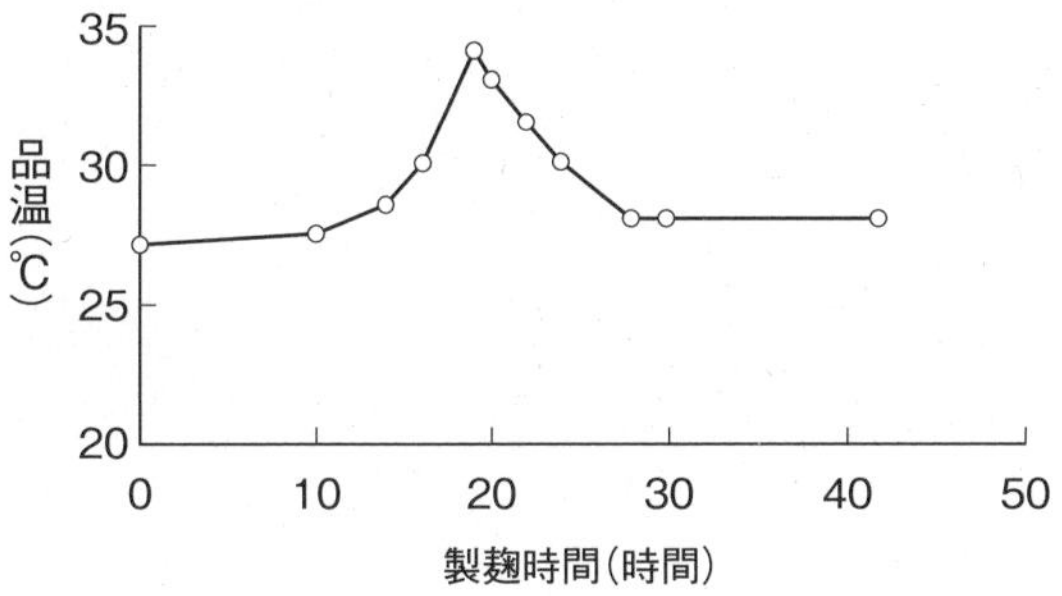

食品衛生法で食中毒原因菌として指定されているセレウス菌（*Bacillus cereus*）などに対する注意も必要となる。*B. subtilis* 初発菌数を一〇倍ずつ変えて製麹中の増殖を調べると、麹中の細菌数は初発菌数に影響を受ける。たとえば、接種時に蒸し米1g当たり九二個の*Bacillus*がいた場合、製麹四八時間目には麹一g中に三万個と約三〇〇倍に増える。

用途に応じた麹のつくり方

製麹の最大の目的は麹の酵素生産にあり、どの酵素を主に生産させるかによって製麹品温経過は異なる。一般に、アミラーゼは三五～四〇℃付近、プロテアーゼはそれよりも低い条件に最適生産域があるという点を理解し、酵素量やバランスなどを考慮して製麹する。

図9に味噌用米麹（甘酒やその他の雑穀も参考にできる）、図10に一般酒用麹、図11に本格焼酎用麹、図12に濃口醤油用麹、図13に豆味噌用麹の製麹品温経過の一例を示したが、自社の目的とする麹が得られるようにするためには、原料や初発水分の違いあるいは、製造設備などによって当然微調整が必要となる。

特に、季節によって室の保温に不安があるような場合には、一～二℃盛込み温度を高くすることで、順調な製麹が行なえる。また、醤油麹や豆麹においては、盛込み温度を三〇℃付近とするのは、麹菌よりバクテリアの増殖にとってより有利な環境であるため、爆発的な細菌汚染を受け、品質が低下するためである。しかし、初期から三五℃付近で盛り込み、麹菌の増殖を促し、製麹時間の短縮化を目的としてつくられる場合もある。

さまざまな素材による製麹

表3に示したように、さまざまな穀物やその副産物を麹にすることは可能である。麹菌の増殖に適した、①初発水分の調整法と、②麹菌の生育を可能にするための原料処理法（表面を磨く、砕く、粉にひく）が決まれば、どんな原料でも良質の麹にすることは難しいことではない。①については、ほとんどの穀物は米や麦などと同じく浸漬法でよいが、吸水が悪い原料については、二度蒸しをしたり、割砕・粉砕後散水する。②に関しては、穀物表面の組織が硬く、麹菌の増殖が悪い場合には、物理的な処理を行なう必要がある。

そば麹…そば麹では、そのまま浸漬あるいは散水後の二度蒸し操作で、水分調整はうまく行なえたが、麹の出来は悪く酵素力価も低かった。そこで、荒く割砕したものと細かく粉砕したものに散水し製麹したところ、破精回りも良くなり酵素活性も増加した（表4）。

米胚芽麹、小麦胚芽麹…米胚芽麹、小麦胚芽麹では、前者は散水で三五％程度の水分になるように調整したことで高力価の麹が得られた。後者は、散水時だんご状になり作業性が悪かったので、空蒸し後散水したところ、原料のさばけが良くなり麹の出来も良くなった。

さつまいも麹…さつまいも麹では、従来は蒸したサツマイモの水分が多すぎるために全体がだんご状になり、バクテリア汚染のリスクが高くなるとともに、麹菌の最適増殖範囲を外れてしまい、菌糸のはぜ回りが悪く酵素力価も低いものであった。これを改善するために、磨砕して圧搾し、汁液の一部を除去した後蒸す方法（特許公開平6-113800）や、熱風乾燥で九％まで乾燥後、粉砕して粒度を揃えた後散水して使用する芋粉麹（特許公開2005-245249）などが考案されている。これは原料処理法の改善で麹の品質が向上した成功例である。

表3 いろいろな原料による麹の酵素活性

	アミラーゼ		プロテアーゼ	
	糖化力	α-アミラーゼ	pH3	pH6
アワ	41	2,590	27,780	19,620
キビ	34	1,800	21,600	16,920
ヒエ	40	2,370	31,020	24,600
米胚芽	47	5,570	20,640	35,040
オオムギ	36	2,070	13,440	11,880
ハトムギ	25	1,230	7,920	7,920
玄米	43	2,720	14,940	11,400
そば米	35	1,730	16,740	12,900
ダイズ	42	3,150	3,420	16,980
米タンパク	54	18,560	1,320	44,880
おから	66	16,830	46,140	92,760
キンワ	33	1,850	8,160	7,020

注　玄米：表面をわずかに精米，キンワ（キノア）：南米産の穀物，種麹：*A. oryzae* W-52。これら以外に，そらまめ麹などの豆類や菱実麹・どんぐり麹（加藤，1970）やさつまいも・じゃがいも麹（オホークツ圏北域食品加工技術センター研究発表）などの例がある

表4 そば麹の酵素力価

原料処理法	アミラーゼ		プロテアーゼ			初発水分（%）
	α-アミラーゼ	グルコアミラーゼ	pH3	pH6	ACP	
散水	1,226	123	202	230	16,454	37.1
割砕・散水	1,652	266	365	452	21,634	34.1
粉砕・散水	2,864	442	620	759	27,357	37.2

引用文献

寺本四郎、一九六九、『醸造工学』、光琳書院
円谷清司・西田時雄、一九七九、食品産業センター技研報、三：九三
加藤百一、一九七〇、醸協、六五（三）：二〇〇

食品加工総覧第七巻　こうじ　二〇〇六年より抜粋

Part 5

チーズ　手軽なチーズづくりから本格派まで

ブラウンスイスは、もっとも古い家牛品種の一つで、起源は三千年前のアルプスの湖畔集落遺跡から出土する泥炭牛とされる。さらに泥炭牛は、インド北西部起源のアジア原牛がヨーロッパに入ったものに由来すると考えられており、ジャージー種、ガーンジー種にも影響を残しているといわれる。ブラウンスイス乳は、蛋白質の中の凝固カゼインの率が高く、チーズの歩留りがよく、熟成に適した乳質である。写真は、島根県雲南市・木次乳業日登牧場（撮影　倉持正実）

チーズづくりの熟成の過程で働いてくれているのが、選抜されたカビや細菌の仲間たちです。チーズづくりの最初の段階では乳酸菌も活躍します。原料を適宜好気条件のもとにおいて菌類を繁殖させるという、きわめて高度な発酵の技術です。ＰＡＲＴ５では、手軽にできるチーズづくりから、レンネットを用いる本格チーズづくりまで紹介します。

台所でお手軽「ザルチーズ」

北海道別海町　高橋昭夫さん

文・編集部

ザルチーズ

日本には、味噌、醤油、鮨など高度な発酵食の文化が存在するが、チーズづくりについてはなじみが薄い。しかし、日本でも、自分たちで手軽につくって楽しんでいる人々がいる。

さっぱりした味が好きな人はすぐに食べてもよし、濃厚な味が好きな人はじっくり熟成させてもよし。手づくりなら、売ってるものとは一味違う、自分の好みで自由自在にチーズを楽しめる。

手軽につくって楽しむべき

この日、目の前に出された「ザルチーズ」には、青色と白色のカビがあちこちに繁茂していた。いざ口に入れるとなると、なかなか手を伸ばす気になれない。そもそも日本人は、チーズを食べること自体にあまり慣れていない。意を決して小さな一切れを恐る恐る噛んでみる……。

あれ、ちゃんとしたチーズの味だ。「変な味」ではなく、おいしい。

このチーズをつくったのは、マイペース酪農交流会の事務局を務める高橋昭夫さん。「酪農家かどうかを問わず、チーズはみんながもっと手軽につくって楽しむべき」という高橋さんは、このチーズを年中ほぼ毎日のように食べている。

また高橋さんは、「別海町の牛乳でつくった乳製品を味わおう」という有志の集まり「味酪（みらく）会」の中心メンバーでもある。有志といっても、高橋さんの家に集まって手づくりしては食べる、お楽しみ会である。それでも、たとえば西本則子さんはもと料理教室の先生、荒俣敦子さんは海外で舌を鍛えた食通。味にうるさい人たちが、このお手軽チーズの味を認めている。

①バケツに、手づくりヨーグルトを入れる。ヨーグルトはあらかじめ乳酸菌（右）を牛乳で培養・保存しておく

②生乳10ℓを加える。酪農家で搾乳直後、バルククーラーに入る前のものを分けてもらう（生乳を入れたあとでヨーグルトを加えてもよい）

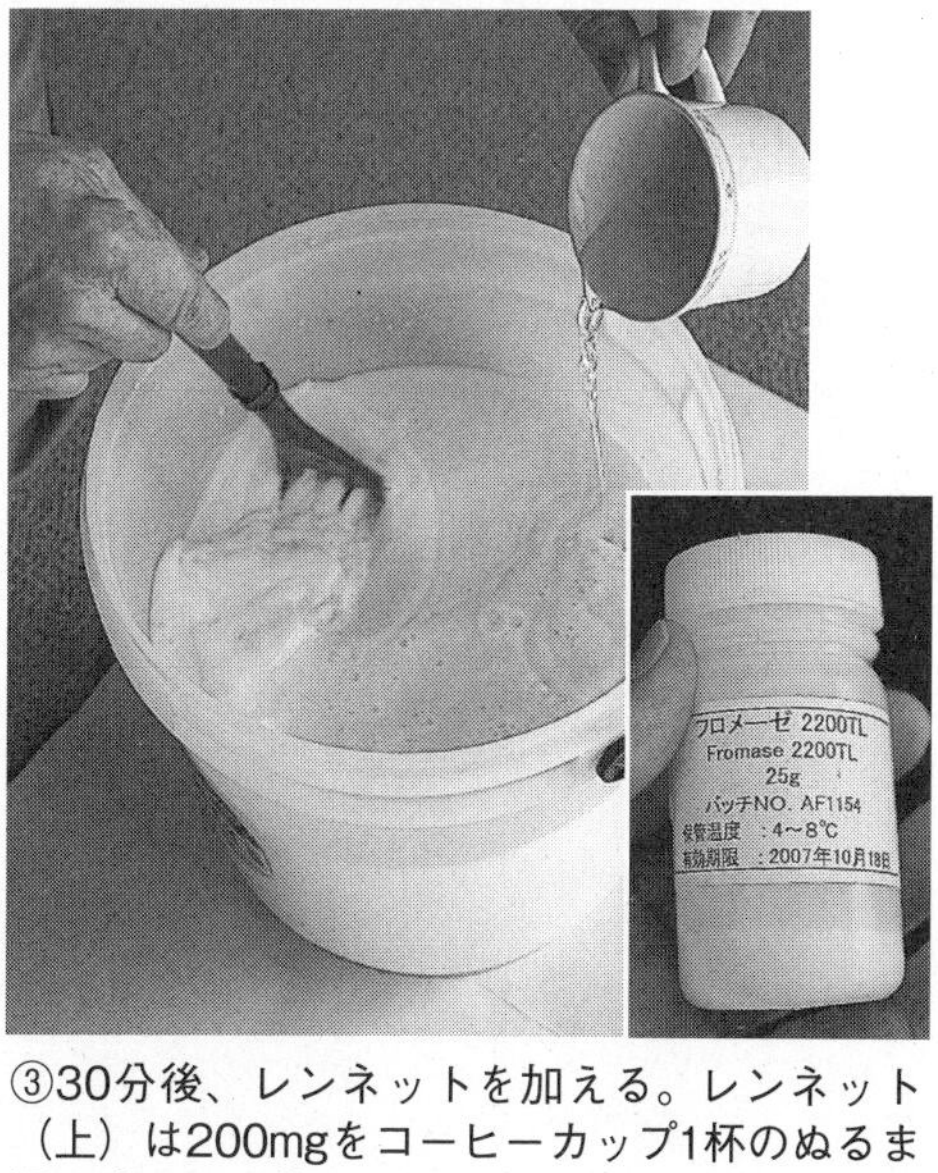

③30分後、レンネットを加える。レンネット（上）は200mgをコーヒーカップ1杯のぬるま湯に溶かして使う

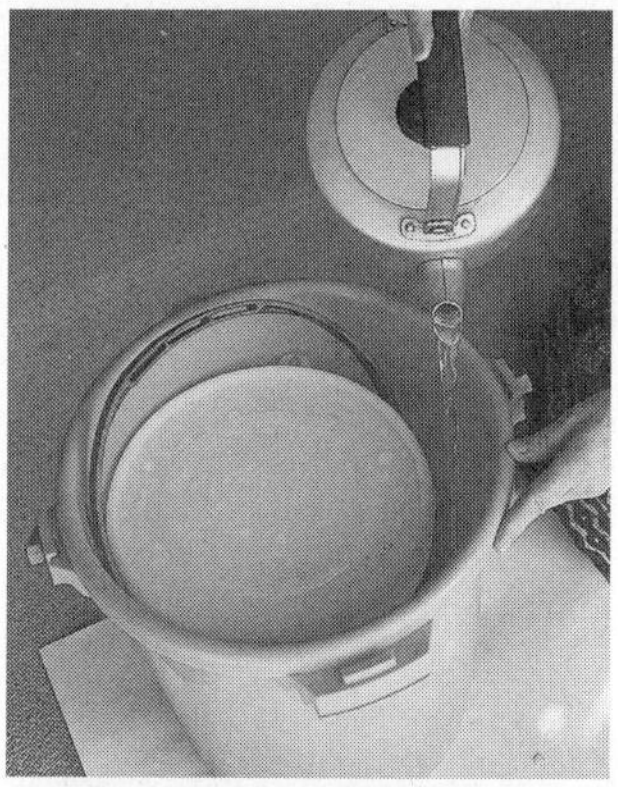

④バケツをさらに大きなバケツの中に入れ、周りに50℃くらいのお湯を注ぐ。これで立派な保温式チーズ製造器

⑤固まったら、おタマですくって、ザルにあける

ツマミ食いで「甘～い！」という荒俣敦子さん（味酪会）

⑥ザルは流しなどに置いておくと自然にホエーが抜けていく。3日間くらいでチーズの形が整ってくる

⑨ザルをかえして器にとり、適当に切って召し上がれ

⑦表面がまだシットリしているうちに、チーズの1.5％重となる塩を振る（といっても、適当にパラパラでよい）
※そのまま涼しいところや冷蔵庫に置いておくと、10日間ほどで塩がチーズの隅々まで浸透する。これで爽やかな酸味が楽しめるサワーチーズの出来上がり。ジャムをかけたり、クラッカーにのせたり、チーズケーキにして召し上がれ

⑧さらに、表面に白神こだま酵母などの菌（カマンベールにしたいのなら白カビ）を振ると10日目くらいで、うっすらとカビがつき、チーズらしい味が出てくる。20日目くらいで酸味が消えてコクが増していく。その後、どんどん旨味を増してカマンベール、さらにはブルーチーズの味に似てくる。表面のカビが気になるなら取り除けばよい

台所はチーズづくりに適している

チーズづくりと聞いて、「大掛かりな装置が必要で、お金がかかる」と思うかもしれないが、高橋さんがチーズをつくる場所は普通の台所、準備するものもバケツとザルだけでいい。何百万円もする本格的な器械は必要ない。バケツは大小二個。ザルは一〇〇円ショップで売っているもので十分だし、温度計も使わない。

気にかかるのは衛生面だが、「なんら問題ない」という。

「搾ったばかりの牛乳を使えば、消毒したり加温したりという工程は必要ない。そのほうが乳酸菌も活発に働くし、レンネット（凝乳酵素）で固まりやすい。チーズを販売するとなると加工の許可が必要で、牛乳もホクレンを通して購入しなければならないが、自家消費ならその必要もない」

その上、「台所」という場所が衛生面に一役買っている。

「もし牛舎の近くでつくったとすると、消毒していても、雑菌が飛び込んでくる。台所でつくるのは、牛舎から離れているからだ。台所には良性の菌がいっぱいいて、よ

そから悪性の菌を持ち込まない限り、問題は起こらない。台所で仕込んだ漬物を食べて病気になったという話は聞いたことがない。だから、搾りたての生乳をバケツに入れたらタッパーなどで蓋をし、早々と台所に移動する」

放っておけばできあがっている

高橋さんは、この台所チーズを「手をかけないで放っておけば勝手にできあがっている」という感覚でつくる。

たとえば、レンネットを加えて三〇分〜一時間ほどすると牛乳が固まってくるが、それを「そろそろ固まってきた頃かな?」などとチェックしない。翌日まで放っておけば確実に固まっている。

固まったら、それをザルにあけるだけ。余分な水分であるホエー（乳清）を抜くための「固まりを切ったり、混ぜたり、加温したり、ザルをひっくり返したり」などは必要ない。ザルをそのまま放っておけば、ホエーは自然に抜ける。

ホエーが抜けたら、塩を適当に上から振りかけるだけ。よく「塩水につける」というやり方が本に載っているが、これだと、「〇%くらいの濃度の塩水に△分くらいつけないといけない」だとか、面倒くさいし、せわしない。一夜漬けの要領で、あとは待つのみ。これで気が向いたときに食べられる。

高橋昭夫さん。本業は獣医師

「手抜きといっても、けっこうイケルのよ」という西本則子さん（味酪会）

家々で優勢になっている菌がつくる

高橋さんのお手軽チーズは少し酒くさい。高橋さんは「うちの台所には、白神こだま酵母がすみ着いている。わざわざ菌を振らなくても、チーズは表面が白く粉をふいたようになる」という。

じつは、高橋さんの奥さん・恵美子さんは共同作業所（スワンの家）の指導員だった。入所者たちが自信を持ってアピールできる商品を生み出そうと台所で試作を繰り返した。そして白神こだま酵母を使ったパンづくりに行き着く。現在もスワンの家の手づくりパンは独特の甘味とコシの強さが好まれ、よく売れている。

その恵美子さんは一昨年、病気で亡くなった。しかし、台所には白神こだま酵母が居着き、他の菌と協同して旨味をつくり出しているのだろう。

その家々の台所で優勢になっている菌がつくるザルチーズ。ぜひ、お試しください。

二〇〇七年六月号　台所でお手軽「ザルチーズ」

酪農家のためのチーズ作り指南

河口　理（中標津町畜産食品加工研修センター）

良質な原料乳質が必要なレンネットチーズ

酪農家の間では、加熱した牛乳に酢を加えたり、あるいは乳酸発酵で凝固した牛乳の水分を取り除いて牛乳豆腐が作られてきました。それらは淡泊な味で、保存しておいてもうまみ成分が生成されません。それに対し、乳を酵素的に固めるレンネットと微生物を使って作るチーズは、保存中にたんぱく質や脂肪が分解されて、アミノ酸や脂肪酸による複雑で絶妙な風味が形成されます。前者の酸で作られたチーズを酸凝固チーズ、後者をレンネットチーズと呼びます。

レンネットチーズを作るためには、特に良質な原料乳を必要とします。原料乳の欠陥は製造に障害となるだけでなく、チーズの組織と風味を悪くします。そこで、乳質がチーズの製造と品質に与える影響を、微生物的な面と成分的な面から述べます。

チーズ製造に有害な微生物

レンネットチーズの原料乳は過酷な加熱殺菌ができません。加熱しすぎると、レンネット凝固に必要なイオン状のカルシウムが減少し、また熱変成したホエーたんぱくがカゼイン粒子にかぶさるので牛乳は固まらなくなります。そのため原料乳は、おだやかな低温殺菌しかできません。細菌数が多いと十分殺菌ができず、品質の劣るチーズとなり、健康を害する場合もあります。

低温細菌…搾乳後の冷蔵と低温輸送の普及により問題となる、低温でも増殖する細菌です。低温細菌の作り出すたんぱく分解酵素と脂肪分解酵素は強力で、菌自体は熱殺菌に弱いのに、その酵素には耐熱性があります。冷蔵期間の長い原料乳でチーズを作ると、苦味、異常風味、ランシッド臭の原因となります。また、チーズのホエー（水分）排出が悪くなり、カゼインや脂肪のホエーへの損失が多くなります。

大腸菌群…乳中の大腸菌が多いと衛生上の問題だけでなく、半硬質・硬質チーズのように乳酸発酵がゆっくりでpH値が高いものでは、熟成初期にチーズが異常膨張する原因となります。カマンベールなどの軟質チーズでは、熟成によってpH値が上がってくると急激に増殖し、食用には不適になります。

酪酸菌…強い耐熱性を持つ菌で、通常の熱殺菌では死滅しません。しかも一ℓの乳中に数百個という、わずかな菌数でチーズに被害を与えます。酪酸菌は嫌気性菌で、酸素のない条件でのみ生育するため、チーズの内部は絶好の環境になります。チーズ中の乳酸を利用して酪酸や水素ガスを生成し、不快な風味とチーズの異常膨張を引き起こします。この菌は元来土壌菌ですが、サイレージに混入してそれを牛が採食、排泄して、乳が汚染されます。とくにpHの高い、不良サイレージでその危険が大きくなります。大腸菌によるチーズの膨張が熟成初期に現われるのに対し、酪酸菌による膨張は熟成後期に出現します。

病原菌…チーズによる食中毒は少ないとはいえ、黄色ブドウ球菌、リステリア菌、サルモネラ菌、病原性大腸菌、赤痢菌、ボツリヌス菌などによる重大な事故が起こっています。原料乳に由来する場合と、製造器具や保菌者からチーズ乳が汚染される場合があります。

原料乳によってチーズ品質に大きな差

原料乳の種類、成分組成、生産環境などはレンネットチーズの品質に大きな影響を及ぼします。乳成分のうち、乳脂肪とカゼインがチーズの収量と品質に最も重要で、低脂肪乳は硬くて風味に乏しいものとなり、カゼイン量が少ないと凝固が悪くなって組織・風味ともに劣ったものになります。レンネットチーズでは、乳成分はチーズ部とホエー部に分かれます。

原料乳の種類…乳脂肪の多いジャージーとかガーンジー乳、カゼインの多いブラウンスイスとシンメンタール乳では高収量のチーズが得られます。しかしジャージー乳の脂肪球は大きいため、ホルスタイン乳のチーズより組織の均一さに欠けます。牛乳によるカゼインの性質のちがいはレンネット凝固時間に差を与え、たとえばホルスタイン乳はジャージー乳に比べ長くなります。

泌乳期によるちがい…初乳にはたんぱく質、乳脂肪が多いのでレンネット凝固時間が短く硬くなり、末期乳は低酸度でカルシウムが少なくなるのでレンネット凝固が弱くなります。ともにチーズの品質を低下させます。

飼料によるちがい…濃厚飼料、粕類の多給と粗飼料不足は、レンネット凝固とチーズの風味を悪くします。不良サイレージはチーズの後期膨張の原因となるだけでなく、風味悪化と養分低下による収量減の原因になります。栄養価の高い牧草と良質な乾草は、チーズ原料乳を生産するのに最も適した飼料です。

季節と放牧…季節による乳成分の変動もチーズの収量と品質を変えます。放牧は牛の健康と牧草採食に有効ですが、春の放牧開始時に低脂肪・高ＳＮＦになるため硬いチーズとなり、不飽和脂肪酸が多くなるので、ホエーへの脂肪損失が大きくなります。夏の暑さは牛にストレスを与え、乳質が低下することがありますが、秋は安定して高品質なチーズが得られます。

乳房炎乳は使わない…微生物的な品質面だけでなく、カゼイン、乳糖、カルシウムが減少するためレンネット凝固が悪くなり、また乳酸菌の生育も阻害されます。乳房炎乳では、チーズは軟弱で発酵不足、組織・風味が不良となります。体細胞数が一mℓ中五〇万個以上になるとこれらの欠陥が顕著になります。体細胞数は三〇万以下にすべきです。またカルシウムとリン不均衡による低酸度二等乳もレンネット凝固能を低下させます。

チーズの種類と分類

チーズの種類は、世界中で主要なものだけでも四〇〇種以上あるといわれています。長い時間をかけてチーズ作りが各地に伝わっていく過程で、それぞれの地域の気候と風土によって製造方法が変わり、あるいは交わってさまざまなチーズが生まれてきました。

この多くの種類のチーズを分類するためにいくつかの方法が考えられてきましたが、現在では国際的に、チーズの水分含量を基準として軟質・半硬質・硬質に分ける方法が用いられています。

軟質チーズ…水分含量が四五％以上と多く、消費期限の短いチーズです。熟成させるタイプと熟成させないタイプがあり、熟成させないものは製造後すぐに消費します。熟成タイプでは、白カビや細菌を使ってチーズ表面から熟成させるものが多く、これらの微生物の強力なたんぱく分解力と、チーズの高水分のため熟成は速く進みます。チーズは小型でプレスをせず、小規模製造の場合には、比較的簡単な設備で作ることができます。

半硬質チーズ…水分四〇％前後で、数か月熟成させます。中型のチーズが多く、熟成には乳酸菌以外の青カビや表面熟成菌を使用するものもあります。プレスする種類としない種類があり、製造は軟質チーズに比べてより多くの手間と時間を要します。熟成期間の長いチーズほど、原料乳質のチーズに及ぼす影響が大きくなります。

モザレラチーズの製造方法

モザレラはピザチーズとして各国で作られ、作り方も少しずつ異なりますが、要点はカードpHを5. 2（±0. 1）にすることです。そのカードを熱すると、つきたてのモチのように柔らかくなり糸を引いて伸びるようになります。これを練って塊にしたものがモザレラ、引き伸ばして棒状にしたものがストリングチーズです。

製造工程　解　説

1. 原料乳　全乳(脂肪率3. 5～3. 8％)
2. 殺菌・冷却　65℃30分あるいは75℃15秒で殺菌し、32℃に冷却する
3. スターター添加　ヨーグルト菌（ブルガリカス50％、サーモフィラス50％）スターターを牛乳量の1. 5％
4. レンネット添加　スターターを入れて30分後、牛乳が30分から40分で凝固する量のレンネットを添加
5. カッティング　牛乳が固まったら15mm位のカードナイフで切る
6. 加温　撹拌しながらホエーを42℃までジャケット加温（バットの周りから蒸気または湯で温める）。加温速度は3分に1℃
7. ホエー排除　42℃に達したら、ホエーを全部除去する
8. マッティング　バットの中でホエーを排除しながら、カードを42℃に保持し、時々反転して約2時間置く。カードはマット状になる
9. 練 圧　マット状になったカードを数cm角に切り、70℃以上の湯の中で光沢が出て糸を引くようになるまで練る。熱いので木の棒を使う
10. 冷　却　熱い大きな塊を引きちぎり、5～6cmの玉を作って冷水に漬ける
11. 塩 漬　冷えたら塩分15％の塩水に約30分漬ける。チーズの大きさによって浸漬時間は変わる。チーズ塩分は0. 7～1. 0％
12. 包 装　真空包装、または0. 1％塩水に浸して包装

硬質チーズ…水分三五％くらいのチーズで、原料乳の脂肪分を少なくして作ります。大型で熟成期間が長く、中には数年間熟成させるものもあります。製造に時間がかかり、工程も複雑になるため、専門業者が作る場合の多いチーズです。

農家で作るチーズ

すべてのチーズはもともと農家で作られていましたが、農家人口の減少と経営規模の拡大、そして製造技術の進歩によって、チーズ作りは農家の手から専門の作業場や大量生産できる工場へと移ってきました。しかしチーズの種類によっては、農家チーズとして残ったものもあり、また手作りの魅力を求める人々によって復活してきたものもあります。

酪農家が作るチーズは、製造にあまり時間のかからないもの、製造設備が比較的簡単なもの、「手作りの味」あるいは自分の味を出しやすいものであることが大切です。これらの条件からすると、農家チーズは軟質チーズか一部の半硬質チーズが適当です。ここで、そのいくつかのチーズの作り方を紹介します。

モザレラチーズ…モッツァレラ、軟質チーズ、熟成なし。イタリア中南部原産で、本来

は水牛乳を原料としましたが、今日では牛乳で作られ、日本でも需要の高まっているチーズです。型詰めやプレスをせず、カード（チーズのもと）を熱湯中で練るのが特徴で、この系統のチーズは地中海と中近東の一部でも見られます。伝統的には、豆腐のようにチーズを水に漬けて販売します。

白カビチーズ…軟質チーズ。カマンベールやブリに代表され、チーズ表面にペニシリウム属の白カビを生育させます。カビの持つ酵素によって、熟成は表面から中心部に向かって進み、特有の豊かな風味が形成されます。白カビは昔は灰青色でしたが、その中から白い株が見つかり、以来今日のような白カビチーズが作られるようになりました。

ウォッシュタイプチーズ…軟質・半硬質チーズ。さまざまな大きさ、形、硬さのものがあり、プレスするものとしないものがあります。ライネンス菌と呼ばれる好気性の細菌や酵母などによってチーズを表面から熟成させます。これらの菌を生育させるために、塩水などにつけて洗ったり、こすったりするのでウォッシュチーズといいます。熟成が進むと強いにおいと風味を持ち、ヨーロッパの農家チーズや修道院チーズにはこの種のものが多くあります。

ゴーダ系チーズ…半硬質チーズ。日本では一番なじみのあるチーズで、乳酸菌だけで熟成させるため風味は温和です。組織は緻密で、乳酸菌の生成するガスにより、内部に大豆大の丸いチーズの眼ができます。このチーズの製造上の特徴は、おだやかな風味にするために、加工中、湯を加えたり、すき間のない組織にするためにホエー（チーズを作るときに出る水）の中でカードをプレスすることです。

農家チーズの魅力は、牛乳の個性と作り手の技量・工夫が表われることです。そこに作る面白さとチーズの味わい深さがあります。しかしそれは、良質な粗飼料を十分与えて生産した牛乳と、確かなチーズ製造技術が前提となります。

トライ！　スイスの自家製チーズ

これからチーズ作りをめざす酪農家の方は、わが家の牛乳を使ってチーズを作ってみることをおすすめします。ここでスイスの自家製チーズの作り方を紹介しますので、台所にある鍋、包丁、ボウルなどを使ってトライしてみましょう。初めはうまくいかないかもしれませんが、だんだん形も味もチーズらしくなってきます。

本格的にチーズを作り、販売するには、計画的な準備と法的手続きが必要です。まず作るチーズの種類を決めなければなりません。チーズ製造の設備と器具は、種類によって異なってきますので、それに合ったものが必要です。そして、チーズの種類と製造量をもとに施設の設計をし、食品衛生法など法的な許認可を受ける手続きをします。

チーズ製造でよく使う用語の解説

スターター…乳酸菌・カビなど微生物の培養物。いくつかの菌種があり、粉末または液状で、植えついで用いるタイプと原料乳に直接添加して用いるタイプがあります。

レンネット…牛乳を凝固させる酵素剤。子牛の第四胃から抽出されたもので、粉末、液体、錠剤として市販されています。

カルシウム塩…塩化カルシウム。殺菌乳から半硬質・硬質チーズを作るとき、レンネット凝固の促進剤として用いられます。

発酵調整剤…硝酸カリウムまたは硝酸ナトリウム。酪酸菌による異常発酵を防止するために用います。

チーズカラー…チーズに赤黄色をつけるための色素。アナトーの種子から抽出した色素が多く使われます。

セッティング…チーズバット内の原料乳にスターターとレンネットを加え、凝固させるまでの工程をいいます。

カッティング…レンネットで凝固した牛乳を細断する作業で、それに使われる道具がカードナイフです。

カード・カード粒…凝固した牛乳がカード、これをカッティングすると、カード粒とホエーに分離します。

ホエー…カードをカッティングすると浸出してくる黄緑色の透明な液体。熱凝集性のたんぱく質を含むので、加熱するとホエーチーズが得られます。

チーズモールド…フープ。チーズを成形するための容器。形、大きさ、底のあるものないものなどさまざまです。チーズの種類によって使われるモールドが異なります。

チーズプレス…カードをモールド（フープ）に入れてから圧搾する装置。スクリュー式や圧搾空気などを使用するものがあります。

チーズクロス…チーズをプレスするときにフープの内側に敷いてカードを包む布。プレス中にチーズを反転し、包み直すことをドレッシングといいます。

ブライン法・乾塩法…加塩の方法。一定濃度の食塩水にチーズを浸ける方法をブライン法、カードやチーズに直接食塩をふり

自家製チーズの作り方

用意するもの

1. 温度計
2. チーズハープか長めの泡立て器
3. 柄の長いしゃもじかスプーン
4. 包丁（細長いナイフ）
5. 牛乳5ℓの入る大きめのなべ
6. チーズ型。直径10cm位のプラスチック製の筒。周囲に小孔を開ける
7. 孔のあるひしゃく
8. すのこ
9. 大きめのボウル
10. 熟成中チーズをふく布

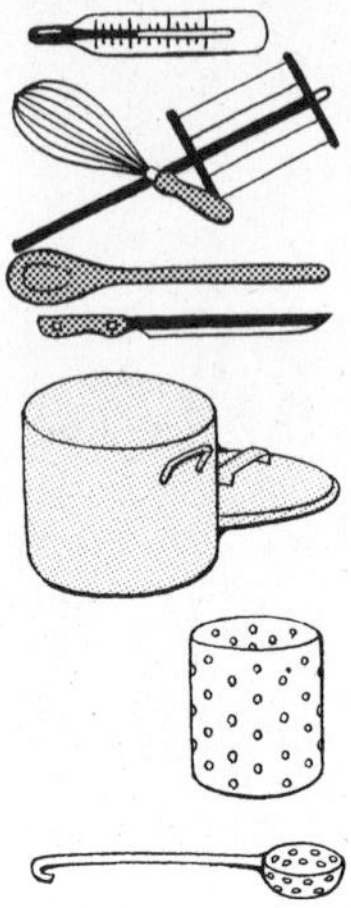

材　料

1. 低温殺菌乳5ℓ
2. 耳かき2杯分の粉末レンネット
3. 茶さじ大盛1杯のプレーンヨーグルト
4. 食塩茶さじ2杯

作り方

1. よくかき混ぜたヨーグルトのスプーン1杯分をカップ1の牛乳に溶かして牛乳に加える
2. かき混ぜながら44℃まで温度を上げ、それから室温に放置して32℃まで下げる
3. レンネットを数ccの水に溶かして牛乳に加え混ぜる。湯せんで32℃を保持し静置する。この間、撹拌したりなべを揺すったりしないこと
4. 40分ほどたったら表面をスプーンでおさえてみる。弾力がありすくってもくずれないようなら良い。凝固が弱かったらもう少し置く
5. カッティング。ナイフで縦横約1.5cm幅に切り、その後5分程置く
6. ハープか泡立て器で、ゆっくりと8の字を書くように3～4分かき混ぜてから2～3分置く。それから同じ作業をしゃもじかスプーンで2回行なう
7. カードの粒が少し硬くなってきたら円を描くようにかき混ぜる。この時温度が下がっていたら32℃まで上げる。約10分撹拌
8. すのこの上の型にひしゃくでカード粒をすくい入れ、表面を平らにならす
9. 型に入れたままですのこの上で24時間、室温（22～24℃）に置く。この間2～3回反転する
10. チーズを型からはずし、茶さじ1杯分の食塩をチーズの上の部分と側面に塗る。翌日反転してもう一度食塩を塗る。温度は12～15℃、乾燥のしすぎに注意して塩水につけた布で毎日拭き、2週間熟成する

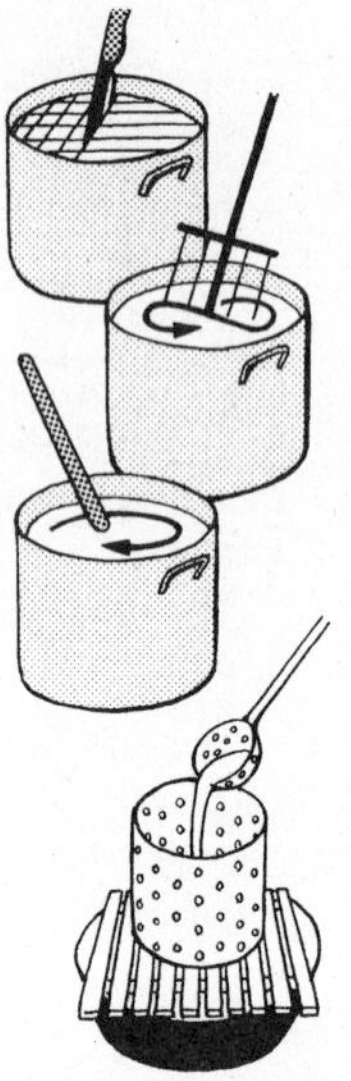

かけたり、すりこんだりする方法が乾塩法です。

グリーンチーズ…硬質チーズの表面が熟成中に水分を失ってできる外皮層。この層は食用に適さないので、チーズをプラスチックフィルムで包むリンドレスチーズが増えています。

メカニカルホール…チーズ内部にある無数の不規則な形の小孔。カード粒の間にできたすき間で、いくつかの種類のチーズでは正常品ですが、多くのチーズでは欠陥となります。

チーズアイ（チーズの眼）…熟成中にガス生成菌が生成する炭酸ガスによってできるチーズ内部の円形の孔。エメンタールやゴーダチーズの組織の特徴となります。

酪酸発酵…チーズ内部で多量の酪酸と水素ガスなどを生成する細菌によっておこる異常発酵。それにより不快な風味と膨張、亀裂、異常ガス孔が生じます。

一九九九年三月～五月号
酪農家のためのチーズ作り
指南

ゴーダチーズの製造方法

半硬質チーズ。エダム、アムステルダムなどは水分含量が異なりますが、同じような作り方をします。

製造工程　解　説

1. 原料乳　全乳。本来は脂肪率を3％に調整
2. 殺菌・冷却　65℃30分あるいは75℃15秒殺菌後、31℃に冷却
3. スターター添加　中温乳酸菌（ラクティス、クレモリス、ディアセティラクリス、ロイコノストックの4種混合）スターター。牛乳量の0. 8％
4. 塩化カルシウム　0.01～0.02％硝酸塩添加。0.01％あるいはリゾチームを0.002～0.004％。酪酸発酵防止のため
5. レンネット添加　スターター添加1時間後に、牛乳が30分で凝固する量
6. カッティング　5mm角
7. 撹 拌　15分間
8. ホエー排除(1)　全体の1／3
9. 加 温　80℃以上の湯を加えながら38℃まで。昇温速度1℃／3分
10. 撹 拌　38℃を保持して約1時間
11. ホエー排除(2)　全体量の1／2
12. カードブロックの形成　バット内でカード粒を集め、ホエー中で重しをしてブロックを作る。こうすることでカード粒間のホエーを押し出し、空気が入ることなくカードを密着させることができる。圧力はチーズ重量の1～2倍
13. 型 詰　ブロックをモールドの大きさにあわせて切り、型詰めする
14. プレス　2. 5～3時間。初めの15～20分間は弱いプレス圧にし、その後圧力を上げるが最大でもチーズ重量の10倍まで。室温20℃
15. 冷 却　プレス解除し、モールドごとに10℃以下の冷水に一晩漬ける
16. 塩 漬　塩分濃度20～22％の塩水。塩水温度10～12℃。塩漬時間はチーズの大きさにより8～48時間。チーズの塩分含量1. 5％
17. 熟 成　表面を乾燥させワックスコーティングまたは真空包装。10℃3か月

カマンベールチーズの製造方法

カマンベールの大きさは200g前後で、カビによる熟成が中心にまでに及ぶように厚さは3cm位にします。若いチーズは高酸度で硬くもろい組織ですが、熟成とともにクリーム状に変わってきます。白カビの生育に注意を要します。

製造工程　解　説

1. 原料乳　全乳。均質化するとチーズはよりクリーミーになる
2. 殺菌・冷却　65℃30分あるいは75℃15秒で殺菌後、32℃に冷却
3. スターター添加　中温乳酸菌（ラクティス、クレモリスなどの混合）を牛乳量の1.5％
4. レンネット添加　スターター添加後90分間後、牛乳が約90分で固まるレンネット量
5. カッティング　カードナイフ幅15～20mm。伝統的な製法ではカードをカッティングせず、そのままおたまですくいとって型詰めする
6. 撹 拌　カードは脆くこわれやすいので注意深くかき混ぜる
7. 型詰め　金網のように水切りのできるものの上に、側面に小孔のある高さ10cm位の円筒を置き、その中にホエーごとカードを詰める。50cm位の長いモールドの場合は、ホエーを排除してカードだけ詰める
8. 反 転　すのこの上で、一晩数回反転し形を整える。軽い落とし蓋を乗せておくと反転回数を減らせる。室温約20℃、湿度85％以上
9. 加 温　チーズを型からはずし、塩を直接ふりかける乾塩法と塩分20％の塩水に漬けるブライン法がある。ブライン法は各チーズの塩分量にばらつきが少ない。チーズの塩分含量は2％前後
10. カビ付け　白カビスターターを滅菌水に懸濁して噴霧するか、懸濁液にチーズを浸漬する。カビの繁殖を確実にするため、カビスターターを原料乳にも入れる場合がある
11. 熟 成　20℃に1日放置した後、10～14℃湿度90％で2～3週間熟成する。カビの発生は約1週間で見られる。この間数回反転する
12. 包 装　チーズがカビで十分覆われたら、フィルム包装して5℃で貯蔵する

チーズの素材

河口　理（中標津町畜産食品加工研修センター）

原料乳の種類

チーズは、かつては気候、地理、技術的要因などによって制約されてきたが、今日ではスターター微生物の培養技術や製造装置の進歩などによって、地域を超えて世界各地でつくられるようになった。しかし食品は伝播の過程で変容し、その土地の特徴をもつものとなる。日本でも、それぞれの地域における乳牛の飼養管理の違い、生産者の個性、消費者の嗜好によってさまざまなチーズがつくり出されている。

チーズは乳脂肪と乳たんぱく質（カゼイン）が主成分となるので、製品の歩留りは乳中のこれらの含有量に左右される。

乳業用家畜として、国内ではホルスタイン種が大部分を占め、一部でジャージー、ブラウンスイス、ゲルンジー種が飼育されている。乳成分の組成は乳牛の品種によって異なる（表1）。また近年ヤギの飼育とヤギ乳が注目されるようになっている。ヤギの乳成分は牛乳に似ているが、カロチンを含まないのでチーズは白く、脂肪酸構成が牛乳と異なるため独得な風味をもった製品となる。

乳成分は品種のほかに、飼料、季節、泌乳期、年齢などによって変化し、特にヤギ乳はそれらの影響を受けやすくバラツキが大きい。飼養条件が乳成分に与える影響について表2にまとめた。

表1　各種乳牛とヤギの乳組成（単位：%）

乳牛の品種	全固形分	脂肪	タンパク質	乳糖	灰分
ホルスタイン	12.6	3.9	3.2	4.8	0.7
ブラウンスイス	13.2	4.0	3.5	5.0	0.7
ジャージー	14.7	5.2	3.8	5.0	0.7
ゲルンジー	14.9	5.2	4.0	5.0	0.7
ヤ　ギ	13.0	4.5	3.4	4.3	0.8

表2　飼養条件が乳成分に与える影響

飼養条件	乳脂肪	無脂乳固形分	乳　量
濃厚飼料の多給（粗飼料不足）	低下	増加	増加
飼料中のタンパク質不足	—	—	低下
粉砕粗飼料	低下	増加	—
放牧	春先低下	春先増加	春先増加
季節（高温期）	低下	低下	低下
産次（末期になるにつれて）	低下	低下	増加
泌乳期（分娩を重ねるにつれて）	低下～増加	低下～増加	増加～低下

チーズスターター

チーズ製造に使用する微生物を培養したものをチーズスターターといい、殺菌乳からチーズをつくる場合には必ず使用される。スターターには、乳酸発酵を行ないチーズの製造工程と熟成に必要な乳酸菌スターターと、もっぱら熟成だけに関与するカビ、ライネンス菌、プロピオン酸菌のスターターがある。これらのスターターはクリスチャン・ハンセン社（デンマーク）など専門のメーカーでつくられ市販されている。

乳酸菌スターター…乳酸菌スターターは、

表3　主な乳酸菌スターターの種類と特性

乳酸菌種		特　徴	製造されるチーズ
中温性	ラクトコッカス　ラクチス	乳酸生成	ほとんどの種類のチーズ
	ラクトコッカス　クレモリス	乳酸生成	ほとんどの種類のチーズ
	ラクトコッカス　ヂアセチラクチス	乳酸・香気成分・CO_2生成	ゴーダ，エダム，カッテージなど
	ロイコノストック　クレモリス	乳酸・香気成分・CO_2生成	ゴーダ，エダム，カッテージなど
高温性	ストレプトコッカス　サーモフィラス	乳酸生成。ラクトバチルスと併用	イタリアタイプ，スイスタイプ
	ラクトバチルス　ブルガリクス	乳酸・アセトアルデヒド香気生成	イタリアタイプ，スイスタイプ
	ラクトバチルス　ヘルベチクス	強い酸生成力とタンパク分解力	イタリアタイプ，スイスタイプ
	ラクトバチルス　ラクチス	乳酸生成。香気生成力弱い	イタリアタイプ，スイスタイプ

表4　カビスターターの種類と特性

種　類	特　徴	チーズの種類
ペニシリウム　カンディダム（白カビ）	強いタンパク分解力。チーズに特有の軟らかさを与える	カマンペール，ブリー（カマンベールの大きいもの），その他の白カビチーズ
ペニシリウム　ロックフォルティ（青カビ）	強いタンパク分解力。強い脂肪分解力で刺激風味を生成	ロックフォール，スチルトン，その他の青カビチーズ
ゲオトリカム　カンディダム	ペニシリウム　カンディダムと併用して風味を改良	カマンベール，ブリーなど白カビチーズ用

すべての種類のチーズで使用され、次のような機能をもっている。

①乳酸を生成することで、乳のpHを下げて、レンネット凝固を促進させる。

②乳酸生成によりカード（凝乳）からホエーの排出を促進する。

③乳酸によりチーズ中の汚染菌を抑制する。

④菌種によっては香気成分と炭酸ガスを生成し、チーズに特有な風味とガス孔を形成する。

⑤菌体内酵素によってチーズのたんぱく質と脂肪を分解し、熟成に関与する。

乳酸菌スターターは、生育温度の違いによって中温性のものと高温性のものがあり、製造するチーズの種類とタイプによって使い分けられる（表3）。

カビスターター…チーズの熟成に用いられるカビは、主にペニシリウム属の白カビと青カビである。白カビはチーズの表面に均一に繁茂させ、熟成は表面から内部に向かって進行する。青カビはチーズの内部の空隙に生育させて大理石のような模様とシャープな風味を与える。カビスターターは、強いたんぱく分解力と脂肪分解力によってカビチーズ固有の風味と組織をつくり出す（表4）。

スメアースターター…表面熟成菌スターター。ウォッシュタイプチーズは、好気性の細菌を使って熟成が行なわれ、豊かな味わいと香りをもっている。またチーズ表面に黄褐色の粘性の表皮をもつのが特徴である。スターターの菌叢は複雑で、酵母、ライネンス菌、ミクロコッカスなどで構成され、なかでも重要なのは多くのアミノ酸と色素を生成するライネンス菌である。そのため、スメアースターターはライネンス菌スターターともよばれる。

ウォッシュタイプチーズでは、スメアーの熟成に関与する度合いにより次のように分けることができる。

①スメアーの影響が中程度のチーズ…ティルジッター、グリュイエール、ボーフォールなどの半硬質、硬質チーズ。

②スメアーの影響が大きいチーズ…トラピスト、ミュンスター、ブリック、ブルーなど半硬質チーズ。

③スメアーの影響が決定的なチーズ…リンバーガー、サンポーラン、ロマダーなどの軟質チーズ。

スメアースターターには、生成する色調が明るい黄色系のものと赤褐色のものがあり、チーズの種類によって適したものを使用する。

プロピオン酸菌スターター…プロピオン酸菌は、チーズ中の乳酸からプロピオン酸と炭酸ガスを生成し、エメンタールなどスイスチーズの風味と、特徴的な大きなチーズの眼を形成する。

プロピオン酸発酵は、チーズ製造後二週間目くらいから始まり約一か月かかって終了する。それ以降プロピオン酸菌による二次発酵が起きると、チーズに割れが生じたり、プロピオン酸とたんぱく分解物の多すぎる好ましくない製品となる。エメンタール系のチーズは熟成中の変化が複雑で、高品質な製品をつくるために特に良質な原料乳とスターターが必要で、熟成中のチーズ管理にも十分な注意を払わなければならない。

レンネット

レンネットは、たんぱく質のカゼインに作用して乳を凝固させる酵素剤で、古くから反芻動物の幼獣の第四胃から抽出されたキモシンを主成分とするものが使われてきた。今日でも主に子牛のカーフレンネットが使用されているが、世界的なチーズ生産量の増加によってカーフレンネットは不足状態にある。そのためキモシン以外で同様の凝乳作用をもつ各種の代替レンネットが実用化され、広く使われるようになっている（表5）。

表5　レンネットの種類

種　類	特　徴
カーフレンネット	子牛の第4胃の凝乳酵素（キモシン）
ペプシンレンネット	豚，牛などのペプシンの凝乳作用を利用
ムコールレンネット	ムコール（ケカビ）の凝乳酵素を抽出したもの
植物性レンネット	イチジク樹液，パパイヤ果汁。きわめて限られた地域で使用

しかし、代替レンネットはカーフレンネットに比べてたんぱく質分解力が強いため、チーズに苦味が生じやすく、ホエー中へのカゼインと脂肪の流出量が多い。したがってカーフレンネットに対する需要は根強く、遺伝子組換技術によって酵母や大腸菌にキモシンを生産させる、クローンレンネットも各国で使用されつつある。

レンネットの形状には乾燥粉末品と液状品とがあるが、粉末レンネットのほうが細菌などによる品質劣化の危険が少なく、保存性・安定性に優れている。

その他の副材料

塩化カルシウム…原料乳の殺菌時の加熱によって、乳中のカルシウムの一部が不溶化する。それによってレンネットの凝乳化は低下し、軟弱なカードになりホエーの排出が悪くなる。このような場合、殺菌乳に〇・〇一～〇・〇二％の塩化カルシウムを添加するとレンネット凝固能を回復させることができる。

発酵調整剤…酪酸菌によるチーズの異常発酵を防止する目的で、硝酸塩（硝酸ナトリウム、硝酸カリウム）が使用される。硝酸塩は酪酸菌の生育抑制にきわめて効果的であるが、チーズ熟成中にアミンと反応して発ガン性のニトロソアミンを生成する可能性が指摘されている。そのため一部の国では使用が禁止されており、乳酸菌が産生する抗生物質ナイシンやリゾチーム（鶏卵リゾチーム）が使用される場合もある。

着色料…レッドチェダーやエダムなどでは、伝統的にその特徴あるチーズの色調を出すためにベニノキの種皮に含まれるアナトー色素（ビキシン）をチーズ乳に添加して着色する。また冬期の牛乳でチーズを製造すると、夏期に比べて白いチーズとなるのでその調整のためにも使われる。

食品加工総覧第六巻　チーズ　素材選択と製品開発
二〇〇一年より抜粋

レモン汁で固める
カッテージチーズ

鈴木俊宏（東京都立農林高等学校）

チーズというとなんだか難しそうなイメージがありますが、ここで紹介するのはチーズをつくるときの最初の段階でできるチーズ。熟成させないので、さわやかな風味と酸味が特徴です。

★八〇℃を超えると表面に膜が張るので、温度に気をつけます。

★牛乳の分離がよくないと、さらしにクリーム状のものがついて搾れません。このときは七〇℃を超えないぐらいまでもう一度温めます。

★脱脂粉乳でもできますが、パサパサしており、牛乳のほうがコクがあります。生クリームを加えると、もっとコクが出ます。

★食酢を使ってもいいのですが、おすすめはレモン汁です。

●材料

牛乳	1000cc
レモン果汁	100cc
（レモン約4個分）	
食塩	カード重量の2%

※⑥で搾ったホエーには栄養価の高い成分が含まれているので、スープに混ぜたり、牛乳、砂糖、蜂蜜、レモン汁などを加えて飲料にする。

①牛乳をナベに入れ加熱する。

②80℃で10分間温度を維持させ牛乳を殺菌する。

③60～65℃くらいまで牛乳を冷ます。

④レモン汁を加え軽くかき混ぜる。

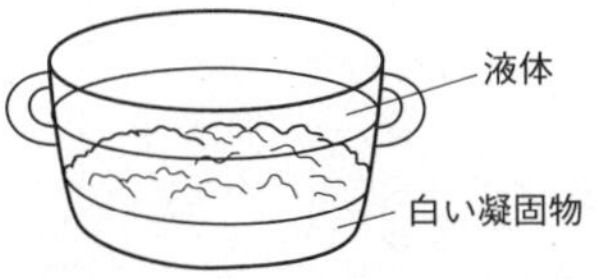

⑤数分たつと、ナベの底に白い凝固物（カード）が沈み、上に液体（ホエー）が浮いて牛乳が分離してくる。分離が悪いようなら、酢を加えてもよい。

⑥さらしの袋にあけて、塊り（カード）だけを取る。

⑦そのまま水にさらす。

⑧さらしを強く搾り、余分な水分を取り除く。

⑨ボウルにカードを取り出し重さを量り、加える食塩の量を計算する。

⑩カードに食塩をよく混ぜ合わせる。

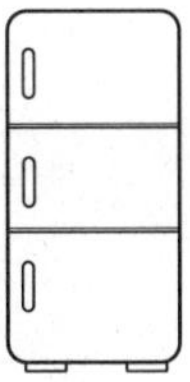

⑪適当な容器に詰め冷蔵庫で保存。

（食農教育　2001年1月号）

菌株の入手先

●種麹

名前	〒	住所	TEL.	製品
㈱秋田今野商店	019-2112	秋田県大仙市刈和野248	0187-75-1250	種麹各種
関東麹菌社	311-3806	茨城県行方市船子304	0299-77-0103	種麹、麹
千ヶ崎多一郎商店	311-3806	茨城県行方市船子267	0299-77-0071	種麹、麹
榊原奥之助	311-3806	茨城県行方市船子307-1	0299-77-0108	種麹、麹
日本醸造工業㈱	112-0002	東京都文京区小石川3-18-9	03-3816-2951	種麹他
石黒種麹店	939-1652	富山県南砺市福光新町54	0763-52-0128	種麹、麹
㈱ビオック	441-8087	愛知県豊橋市牟呂町字内田111-1	0532-31-9204	種麹、酵母菌、乳酸菌
㈱菱六	605-0933	京都市東山区松原通大和大路東入2丁目	075-541-4141	種麹、酵素
㈱樋口松之助商店	545-0022	大阪市阿倍野区播磨町1-14-2	06-6621-8781	種麹、酵母、乳酸菌、酵素
今野もやし㈱	658-0054	神戸市東灘区御影中町1-8-18	078-851-3584	種麹、酵素
椛島商店	835-0025	福岡県みやま市瀬高町上庄17	0944-63-3545	米麹、麦麹

●麹

名前	〒	住所	TEL.	製品
大阪屋麹店	624-0934	京都府舞鶴市堀上68	0773-75-0550	米麹、麦麹
㈱伊勢惣	174-0065	東京都板橋区若木1-2-5	03-3934-7455	米麹、麦麹、発芽玄米麹など

●酵母など

名前	〒	住所	TEL.	製品
シービーシー㈱	107-0051	東京都港区元赤坂1-1-19橋本ビル	03-3423-6262	ビール酵母、ワイン酵母他
アドバンストブルーイング	177-0044	東京都練馬区上石神井2-4-9	03-6904-9505	ビール酵母、ワイン酵母、山ぶどうなど
酒市場ランド	444-0522	愛知県幡豆郡吉良町下横須賀東下河原28-1	0563-35-3512	酵母、麦芽モルト、モルト缶、器具など
東急ハンズ各店	150-0043	東京都渋谷区道玄坂1-10-7五島育英会ビル	03-3780-5161	各種
The Cellar Homebrew	33525	14320 Greenwood Avenue N. Seattle, WA 98133	1-206-365-7660	酵母、器具など。日本向けの通販有り

●レンネット、スターター

名前	〒	住所	TEL.	製品
㈶蔵王酪農センター	989-0916	宮城県刈田郡蔵王町遠刈田温泉字七日原251-4	0224-34-3311	レンネット、スターター
貿易商 株式会社 野澤組	100-0005	東京都千代田区丸の内3-4-1	03-3216-3464	レンネット、スターター他
アウベルクラフト株式会社	444-0012	愛知県岡崎市栄町4-87	0564-24-1212	レンネット

中古冷蔵庫を利用した麹発酵器の例

福島県いわき市　角田利夫さん

サーモの温度センサーは、一番上の箱の上に置く

柱の裏にはタバコ苗用のサーモスタットが置いてある。コタツの電熱器とつなぐ

タバコの苗箱を8段に重ねて使っている。一番上の箱は蓋にする

箱とコッツの間に、濡らした布（タオルなど）を置く

ドリルで底に穴を開け、コタツ（300W）の電気コードを通す

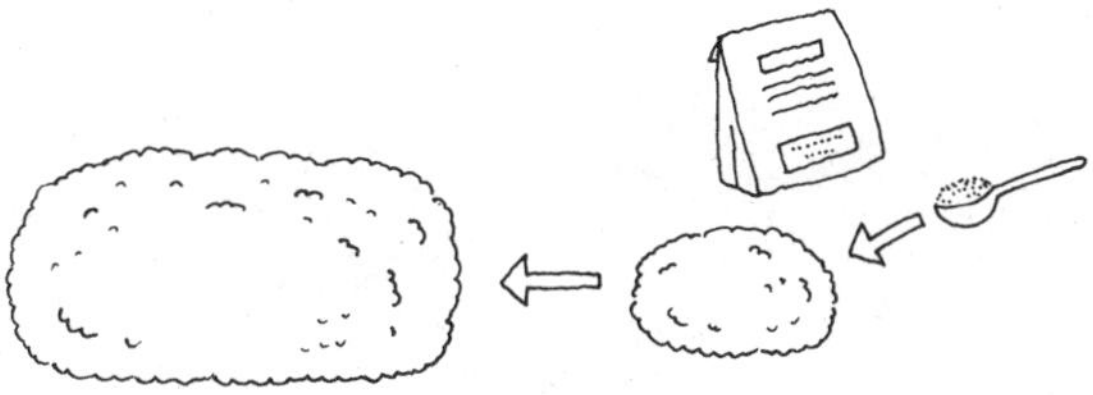

①蒸した米に、種麹を混ぜあわせる。最初に1/10くらいの量に混ぜてから全体に合わせるとムラが出にくい。この発酵器では、1回で15kgの米を加工できる

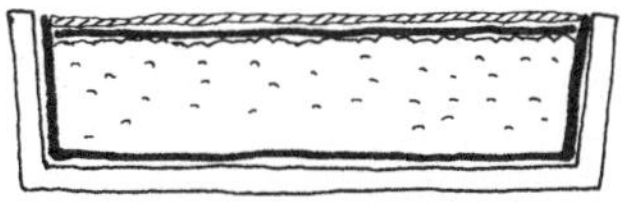

②箱に蒸し米を入れる。新聞紙、米、新聞紙の順に重ね、その上に、熱湯で消毒して湿らせた布を置く

③サーモを34℃に設定しておく。空気が流れて酸素が供給できるように、1.5cm角の角材をすべての箱の間にはさんで、積み重ねる

④約12時間後に角材を抜く。さらに、1日半～2日置いて、菌が全体にまわるのを待つ

（現代農業　二〇〇二年一月号）

シリアル通信で外部から読み出せるという優れ物であった。この装置で、たとえば40℃近辺を保ちたい場合は低温側警報を39.5℃、高温側警報を40℃のように少し差を付けて（この差がヒステリシスとなる）設定する。そうすると39.5℃以下では低温側警報（該当する外部端子がHレベル）が出、40℃以上では高温側警報（低温側とは別の外部端子がHレベル）が出るので適当な外部回路を組むことにより、昇温時は40℃に達するとヒータを切り降温時は39.5℃まで下がるとヒータを入れる制御装置が実現できる。

ただ、残念なことにTX100は製造中止になってから久しい。引継会社でも暫くは扱っていたが、今は後継モデルや代替品もなく表示機能のみの物だけとなっている。問い合わせたところマザーツールでは時期は決まってはいないものの、単なる表示のみではない外部からアクセスできるタイプの温度計モジュールを再販する計画があるとのことだった。他メーカも含め今回の目的に使えそうな温度計モジュールを探したところ、産業用の制御装置でも安価な物があり、多くの読者諸兄にはむしろ使いやすく適していると思うので紹介させていただく。

オムロンの下記機種を推薦したい。（他メーカにも同等品はあると思うし、オムロンでなくては駄目ということではない）

電子サーモ　E5L（詳細はメーカカタログ、ホームページ等を参照）

- E5L-A1　0～100℃　￥5,050
- E5L-AS1　0～100℃　￥5,900
- E5L-AX1　0～100℃　￥9,950

価格の違いは上から温度表示なし（本体のみ）、インジケータによる簡易表示、70角程度のパネルメータによる表示の違いで、その他の仕様は共通である。本体には温度設定用のノブ（つまみ）が付いており目標温度に合わせる。装置の入力はサーミスタ温度センサである。出力はリレー接点でAC250V10Aの開閉能力があるので、今回の目的に使うヒータであれば直接オンオフ可能である。ヒステリシスは本体パネル面に出ている半固定抵抗を回して調整するようになっている。図1にシステムの構成を示す。図中のモータはファンを回すためのモータで必要に応じて使う。排熱用のファンはヒータが切れたら回るよう常閉接点（b接点）側につなぎ、槽内の空気を外に排出するように取り付ける。温度表示部を使う場合はもちろんのこと、本体のみであってもAC100Vが掛かる端子が出ているので簡単な筐体に納めると良い。

製作運用上の留意点

①必要以上に大きなヒータを使わない

熱的な慣性が大きいので、設定温度付近での振れ幅が大きくなるし、装置の故障によりヒータが入り放しになった場合に出火等の危険がある。白熱電球がW数も選べるし使い易い（光を嫌う場合は問題あるが）と思う。フル点灯で発熱が多すぎる場合はダイオードを噛ませて半波整流波形で点ける手もある。

②攪拌用ファンは必要最小限の速さで回す

温度分布の不均一を解消する目的でファンを付ける場合、高回転で回す必要はない。ACモータであれば数μFのコンデンサを直列に入れると減速できる場合がある。軸流ファン（ファンとモータが一体）が使いやすいが、ファン本体を槽内に入れると湿度が心配、さりとて外付けで空気を吹き込むと温度が下がると思われる。モータ本体は外付けでプロペラのみを内蔵できるようなファンだと好都合である。

③容器内装の臭気に注意する

断熱用材料や接着剤、シリコンシーラント等に臭いのある物を無頓着に使うと、発酵食品が台無しになりかねない。組立後すぐに使わず臭いを飛ばす等の配慮が必要と思われる。

（有）リニアサーキットデザイン研究所　宮城県亘理郡山元町坂元字新城2番地39　Tel: 0223-33-5015　電子回路の開発、製造および販売。電気柵用電撃発生装置、蛍光灯インバータなどの組み立てキットも販売。
HP: http://www.geocities.jp/lcd_rd

電子サーモ　E5L（写真提供　オムロン）

図1　システムの構成

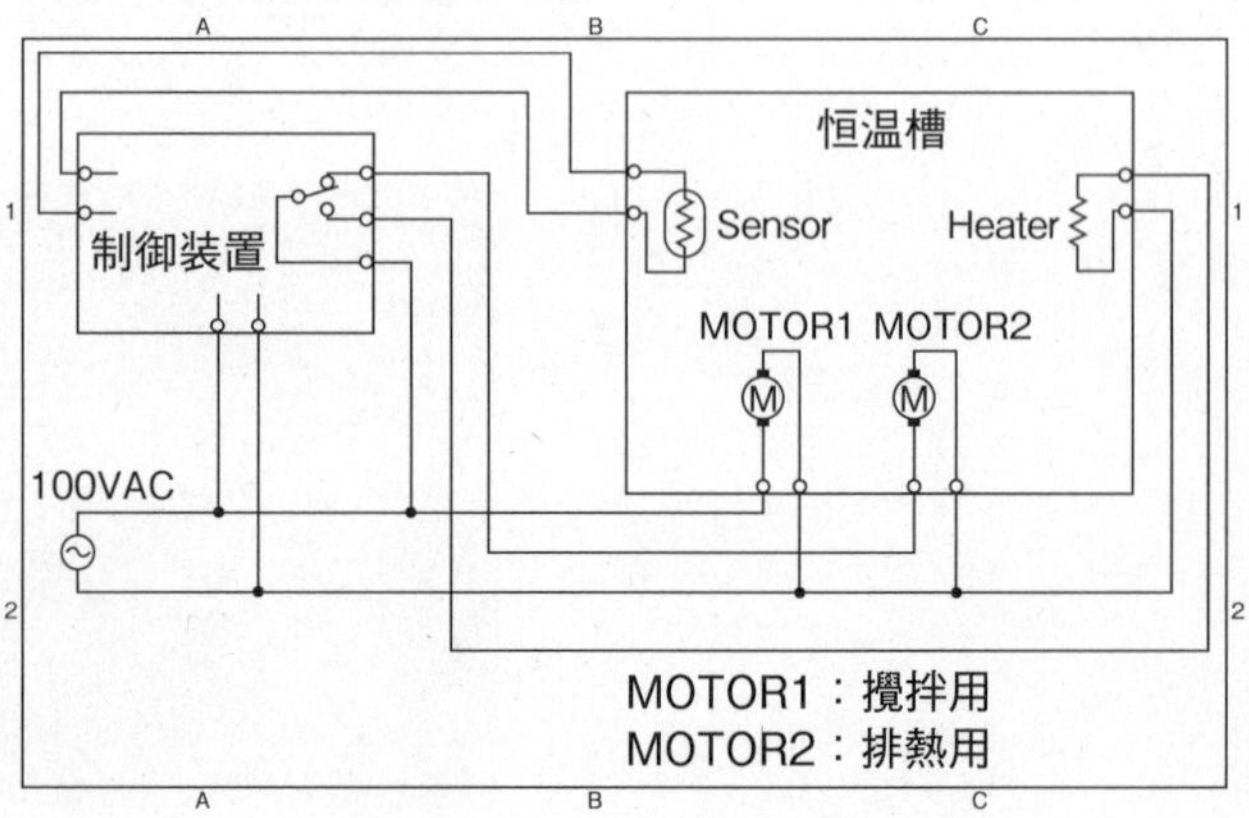

発酵のための恒温槽のつくり方

土合　靖　リニアサーキットデザイン研究所

恒温槽と言うと、大がかりな物を想像する向きもあると思うが、ここではアマチュアが趣味の範囲で製作、運用できる程度の物を狙っている。

中に入れる物により容器の大きさは千差万別であり、保ちたい温度範囲によっては加熱装置だけでなく冷却装置も必要となる。本稿では使用目的が発酵なので必要温度範囲が常温より高めであること、アマチュアが気温の高い時期に発酵食品を作ろうとはしないであろうことを勘案し、冷媒やペルチエ素子を使った積極的な冷却は考えない。

容器はある程度密閉性がある物を必要に応じて断熱処理をすれば良いだけのことなので、身の回りにある物の流用や廃物利用が可能である。そこで容器については読者各位の工夫に期待して過去の製作例を写真で示す程度にとどめ、温度制御の説明に重きを置くことにする。

過去の製作例

写真1に、装置の外観（蓋を開けた状態）を、写真2に制御装置（電子回路）を示す。これは手作りビール用途で、漬物用ポリバケツが入る程度の大きさにまとめた。使った容器は灯油タンクストッカ等と称して売られている18ℓポリタンクが4缶ほど入る物で、内側にシリコンシーラントを使って発泡スチレンを張った。

制御回路を容器内部に置いたのは失敗だった。写真では完成後あまり経っていないので綺麗だが、槽内は高湿度になるので錆（鉄は赤錆、銅は緑青）が出て実用にならない。温度センサや熱源（ここでは電球を使用）は内蔵せざるを得ないが、制御装置は外付けとすべきだ。必要に応じてファン（攪拌用または排熱用）を付ける場合も、モータ本体は外に出すのが無難だと思う。

温度制御

閉じた空間の温度を一定に保とうとする場合、その空間の温度を測定し測定結果が目標値（保ちたい温度）を下回る時は加熱し、上回る時は冷却することになる。すなわち「フィードバック制御」を行なう。

イメージをつかみやすいよう、ある程度具体的な物で考える。温度センサからの信号を受け、目標値より低い場合は電熱ヒータを入れ目標値を上回ったらヒータを切る装置があるとする。バイメタルによるサーモスタットを使った電気炬燵のように、ヒータを100%駆動するか完全に切るかの2つの状態しかないような制御があるが、これはオンオフ動作とかオンオフ制御と呼ばれる。

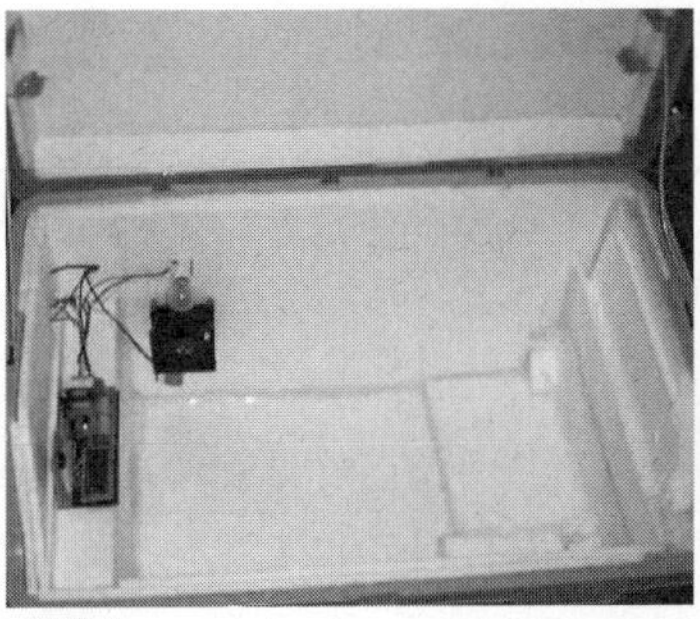

写真1

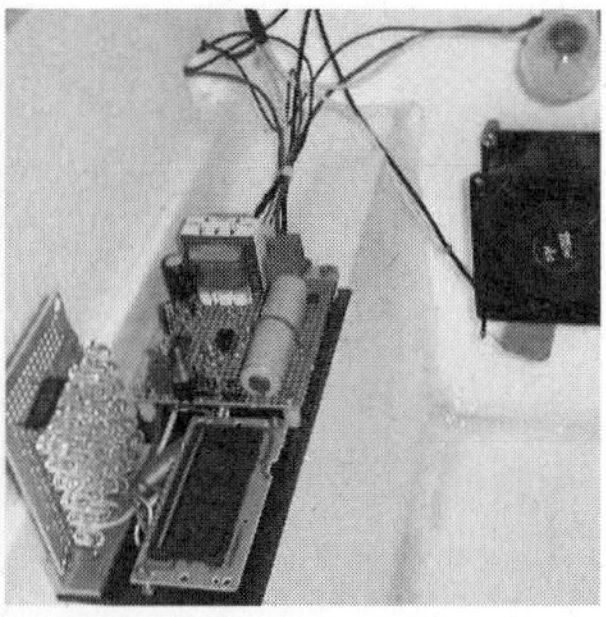

写真2

一方、測定値が目標値に近付いてきたらヒータの電力を絞ってやるような制御の仕方がある。電源投入直後はヒータを全開にし、ある程度暖まって温度が目標値に近付いて（測定値と目標値の差＝偏差が小さくなって）きたら偏差に比例した制御量とするやり方で、比例動作という。インバータエアコンの振る舞い（コンプレッサの起動停止を繰り返すのではなく、回転数を変えたきめ細かい制御）をイメージすると分かりやすい。オンオフ動作では熱的な慣性（ヒータ断ですぐに昇温が止まらない現象）により目標温度で安定させるのは無理で、ある変動幅を持ちその範囲で振動的に温度が変動する。比例動作では目標値付近で無駄な加熱をしないので変動幅が格段に少なくなる。

本稿では、使用目的からして高度な制御は要らないと思われるので、簡単なオンオフ制御で済ませることにする。オンオフ制御で気をつけることは、オン動作点（冷えてきてヒータが入る時の温度）とオフ動作点（暖まってきてヒータが切れる時の温度）に差を付ける（ヒステリシスという）ことである。ヒステリシスがない（同じ温度でオンオフ）と、当該温度でヒータ電源の投入と切断が激しい頻度で繰り返し不安定な動作となる。

実際の制御装置

写真2に写っているのは、ソアー社（解散して今はないが、カスタムやマザーツールという会社が引き継いだようだ）製の温度計モジュールTX100に簡単な外部回路を追加した物である。TX100は￥3000程度の価格にもかかわらず、単なる温度表示だけでなく、低温側警報、高温側警報を独立して設定でき、さらに温度データを

本書は『別冊 現代農業』2009年1月号を単行本化したものです。
編集協力　本田進一郎

著者所属は、原則として執筆いただいた当時のままといたしました。

農家が教える
発酵食の知恵
漬け物、なれずし、どぶろく、ワイン、
酢、甘酒、ヨーグルト、チーズ

2010年　2月20日　第 1 刷発行
2022年　1月20日　第11刷発行

農文協　編

発行所　一般社団法人　農山漁村文化協会
郵便番号 107-8668 東京都港区赤坂7丁目6-1
電 話 03(3585)1142(営業)　03(3585)1147(編集)
FAX 03(3589)1387　　振替 00120-3-144478
URL https://www.ruralnet.or.jp/

ISBN978-4-540-09294-7　　DTP製作／ニシ工芸㈱
〈検印廃止〉　　印刷・製本／凸版印刷㈱